高等职业教育公共基础课系列教材

计算机应用基础

主　编　王　斌

副主编　苏　磊　左洪佑　刘　聘

　　　　赵海仙　杨　锐　黄绍兰

参　编　庄自会　付　虹　李雪娜

　　　　罗志英　胡正堂

西安交通大学出版社
XI'AN JIAOTONG UNIVERSITY PRESS

图书在版编目(CIP)数据

计算机应用基础/王斌主编. —西安：西安
交通大学出版社，2022.8(2023.7重印)
ISBN 978 - 7 - 5693 - 2706 - 9

Ⅰ.①计… Ⅱ.①王… Ⅲ.①电子计算机-教材
Ⅳ.①TP3

中国版本图书馆 CIP 数据核字(2022)第 130989 号

Jisuanji Yingyong Jichu

书　　名	计算机应用基础
主　　编	王　斌
策划编辑	杨　璠　曹　昳
责任编辑	杨　璠
责任校对	张　欣

出版发行　西安交通大学出版社
　　　　　(西安市兴庆南路1号　邮政编码710048)
网　　址　http://www.xjtupress.com
电　　话　(029)82668357　82667874(市场营销中心)
　　　　　(029)82668315(总编办)
传　　真　(029)82668280
印　　刷　陕西思维印务有限公司

开　　本　787 mm×1092 mm　1/16　印张　14.75　字数　362千字
版次印次　2022年8月第1版　2023年7月第2次印刷
书　　号　ISBN 978 - 7 - 5693 - 2706 - 9
定　　价　48.00元

如发现印装质量问题，请与本社市场营销中心联系。
订购热线：(029)82665248　(029)82667874
投稿热线：(029)82668804
读者信箱：phoe@qq.com

目　录

Part One　考试说明

Part Two　理论知识题库

Part Three 上机操作

Part One

考试说明

第1章 考试概况

1.1 基本情况

云南省高职高专计算机一级B类考试是面向全省高职高专院校学生开展的，以计算机基本理论知识和基础应用能力考评为主要内容的最基础的等级考试，如图1.1所示。

考试主要考核的内容包括计算机基础知识、操作系统（Windows 7）基础知识及应用、文字

图1.1 省一级B类考试界面

处理软件（Word 2010）基础应用、电子表格（Excel 2010）基础应用、演示文稿（PowerPoint 2010）基础应用、计算机网络及Internet基础知识。

一级B类考试的考核方式以机考形式进行，理论考试和上机操作两部分。考试分值为百分制，其中理论知识考试占60分，上机操作考试占40分，从分值分布来看，该考试偏重于对学生计算机基础理论知识的考核。

理论考试部分的题型包括是非题（判断题）、单选题、多选题和填空题四种；上机操作题目包括文字录入、文件和文件夹操作、Word文字编辑排版、Excel电子表格数据处理。题目数量、分值分布及占比分析详见表1-1。

表1-1 云南省高职高专计算机一级B类考试题量和分值分布表

考试类别	总分	题型	题目数量	单题分值	总分	占比
理论考试	60	是非题	10	0.5	5	8.3%
		单选题	50	0.7	35	58.3%
		多选题	10	1	10	16.7%
		填空题	10	1	10	16.7%
上机操作	40	文字录入	1	10	10	25%
		文件操作	1	10	10	25%
		Word编辑	1	10	10	25%
		Excel表格	1	10	10	25%

一级 B 类考试时间为 90 分钟，其中理论考试时间为 50 分钟，上机操作考试时间为 40 分钟，考生点击"开始"按钮后系统开始计时。

需要特别注意的是，上机操作考试部分的"文字录入"考试时间限定为 10 分钟，如果考生未能在 10 分钟之内完成文字录入，考试系统会自动关闭文字录入界面，终止考生该部分作答，考生也无法再次进入进行文字录入。考生在进行文字录入时，无论是提前完成单击"退出"按钮手动关闭操作界面，还是因为超时系统自动关闭操作界面，系统都会自动记录考生的录入情况，无须保存。

此外，无论是"理论考试"还是"上机考试"，考生都必须完成所有考试题目后方可点击"交卷"按钮结束该部分考试，否则系统会自动锁定，考生无法再次进入。

考生若要获得本考试对应的等级证书，总分须不少于 60 分，且"理论考试"和"上机考试"的成绩均不得低于 60%，即理论考试成绩不低于 36 分，上机考试成绩不低于 24 分。如考生总分虽然超过了 60 分，但如果"理论考试"或"上机考试"任一部分的成绩低于 60%，则同样会判定为考试成绩不合格。考试结果评判如表 1－2 所示。

表 1－2　考试结论评判

成绩(N)	标　记	考试结果
$N \geqslant 85$	G	通过
$60 \leqslant N < 85$	P	通过
$N < 60$	F	未通过

考生在进入考试界面后，首先需选择考试种类（如图 1.2 所示），然后进入考试系统登录界面（如图 1.3 所示），连续输入"准考证号"后系统会自动显示与该考号相关联的"考生姓名"，考生须仔细核对"考生姓名"是否是自己的真实姓名。

图 1.2　考试种类选择

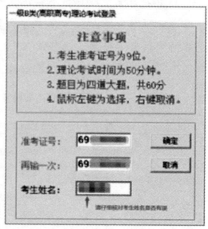

图 1.3　输入考号

考生在应试时，可灵活选择先进行"理论考试"还是"上机考试"，但必须将所有题目全部完成后方可交卷，否则需要输入重考密码重新进行考试（如图 1.4 所示）。

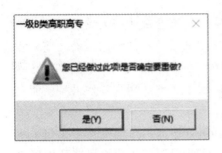 

图 1.4 重考界面

需要特别注意的是，重考是指重新进入考试系统进行考试，原来做的题目将会被新题目所覆盖，而不是进入系统继续前面未完成的考试。

1.2 应试技巧

1. 在指定区域作答

考生在进行理论考试时，须在考试界面右边的答题卡区进行作答，如图 1.5 所示。在一级 B 类考试的"理论考试"系统中，所有客观题均以选择题的形式作答（左键选择答案，右键取消答案；考生要修改答案须先取消再选择），主观题则需要将答案输入对应题号后的横线上（由于横线长度限制，部分考题的答案如果较长，则可能出现答案部分被隐藏的情况）。

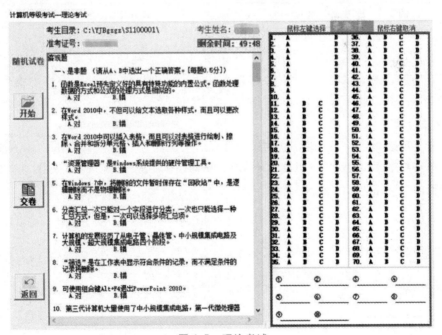

图 1.5 理论考试

2. 关闭冲突软件

一级 B 类考试系统的"理论考试"系统对 Office 系列软件（Word、Excel 和 Power-Point）等设置了打开限制，即在理论考试过程中，考生无法打开这些软件。如果考试系统与这些软件同时运行，则考试系统会将这些程序关闭；若考试系统无法关闭这些程序，则会弹出警告提示对话框，在未关闭对话框或与考试系统有冲突的程序之前，考生无法进入考试系统作答，如图 1.6 所示。此外，考生在考试过程中，尽量不要打开其他应用程序，由于考试系统设定，在考试过程中启动了其他应用程序，很有可能会被判定为作弊而导致考生考试成绩被取消。

但事实上，由于操作系统的基础支撑性，任何应用程序都不可能独立于操作系统运行，考生在使用模拟软件进行练习时，可以打开一些非限制应用程序以验证答案是否正确。如单选题："打开'个性化'设置窗口，不能设置_____。"对这个题目，考生可以在桌面空白处右击鼠标，在下拉菜单中选择"个性化"命令，在弹出的"个性化"窗口中查看可以设置的选项，从而得到不能设置的选项为"D. 桌面小工具"，如图 1.7 所示。

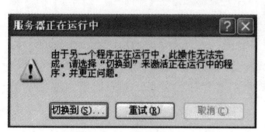

图 1.6　程序运作冲突

图 1.7　个性化设置窗口

又如填空题："Windows 7 有四个默认库，分别是视频、图片、_____和音乐。"对这一题，考生可以打开"资源管理器"，在弹出的窗口界面左窗格中找到"库"，即可看到四个默认的库分别为视频、图片、文档和音乐，因此需要填入的答案即为"文档"，如图 1.8 所示。

又如多项选择题："Windows 7 附带的计算器类型有_____。"考生可以依次点击开始菜单→程序(所有程序)→附件→计算器，启动计算器程序后，点击"查看"菜单即可看到计算器的类型包括标准型、科学型、程序员和统计信息，共四种类型，如图 1.9 所示。

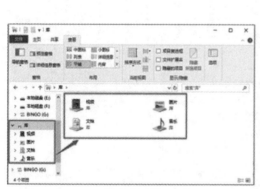

图 1.8　库

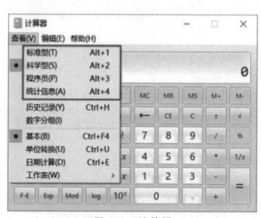

图 1.9　计算器

3. 主观题答案中的字母须严格区分大小写

在计算机系统中，字符的存储和表示均采用 ASCII 编码方式进行，即英文字符大小写在计算机中的 ASCII 码值是不同的（如字母"A"的 ASCII 编码为 01000001B，字母"a"的 ASCII 编码为 01100001B），而考试系统评判考生所填答案的依据是 ASCII 码值，因此，考生在做填空题时需要严格区分英文字母的大小写，否则考试系统会判定考生答案为错误。如填空题："在 Windows 7 中，关闭窗口的组合键是＿＿＿＿＿。"题目的正确答案为"Alt＋F4"，其他形式如 alt＋F4、ALT＋F4、alt＋f4、aLT＋F4 等答案均会被判错，如图 1.10 所示。

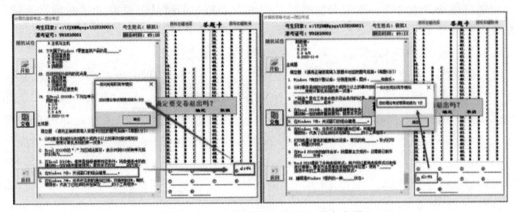

图 1.10　主观题答案须严格区分大小写

此外，由于答题区的空格显示的宽度较窄，考生在作答时要千万注意，避免输入空格而自己又未及时发现，从而导致被系统判为错误以致丢分。

4. 部分错题需要单独记忆

在一级 B 类考试的题目中，极少部分题目的答案是错误的，对这类型的题目需要考生单独背诵记忆。如题目："Windows 7 是一个跨平台的多功能＿＿＿＿操作系统。"该题需要填入"网络"方可得分，但事实上，Windows 7 并不是网络操作系统，而是一个单用户多任务操作系统，如图 1.11 所示。

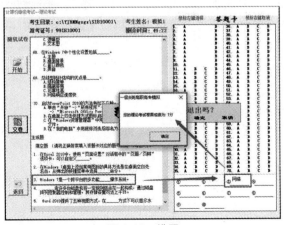

图 1.11　错题

5. 巧用关键词快速记难题

在一级 B 类考试的题目中，有些题目过于概念化和抽象化，或者需要考生对计算机工作原理较为熟悉，而对于非计算机专业的考生而言，理解这些概念或者原理意义不大或者理解起来难度较大。

对于这一类型的题目，考生一是可以利用模拟软件和考试软件中题目备选答案序号不变的现象直接记忆正确答案的序号，二是可以巧用关键词来记忆正确答案。如单项选择题："分子计算机的基础是制造出单个的分子，其功能与_____及今天的微电路的其他重要部件相同或相似，然后把上亿个分子器件牢固地连接在某种基体表面。"由于该题目是一个概念题，考生理解起来难度较大，而我们通过对模拟考试的练习发现，在整个考试题库中，正确答案"D. 三极管、二极管"仅出现了一次，因此考生可以直接记忆答案，看到"D. 三极管、二极管"的选项即可直接选择。

类似的题目还有很多，例如单项选择题："你有一台运行 Windows 7 的计算机，该计算机启用了系统保护功能。你只需要保留该计算机上最后一次系统保护快照，所有其他快照必须删除。你应该_____。"考生只需记住"卷影副本"这个关键词即可选择答案。又如单项选择题："你有一台运行 Windows 7 的计算机，你为显卡升级了驱动程序后，计算机变得没有响应。你需要在最短时间内恢复计算机，你需要_____。"可利用关键词"回滚"选择答案。再如题干中有"镜像备份"关键词，则在答案中利用关键词"镜像备份工具"来选择正确答案，等等。

此外，考生还可以通过压缩题干以减少无关信息干扰的方式更快、更准确地记忆答案。如判断题："Word 2010 在用户输入文档时自动进行拼写和语法检查，对于文档中有疑问的单词或短语，会标示出彩色的波浪线提请用户注意。红色波浪线表示存在语法问题，绿色波浪线表示存在拼写问题。"可以压缩成"红色表示拼写错误，绿色表示语法错误"。又如单项选择题："假设有一个包含计算预期销售量与实际销售量差异的公式的单元格，如果要在实际销售量超过预期销售量时给该单元格加上绿色背景色，在实际销售量没有达到预期销售量时给该单元格加上红色背景色，这时可以应用_____。"可以压缩成"满足不同条件显示不同颜色就是条件格式"。

以上方法仅仅作为一种可供考生参考的方法，并不一定适合所有人，考生应根据自身的情况和学习方法善加利用，方可取得事倍功半的效果，切忌照搬照抄。

Part Two

理论知识题库

第 2 章　计算机基础知识

2.1　是非题

1. 计算机的发展经历了电子管、晶体管、中小规模集成电路及大规模、超大规模集成电路四个阶段。　　　　　　　　　　　　　　　　　　　　　　　（　　）

2. 第一代计算机的硬件逻辑主要采用电子管，程序设计语言采用 BASIC 语言。
　　　　　　　　　　　　　　　　　　　　　　　　　　　　　　　　（　　）

3. 第二代计算机的主要特征为：全部使用晶体管，运算速度达到每秒几十万次。
　　　　　　　　　　　　　　　　　　　　　　　　　　　　　　　　（　　）

4. 第三代计算机大量使用了中小规模集成电路，第一代微处理器由此诞生。
　　　　　　　　　　　　　　　　　　　　　　　　　　　　　　　　（　　）

5. 第四代计算机使用大规模集成电路及超大规模集成电路，运算速度可达每秒几百万次甚至上亿次。英特尔公司制成了第一代微处理器。　　　　　　　（　　）

6. 第一代计算机的程序设计语言是用二进制码表示的机器语言和汇编语言。
　　　　　　　　　　　　　　　　　　　　　　　　　　　　　　　　（　　）

7. 汇编语言的特点是由二进制组成，CPU 可以直接解释和执行。　　（　　）

8. 第一代计算机的硬件逻辑主要采用电子管，软件的核心是操作系统。（　　）

9. 第三代计算机的硬件特征是用中、小规模集成电路代替了分立的晶体管元件。
　　　　　　　　　　　　　　　　　　　　　　　　　　　　　　　　（　　）

10. 大规模集成电路的应用是第四代计算机的基本特征。　　　　　（　　）

11. 微型计算机的台式兼容机是自己根据需要选择各个部件，配置出自己的计算机。
　　　　　　　　　　　　　　　　　　　　　　　　　　　　　　　　（　　）

12. 第一代计算机体积大，耗电多，运算速度低，存储容量小，价格便宜。（　　）

13. 数学家冯·诺依曼，被称为"计算机之父"。　　　　　　　　　（　　）

14. 世界上第一台电子计算机 ENIAC 诞生于美国宾夕法尼亚大学计算机学院。
　　　　　　　　　　　　　　　　　　　　　　　　　　　　　　　　（　　）

15. 1981 年，IBM 推出个人计算机（PC）用于家庭、办公室和学校。　（　　）

16. 科学计算是指利用计算机来完成科学研究和工程技术中提出来的数学问题的计算。　　　　　　　　　　　　　　　　　　　　　　　　　　　　　　（　　）

17. 数据处理是指对各种数据进行收集、存储、整理、分类、统计、加工、利用、传播等一系列活动的统称。　　　　　　　　　　　　　　　　　　　（　　）

18. 计算机辅助技术包括 CAD、CAM、CAT 和 CAI 等。　　　　（　）

19. 计算机辅助教学（CAT）是利用计算机系统使用课件来进行教学。（　）

20. 自动控制是计算机模拟人类的智能活动，诸如：感知、判断、理解、学习、问题求解及图像识别等。　　　　（　）

21. 人工智能，如能模拟高水平专家进行疾病诊疗的专家系统，具有一定思维的智能机器人。　　　　（　）

22. 计算机的发展趋势主要有信息化、巨型化、微型化、网络化、多媒体化和智能化。　　　　（　）

23. 微型计算机简称"微型机"，是由大规模集成电路组成的，体积较小的电子计算机。如：笔记本计算机、掌上电脑、手表电脑等。　　　　（　）

24. "龙芯"是我国研制成功的第一款通用 CPU 芯片。　　　　（　）

25. 一个完整的计算机系统由计算机硬件系统和软件系统两大部分构成。（　）

26. 计算机系统由输入设备、输出设备、存储器、运算器和控制器组成。（　）

27. 系统软件的主要功能是管理、控制和维护计算机软、硬件资源，简单来说就是操作系统。　　　　（　）

28. 主板是微型计算机的主要组成部分，是由焊接在多层印刷电路上的 CPU 插座、北桥和南桥芯片组、BIOS 芯片、内存条插槽、AGP 插槽、PCI 插槽和其它各种接口等构成。　　　　（　）

29. 内存储器是 CPU 能够直接访问的存储器，用于存放正在运行的程序和数据。（　）

30. 微型计算机中常用的硬盘接口主要有 IDE 和 SATA 两种。　　　（　）

31. 显示适配器简称显卡，它的用途是将计算机系统所需要的显示信息进行转换驱动，并向显示器提供行扫描信号，控制显示器的正确显示，是连接显示器和个人电脑主板的重要元件。　　　　（　）

32. 构成计算机系统的电子元件、机械装置和线路等可见实体称为计算机系统的硬件。　　　　（　）

33. 外存和内存相比，具有容量大，速度慢，成本高，持久存储等特点。（　）

34. Cache 主要是解决 CPU 的高速度和 RAM 的低速度的匹配问题。　（　）

35. 有关存储器读写速度的顺序为：Cache>RAM>硬盘>软盘。　（　）

36. CMOS 用来保存当前系统的硬件配置和用户对某些参数的设定，是微机主板上的一块可读写的 RAM 芯片。　　　　（　）

37. 微机外存储器是指软盘、硬盘、光盘等辅助存储器。　　　（　）

38. 目前微型计算机中常用的硬盘接口主要有 IDE 和 SATA 两种。其中，IDE 是一种串行接口，SATA 是一种并行接口。　　　　（　）

39. 光盘分一次性刻录光盘和可擦写光盘。　　　　（　）

40. U 盘只需要通过通用串行总线接口 USB 与主机相连，在使用前不需要安装相应的驱动程序。　　　　（　）

41. 每种显示器均有多种供选择的分辨率。（   ）

42. ISA、PCI、AGP、IDF 等是一些不同的总线标准，它们不会应用在同一台计算机中。（   ）

43. 两个显示器屏幕尺寸相同，则它们的分辨率必定相同。（   ）

44. 刷新频率是 CRT 显示器的技术指标，指的是屏幕更新的速度。刷新频率越高，屏幕闪烁就越少。（   ）

45. 操作系统是对计算机硬件和软件资源进行统一管理、统一调度、统一分配的系统软件。（   ）

46. 操作系统是系统软件中最重要的一种，其功能是对计算机系统所有资源进行管理、调度和分配。（   ）

47. 计算机硬件被称为计算机的"躯壳"。（   ）

48. 软件系统是为了应用、管理和维护计算机而编制的各种程序、数据和相关文档的总称，它是计算机的"灵魂"。（   ）

49. 通常把不装任何软件的计算机称为"裸机"，计算机系统的各种功能都是由硬件和软件共同完成的。（   ）

50. 计算机内部采用十进制表示数据和指令，所有指令的集合称为程序。（   ）

51. CPU 的性能决定了计算机的性能，CPU 是整个计算机系统的核心。（   ）

52. CPU 由运算器、控制器和内存储器组成。（   ）

53. CPU 中运算器是计算机中执行各种算术运算和逻辑运算操作的部件，运算器由算术逻辑单元（ALU）、累加器、状态寄存器、通用寄存器组等组成。（   ）

54. 算术逻辑运算单元（ALU）的基本功能为加、减、乘、除四则运算，与、或、非、异或等逻辑操作，以及移位、求补等操作。（   ）

55. 存储器的主要功能是存放程序和数据，是计算机记忆或暂存数据的部件，按存储器的作用分为内存储器（主存）、外存储器（辅存）、高速缓存存储器。（   ）

56. 存储器容量的基本单位是字节（Byte，B）存储器中存储的一般是二进制数，二进制数只有 0 和 1 两个代码，因而计算机技术中常把 1 位二进制数称为 1 位（1bit），一个字节包括 8 个位，即 1Byte＝8bit。（   ）

57. 为了表示大容量的存储器，常用的存储单位还有 KB、MB、GB、TB 等单位，其关系为：1 KB＝1024B，1 GB＝1024KB，1 MB＝1024GB，1TB＝1024MB。（   ）

58. 把信息从存储器中取出，而又不破坏存储器内容的过程称为"读"；把信息存入存储器的过程称为"写"。（   ）

59. 常见的输入设备有：键盘、鼠标、扫描仪、打印机、话筒、光笔、写字板、数码相机、游戏操作杆等。（   ）

60. 显示器的主要技术指标有：可视面积、可视角度、分辨率、灰度级、刷新率、响应时间等。（   ）

61. 衡量打印机好坏的指标主要有三项：打印分辨率、打印速度和噪声。（   ）

62. 寄存器是 CPU 内部的临时存储单元，可以存放数据和地址，但不可以存放控

制信息和 CPU 工作的状态信息。（　　）

63. 计算机语言一般分为三类，它们是机器语言、汇编语言和高级语言。（　　）

64. 目前常用的操作系统有：DOS、Windows、UNIX、Linux 和 WPS。（　　）

65. 字长越长，CPU 的运算精度越高，计算机的性能就越好。（　　）

66. 常见的机器数形式有原码、反码和补码。（　　）

67. 主机箱的主要作用是放置和固定各计算机配件，起到一个承托和保护的作用。
（　　）

68. 根据总线传输信息的不同，可以分为地址总线、数据总线和控制总线 3 类。
（　　）

69. 主频即 CPU 工作的时钟频率，主频越高，CPU 的运算速度越快。（　　）

70. 采样频率越高，每秒内采样的样本值就越多，所需存储器的位数就越多。
（　　）

71. 信噪比越大，表示音频输出时噪声越大。（　　）

72. 微型计算机是指体积特别小的计算机。（　　）

73. 小型机的特征有两类：一类是采用多处理机结构和多级存储系统，另一类是采
用精减指令系统。（　　）

74. 人工智能的主要目的是用计算机来代替人的大脑。（　　）

75. 一台计算机能够识别的所有指令的集合称为该计算机的指令系统。（　　）

76. 定点数是指小数点位置固定不变的数，它只能表示整数与纯小数。（　　）

77. ASCII 码用 7 位二进制编码，可以表示 26 个英文字母大小写及 42 个常用符
号，34 个控制字符。（　　）

78. 数制也称为计数制，是指用一组固定的符号和统一的规则来表示数值的方法。
（　　）

79. 多媒体是报纸、杂志、广播、电视等多种传媒方式的总称。（　　）

80. 媒体主要分为：感觉媒体、表示媒体、显示媒体、存储媒体和传输媒体。
（　　）

81. 多媒体计算机对多媒体信息的处理技术包括录入、变换、压缩、存储、解压
缩、传输显示、发声等。其中，压缩技术是关键技术之一，采取压缩技术后，将大大
压缩数据量，使存储、传输都变得容易。（　　）

82. 声音信号可以直接送入计算机存储和处理。（　　）

83. 信息是人类的一切生存活动和自然存在所传达出来的信号和消息。（　　）

84. 信息技术(Information Technology，IT)是指一切能扩展人的信息功能的技术。
（　　）

85. 信息处理与再生技术包括文字识别、语音识别和图像识别等。（　　）

86. 感测与识别技术包括对信息的编码、压缩、加密等。（　　）

87. 位图图像只能表示单色图像。（　　）

88. CMYK 颜色模型是通过 4 种基本颜色按不同比例混合来表示各种颜色的。
（　　）

89. 视频是一种动态图像，动画也是由动态图像构成，二者并无本质的区别。（　　）

90. 音频、视频的数字化过程中，量化过程实质上是一个有损压缩编码过程，必然带来信息的损失。（　　）

91. 声音信号和视频信号的数字化处理过程都是采样→量化→编码。（　　）

92. MIDI 文件保存的是 MIDI 设备演奏的乐曲波形数据。（　　）

93. 计算机病毒是指编制或者在计算机程序中插入的破坏计算机功能或者毁坏数据，影响计算机使用，并能自我复制的一组计算机指令或者程序代码。（　　）

94. 如果不小心人类可能感染上计算机病毒。（　　）

95. 对计算机病毒的认定工作，由公安部公共信息网络安全监察部门批准的机构承担。（　　）

96. 传染性是计算机病毒最重要的一个特征，它会传染计算机软件、硬件以及计算机用户。（　　）

97. 计算机一感染上病毒马上会死机。（　　）

98. 特洛伊木马程序是伪装成合法软件的非感染型病毒。（　　）

99. 计算机软件的体现形式是程序和文件，它们是受著作权法保护的。但在软件中体现的思想不受著作权法保护。（　　）

100. 计算机病毒按破坏情况分为良性病毒和恶心病毒，良性病毒不会对计算机系统产生直接破坏，但会使系统资源急剧减少。（　　）

101. 文件型病毒，主要感染文件扩展名为 COM、EXE 和 OVL 等可执行程序为主。（　　）

102. 计算机病毒的衍生性又称为计算机病毒变种。（　　）

103. 计算思维说到底就是计算机编程。（　　）

104. 计算思维是一种思想，不是人造物。（　　）

105. 计算思维是人像计算机一样的思维方式。（　　）

106. 计算思维最根本的内容，其本质是抽象化和自动化。（　　）

107. 计算思维是运用计算机科学的基础概念进行问题求解、系统设计，以及人类行为理解等涵盖计算机科学之广度的一系列思维活动，由周以真于 2006 年 3 月首次提出。（　　）

108. 计算思维是概念化，不是程序化。（　　）

标准答案：

1. A；2. B；3. A；4. B；5. A；6. B；7. B；8. B；9. A；10. A；11. A；12. B；13. A；14. B；15. A；
16. A；17. A；18. A；19. B；20. B；21. A；22. B；23. A；24. A；25. A；26. B；27. B；28. A；29. A；
30. A；31. A；32. A；33. B；34. A；35. A；36. A；37. A；38. B；39. B；40. A；41. A；42. B；43. B；
44. A；45. A；46. A；47. A；48. A；49. A；50. B；51. A；52. A；53. A；54. A；55. A；56. A；
57. B；58. A；59. B；60. A；61. A；62. B；63. A；64. B；65. A；66. A；67. A；68. A；69. A；
70. A；71. B；72. B；73. A；74. B；75. A；76. A；77. B；78. A；79. B；80. A；81. A；82. B；83. A；
84. A；85. B；86. B；87. B；88. A；89. B；90. A；91. B；92. B；93. A；94. B；95. A；96. B；97. B；

98. A；99. A；100. A；101. A；102. A；103. B；104. A；105. B；106. A；107. A；108. A。

2.2 单选题

1. 世界上第一台计算机 ENIAC 是为了_____的目的而设计的。 （ ）
   A. 科学计算　　　B. 过程控制　　　C. 人工智能　　　D. 模式识别

2. 世界上第一台电子计算机是在_____年诞生的。 （ ）
   A. 1927　　　　　B. 1946　　　　　C. 1943　　　　　D. 1952

3. 世界上第一台计算机产生于_____。 （ ）
   A. 宾夕法尼亚大学　　　　　　　B. 麻省理工学院
   C. 哈佛大学　　　　　　　　　　D. 加州大学洛杉矶分校

4. 世界上第一台计算机 ENIAC 每秒可进行_____次加、减法运算。 （ ）
   A. 5万　　　　　B. 5千　　　　　C. 3万　　　　　D. 3千

5. 下列关于世界上第一台电子计算机 ENIAC 的叙述中，不正确的是_____。（ ）
   A. ENIAC 是 1946 年在美国诞生的
   B. 它主要采用电子管和继电器
   C. 它是首次采用存储程序和程序控制使计算机自动工作
   D. 它主要用于弹道计算

6. 第二代计算机用_____作外存储器。 （ ）
   A. 纸带、卡片　　　　　　　　　B. 纸带、磁盘
   C. 卡片、磁盘　　　　　　　　　D. 磁盘、磁带

7. 根据冯·诺依曼提出的计算机内部使用的数制是_____。 （ ）
   A. 二进制　　　　B. 八进制　　　　C. 十进制　　　　D. 十六进制

8. 第三代计算机的内存开始使用_____。 （ ）
   A. 水银延迟线　　　　　　　　　B. 半导体存储器
   C. 静电存储器　　　　　　　　　D. 磁芯存储器

9. 冯·诺依曼为现代计算机的结构奠定了基础，他的主要设计思想是_____。（ ）
   A. 采用电子元件　　　　　　　　B. 数据存储
   C. 虚拟存储　　　　　　　　　　D. 存储程序与程序控制

10. 计算机的基本理论"存储程序"是由_____提出来的。 （ ）
    A. 牛顿　　　　　　　　　　　　B. 冯·诺依曼
    C. 爱迪生　　　　　　　　　　　D. 莫奇利和艾科特

11. 冯·诺依曼提出的计算机体系结构中硬件由_____部分组成。 （ ）
    A. 2　　　　　　　B. 5　　　　　　　C. 3　　　　　　　D. 4

12. 冯·诺依曼计算机工作原理的核心是_____和程序控制。 （ ）
    A. 顺序存储　　　　　　　　　　B. 存储程序
    C. 集中存储　　　　　　　　　　D. 运算存储分离

13. 按冯·诺依曼的观点，计算机硬件由五大部件组成，它们是_____。 （ ）
    A. CPU、控制器、存器、输入设备、输出设备
    B. 控制器、运算器、存储器、输入设备、输出设备
    C. CPU、运算器、主存储器、输入设备、输出设备
    D. CPU、控制器、运算器、主存储器、输入、输出设备

14. 个人计算机(PC)属于_____。 （ ）
    A. 巨型机　　　B. 微型机　　　C. 小型机　　　D. 大型机

15. 我国的计算机的研究始于_____。 （ ）
    A. 20世纪50年代　　　　B. 21世纪50年代
    C. 18世纪50年代　　　　D. 19世纪50年代

16. 1983年，我国第一台亿次巨型电子计算机诞生了，它的名称是_____。 （ ）
    A. 东方红　　　B. 神威　　　C. 曙光　　　D. 银河

17. 2004年6月推出的"曙光4000A"达到每秒_____万亿次，已经进入世界前十名。 （ ）
    A. 4　　　　B. 40　　　　C. 11　　　　D. 110

18. 在计算机内部一切信息的存取、处理和传送的形式是_____。 （ ）
    A. ASCII码　　B. BCD　　　C. 二进制　　　D. 十六进制

19. 计算机中采用二进制，是因为_____。 （ ）
    A. 可降低硬件成本　　　　B. 两个状态的系统具有稳定性
    C. 二进制的运算法则简单　　D. 上述三个原因

20. 计算机将程序和数据同时存放在机器的_____中。 （ ）
    A. 控制器　　　　B. 存储器
    C. 输入/输出设备　　D. 运算器

21. 下列说法正确的是_____。 （ ）
    A. 第三代计算机采用电子管作为逻辑开关元件
    B. 1958～1964年期间生产的计算机被称为第二代产品
    C. 现在的计算机采用晶体管作为逻辑开关元件
    D. 计算机将取代人脑

22. 第2代计算机采用_____作为其基本逻辑部件。 （ ）
    A. 磁芯　　　　B. 微芯片
    C. 半导体存储器　　D. 晶体管

23. 微型计算机属于_____计算机。 （ ）
    A. 第一代　　　　B. 第二代
    C. 第三代　　　　D. 第四代

24. 第二代计算机的内存储器为_____。 （ ）
    A. 水银延迟线或电子射线管　　B. 磁芯存储器
    C. 半导体存储器　　D. 高集成度的半导体存储器

25. 第四代计算机不具有的特点是_____。　　　　　　　　　　　　（　　）
   A. 编程使用面向对象程序设计语言
   B. 发展计算机网络
   C. 内存储器采用集成度越来越高的半导体存储器
   D. 使用中小规模集成电路

26. 大规模和超大规模集成电路是第____计算机所主要使用的逻辑元器件。（　　）
   A. 1　　　　　　B. 2　　　　　　C. 3　　　　　　D. 4

27. 目前计算机逻辑器件主要使用_____。　　　　　　　　　　　　（　　）
   A. 磁芯　　　　B. 磁鼓　　　　C. 磁盘　　　　D. 大规模集成电路

28. 微型计算机使用的主要逻辑部件是_____。　　　　　　　　　　（　　）
   A. 电子管　　　　　　　　　　B. 晶体管
   C. 固体组件　　　　　　　　　D. 大规模和超大规模集成电路

29. 采用光技术后,计算机的传输速度可以达到每秒_____字节。　　（　　）
   A. 万亿　　　　B. 千亿　　　　C. 百亿　　　　D. 十亿

30. 生物计算机具有巨大的存储能力,其处理速度比当今最快的计算机快一百万
   倍,而且能耗仅有现代计算机的_____分之一。　　　　　　　　　（　　）
   A. 百万　　　　B. 十亿　　　　C. 千万　　　　D. 亿

31. 下列不属于第二代计算机特点的一项是_____。　　　　　　　（　　）.
   A. 采用电子管作为逻辑元件　　B. 运算速度为每秒几万至几十万条指令
   C. 内存主要采用磁芯　　　　　D. 外存储器主要采用磁盘和磁带

32. 计算机采用的主机电子器件的发展顺序是_____。　　　　　　（　　）
   A. 晶体管、电子管、中小规模集成电路、大规模和超大规模集成电路
   B. 电子管、晶体管、中小规模集成电路、大规模和超大规模集成电路
   C. 晶体管、电子管、成电路、芯片
   D. 子管、晶体管、成电路、芯片

33. 第一台电子计算机是 1946 年在美国研制的,该机的英文缩写名是_____。
   　　　　　　　　　　　　　　　　　　　　　　　　　　　　　　（　　）
   A. ENIAC　　　B. EDVAC　　　C. EDSAC　　　D. MARK-Ⅱ

34. 下列叙述中,错误的是_____。　　　　　　　　　　　　　　　（　　）
   A. 计算机是一种能快速．高效．自动完成信息处理的电子设备
   B. 世界上第一台电子计算机(ENIAC)于 1946 年在美国宾夕法尼亚大学研制
      成功
   C. 计算机计算精度高,存储容量大,可以准确存储任意实数
   D. 运算速度是指计算机每秒能执行多少条基本指令,常用单位是 MIPS

35. 目前,微型计算机的核心部件是以_____为基础的。　　　　　　（　　）
   A. 小规模集成电路　　　　　　B. 分立的晶体管
   C. 电子管　　　　　　　　　　D. 大规模和超大规模集成电路

36. 在第一台计算机 ENIAC 的研制过程中，美籍数学家冯·诺依曼提出了通用计算机方案——EDVAC(埃德瓦克)方案，体现了"存储程序和程序控制"思想的基本含义。在该方案中，冯·诺依曼提出的三个重要设计思路中不包括_____。 （ ）

    A. 计算机由五个基本部分组成：运算器、控制器、存储器、输入设备和输出设备

    B. 采用二进制形式表示计算机的指令和数据

    C. 将若干地理位置不同且具有独立功能的计算设备，用通信线路和设备互相连接起来

    D. 将程序和数据存放在存储器中，并让计算机自动地执行程序

37. 微型计算机包括_____。 （ ）

    A. 中央处理器、存储器和外设　　B. 硬件系统和软件系统——计算机系统

    C. 主机和各种应用程序　　D. 运算器、控制器

38. AutoCAD 软件属于_____。 （ ）

    A. 计算机辅助设计软件　　B. 文档中可设置制表位实现按列对齐

    C. 数据大型数据库软件　　D. 办公自动化软件

39. CAI 的中文含义是_____。 （ ）

    A. 计算机辅助设计　　B. 计算机辅助制造

    C. 计算机辅助工程　　D. 计算机辅助教学

40. 将 CAD 与 CAM 技术集成，称为_____系统。 （ ）

    A. 计算机辅助设计　　B. 计算机辅助制造

    C. 计算机集成设计　　D. 计算机集成制造

41. 用于过程控制的计算机一般都是实时控制，它们对计算机速度要求_____，可靠性要求很高。 （ ）

    A. 较高　　B. 在 1 GHz 以上

    C. 不高　　D. 在 10 GHz 以上

42. 智能化的主要研究领域为：_____、机器人、专家系统、自然语言的生成与理解等方面。 （ ）

    A. 网络　　B. 通信　　C. 模式识别　　D. 多媒体

43. 当前计算机正朝两极方向发展，即_____。 （ ）

    A. 专用机和通用机　　B. 微型机和巨型机

    C. 模拟机和数字机　　D. 个人机和工作站

44. 未来计算机的发展趋向于巨型化、微型化、网络化、多媒体化和_____。（ ）

    A. 集成化　　B. 工业化　　C. 现代化　　D. 智能化

45. 人工智能不包含_____的内容。 （ ）

    A. 机器人　　B. 模式识别

    C. 电子商务　　D. 专家系统

46. "金桥工程"是建立一个覆盖全国并与国际计算机联网的公用_____和网中之网。
    （　　）

    A. 电视网　　　B. 无线网　　　C. 基干网　　　D. 电话网

47. 金卡工程是我国正在建设的一项重大计算机应用工程项目，它属于下列哪一类
    应用？_____
    （　　）

    A. 科学计算　　　　　　　B. 数据处理

    C. 实时控制　　　　　　　D. 计算机辅助设计

48. 一个字节的二进制位数是_____。
    （　　）

    A. 2　　　　　B. 4　　　　　C. 8　　　　　D. 1

49. 指令是指计算机执行某种操作的命令。一条指令，通常包括_____两部分。
    （　　）

    A. 数据与命令　　　　　　B. 操作码与操作数

    C. 区位码与国际码　　　　D. 编译码与操作码

50. 在计算机的众多特点中，其最主要的特点是_____。
    （　　）

    A. 计算速度快　　　　　　B. 存储程序与自动控制

    C. 应用广泛　　　　　　　D. 计算精度高

51. 计算机被分为：大型机、中型机、小型机、微型机等类型，是根据计算机的
    _____来划分的。
    （　　）

    A. 运算速度　　　　　　　B. 体积大小

    C. 重量　　　　　　　　　D. 耗电量

52. 小巨型机的发展之一是将高性能的微处理器组成的_____多处理机系统。（　　）

    A. 并行　　　　B. 串行　　　　C. 耦合　　　　D. 独立

53. 计算机中的逻辑运算一般用_____表示逻辑真。
    （　　）

    A. YES　　　　B. 1　　　　　C. 0　　　　　D. NO

54. AutoCAT 软件属于_____。
    （　　）

    A. 计算机辅助设计　　　　B. 计算机辅助教学

    C. 计算机辅助测试　　　　D. 计算机辅助制造

55. 下列叙述中，错误的是_____。
    （　　）

    A. 数值计算主要解决科学研究和工程技术中所提出的数学问题，是计算机最
       早的应用领域

    B. 数据处理是计算机最早的应用领域，也是目前计算机最广泛的应用领域

    C. 过程控制是指计算机实时采集检测到的数据，按最佳方法迅速地对被控制
       对象进行自动控制或自动调节

    D. 人工智能研究如何使计算机能像人一样具有识别文字、图像、语音，以及
       推理和学习等能力

56. 在计算机上播放 VCD 采用的是_____技术。
    （　　）

    A. 人工智能　　　B. 网络　　　C. 多媒体　　　D. 数据库

57. 计算机中使用的关系数据库，就应用领域而言是属于_____。 （　　）

    A. 科学计算   B. 实时控制

    C. 数据处理   D. 计算机辅助设计

58. 办公自动化 OA(Office Automation)是计算机在_____方面的应用。 （　　）

    A. 科学计算   B. 数据处理

    C. 过程控制   D. 人工智能

59. 在计算机中，_____。 （　　）

    A. 程序用二进制代码表示，数据用十进制代码表示

    B. 程序和数据都用十进制代码表示

    C. 程序用十进制代码表示，数据用二进制代码表示

    D. 程序和数据都用二进制代码表示

60. 配置高速缓冲存储器(Cache)是为了解决_____。 （　　）

    A. 内存与辅助存储器之间速度不匹配问题

    B. CPU 与辅助存储器之间速度不匹配问题

    C. CPU 与内存储器之间速度不匹配问题

    D. 主机与外设之间速度不匹配问题

61. 操作系统的主要功能是_____。 （　　）

    A. 实现软、硬件转换   B. 管理系统所有的软、硬件资源

    C. 把源程序转换为目标程序   D. 进行数据处理

62. 某单位的财务管理软件属于_____。 （　　）

    A. 工具软件   B. 系统软件

    C. 编辑软件   D. 应用软件

63. CPU 是计算机的核心，它由运算器和_____组成。 （　　）

    A. 存储器   B. 输入设备   C 控制器   D. 输出设备

64. 在微型计算机中，微处理器的主要功能是进行_____。 （　　）

    A. 算术逻辑运算及全机的控制   B. 逻辑运算

    C. 算术逻辑运算   D. 算术运算

65. 微型计算机中运算器的主要功能是_____。 （　　）

    A. 控制计算机的运行   B. 算术运算和逻辑运算

    C. 分析指令并执行   D. 负责存取存储器中的数据

66. 微型计算机通过_____将 CPU 等各种部件和外围设备有机地结合起来，形成

    一套完整的系统。 （　　）

    A. 主板   B. BIOS   C. 南桥   D. 北桥

67. 计算机的存储器分为内存储器和_____。 （　　）

    A. 主存储器   B. 外存储器   C. 硬盘   D. 光盘

68. 计算机存储器是一种_____。 （　　）

    A. 运算部件   B. 输入部件   C. 输出部件   D. 记忆部件

69. 计算机存储容量的基本单位是_____。 （　）

    A. 位　　　　　　B. 字节　　　　　C. 字　　　　　　D. 页

70. 术语"ROM"指的是_____。 （　）

    A. 内存储器　　　　　　　　B. 只读存储器

    C. 随机存取存储器　　　　　D. 只读型光盘存储器

71. 计算机软件系统应包括_____。 （　）

    A. 编辑软件和连接程序　　　B. 数据软件和管理软件

    C. 程序和数据　　　　　　　D. 系统软件和应用软

72. 服务器_____。 （　）

    A. 不是计算机　　　　　　　B. 是为个人服务的计算机

    C. 是为多用户服务的计算机　D. 是便携式计算机的别名

73. 某单位自行开发的工资管理系统，按计算机应用的类型划分，它属于_____。

                                                （　）

    A. 科学计算　　　　　　　　B. 辅助设计

    C. 数据处理　　　　　　　　D. 实时控制

74. 下列有关存储器读写速度的排列，正确的是_____。 （　）

    A. RAM＞Cache＞硬盘　　　B. Cache＞RAM＞硬盘

    C. Cache＞硬盘＞RAM　　　D. RAM＞硬盘＞Cache

75. 一个完整的计算机系统包括_____。 （　）

    A. 主机、键盘、显示器　　　B. 主机及外部设备

    C. 系统软件与应用软件　　　D. 硬件系统和软件系统

76. 下列可选项，都是硬件的是_____。 （　）

    A. Windows、ROM 和 CPU　　B. WPS、RAM 和显示器

    C. ROM、RAM 和 Oracle　　D. Cache、CD-ROM 和键盘

77. 半导体只读存储器(ROM)与半导体随机存储器(RAM)的主要区别在于_____。

                                                （　）

    A. ROM 可以永久保存信息，RAM 在掉电后信息会丢失

    B. ROM 掉电后信息会丢失，RAM 则不会

    C. ROM 是内存储器，RAM 是外存储器

    D. RAM 是内存储器，ROM 是外存储器

78. 计算机的内存储器比外存储器_____。 （　）

    A. 速度快　　B. 存储量大　　C. 便宜　　　D. 以上说法都不对

79. 下列有关存储器的几种说法中，_____是错误的。 （　）

    A. 外存的容量一般比内存大

    B. 外存的存取速度一般比内存慢

    C. 外存与内存一样可与 CPU 直接交换数据

    D. 外存与内存一样可以用来存放程序和数据

80. 微型计算机的运算器、控制器及内存储器的总称是_____。 （ ）

    A. CPU   B. ALU   C. MPU   D. 主机

81. 下面的操作中_____不是鼠标的操作。 （ ）①

    A. 单击   B. 双击   C. 右击   D. 左击

82. 术语"CD-ROM"指的是_____。 （ ）②

    A. 内存储器   B. 只读存储器

    C. 随机存取存储器   D. 只读型光盘存储器

83. 光驱的倍速越大_____。 （ ）

    A. 数据传输越快   B. 纠错能力越强

    C. 所能读取光盘的容量越大   D. 播放 DVD 效果越好

84. 在微机系统中，基本输入输出系统 BIOS 存放在_____中。 （ ）

    A. RAM   B. ROM   C. 硬盘   D. 寄存器

85. 目前移动硬盘通常由笔记本电脑硬盘和带有数据接口电路的外壳组成，数据接口电路有_____和 IEEE1394。 （ ）

    A. RJ-45   B. RS-232   C. USB   D. PS/2

86. 微机硬盘的主流接口标准是_____。 （ ）

    A. USB   B. SATA   C. IDE   D. PCI

87. 在下列设备中，属于输出设备的是_____。 （ ）

    A. 硬盘   B. 键盘   C. 鼠标   D. 打印机

88. 下列术语中，属于显示器性能指标的是_____。 （ ）

    A. 速度   B. 可靠性   C. 分辨率   D. 精度

89. 下列关于显卡（显示适配器）的描述中，错误的是_____。 （ ）

    A. 分为集成显卡和独立显卡两种形式

    B. 独立显卡是指将显示芯片、显存及其相关电路单独做在一块电路板上

    C. 独立显卡单独安装有显存，一般不占用系统内存

    D. 集成显卡比独立显卡能够得到更好的显示效果和性能

90. 所谓的"裸机"是指_____。 （ ）

    A. 单片机   B. 不装备任何外设的计算机

    C. 不装备任何软件的计算机   D. 只装备操作系统的计算机

91. 在微机系统中，I/O 接口位于_____之间。 （ ）

    A. 主机和总线   B. 主机和 I/O 设备

    C. I/O 设备和 I/O 设备   D. CPU 和内存储器

92. 微型计算机通过主板将_____等各种部件和外围设备有机地结合起来，形成一

---

① 鼠标的基本操作有：单击、双击、右击、拖曳和指向，从字面意思理解，"左击"也是"单击"的意思，但却不是鼠标操作标准的专业术语。

② CD-ROM 是 Compact Disk-Read Only Memory 首字母缩写，中文译为"光盘只读存储器"，也即"只读型光盘存储器"。

套完整的系统。 （　　）

A. CPU 芯片　　　　　　　　B. BIOS 芯片

C. 南桥芯片　　　　　　　　D. 北桥芯片

93. 在计算机中，负责指挥和控制各部件有条不紊地协调工作的部件是_____。

（　　）

A. 内存储器　　B. 控制器　　C. 运算器　　D. 寄存器组

94. 在微型计算机系统组成中，我们把微处理器 CPU、只读存储器 ROM 和随机存储器 RAM 三部分统称为_____。 （　　）

A. 硬件系统　　　　　　　　B. 硬件核心模块

C. 微机系统　　　　　　　　D. 主机

95. 要使用外存储器中的信息，应先将其调入_____。 （　　）

A. 控制器　　　　　　　　　B. 运算器

C. 微处理器　　　　　　　　D. 内存储器

96. 在微机性能指标中，用户可用的内存储器容量通常是包含_____。 （　　）

A. ROM 的容量　　　　　　　B. RAM 的容量

C. Cache 的容量　　　　　　D. 硬盘的容量

97. 内存储器的每一个存储单元都被赋予唯一的一个序号，作为它的_____。

（　　）

A. 地址　　　　B. 标号　　　　C. 容量　　　　D. 内容

98. 若微机在工作过程中电源突然断电，则计算机_____中的信息全部丢失。 （　　）

A. ROM 和 RAM　　　　　　B. ROM

C. RAM　　　　　　　　　　D. 硬盘

99. 静态 RAM 的特点是_____。 （　　）

A. 在不断电的条件下，静态 RAM 不必定期刷新就能永久保存信息

B. 在不断电的条件下，静态 RAM 必须定期刷新就能永久保存信息

C. 在静态 RAM 中的信息只能读不能写

D. 在静态 RAM 中的信息断电也不会丢失

100. 在内存储器中，需要对_____所存的信息进行周期性的刷新。 （　　）

A. PROM　　　B. EPROM　　　C. DRAM　　　D. SQAM

101. 下列有关外存储器的描述不正确的是_____。 （　　）

A. 外存储器不能为 CPU 直接访问，必须通过内存才能为 CPU 所使用

B. 外存储器既是输入设备，又是输出设备

C. 外存储器中所存储的信息，断电后信息也会随之丢失

D. 扇区是磁盘存储信息的最小物理单位

102. 软盘驱动器在寻找数据时_____。 （　　）

A. 盘片转动、刺头不动　　　B. 盘片不动、磁头移动

C. 盘片转动、磁头移动　　　D. 盘片、磁头都不动

103. 微机与并行打印机连接时，打印机的信号线应连接在计算机的_____上。 ( )

    A. 并行接口   B. 串行接口

    C. 扩展 I/O 接口   D. USB 接口

104. _____为可擦写光盘。 ( )

    A. CD-ROM   B. DVD   C. LD   D. CD-RW

105. 下列_____的鼠标不属于鼠标的内部构造的形式。 ( )

    A. USB 式   B. 机械式   C. 光机式   D. 光电式

106. 需要弹出快捷菜单时，应_____。 ( )

    A. 单击鼠标左键   B. 双击鼠标左键

    C. 单击鼠标右键   D. 双击鼠标右键

107. 若已知彩色显示器的分辨率为 1024×768，如果它能显示 16 色，则显示存储器容量至少应为_____。 ( )

    A. 192 KB   B. 192 MB   C. 384 KB   D. 384 MB

108. 以下_____不是微机显示卡的显示标准。 ( )

    A. EGA   B. XGA   C. VGA   D. SVGA

109. 目前 Pentium 微型机的局部总线技术普遍采用_____。 ( )

    A. ISA   B. EISA   C. PCI   D. MCA

110. Intel 公司推出的新一代图形显示卡专用总线是_____总线。 ( )

    A. USB   B. ISA   C. PCI   D. AGP

111. 计算机显示器参数中，参数 640×480，1024×768 等表示_____。 ( )

    A. 显示器屏幕的大小   B. 显示器显示字符的最大列数和行数

    C. 显示器的分辨率   D. 显示的颜色指标

112. 通常所说的 24 针打印机属于_____。 ( )

    A. 激光打印机   B. 针式打印机

    C. 喷墨式打印机   D. 热敏打印机

113. 系统软件中最重要的是_____。 ( )

    A. 操作系统   B. 语言处理程序

    C. 工具软件   D. 数据管理系统

114. 下列四种软件中，属于系统软件的是_____。 ( )

    A. WPS   B. Word   C. Windows   D. Excel

115. 下列设备中，既能向主机输入数据又能接收由主机输出数据的设置是_____。

                                           ( )

    A. CD-ROM   B. 显示器

    C. 软磁盘存储器   D. 光笔

116. 下列叙述不正确的是_____。 ( )

    A. 多媒体技术最主要的两个特点是集成性和交互性

    B. 所有计算机的字长都是固定不变的，都是 8 位

    C. 计算机的存储容量是计算机的性能指标之一

D. 各种高级语言的编译系统都属于系统软件

117. 奔腾(Pentium)是_____公司生产的一种 CPU 型号。　　　　　　　（　　）

    A. IBM　　　　　B. Microsoft　　　　　C. Intel　　　　　D. AMD

118. 在微型计算机内存储器中不能用指令修改其存储内容的部分是_____。（　　）

    A. RAM　　　　　B. DRAM　　　　　C. ROM　　　　　D. SRAM

119. 下列几种存储器存储周期最短的是_____。　　　　　　　　　　（　　）

    A. 内存储器　　　　　　　　　　B. 光盘存储器

    C. 硬盘存储器　　　　　　　　　D. 软盘存储器

120. 微机中访问速度最快的是_____。　　　　　　　　　　　　　　（　　）

    A. CD-ROM　　　　B. 硬盘　　　　　C. U 盘　　　　　D. 内存

121. 下列关于硬盘的说法错误的是_____。　　　　　　　　　　　　（　　）

    A. 硬盘中的数据断电后不会丢失

    B. 每个计算机主机有且只能有一块硬盘

    C. 硬盘可以进行格式化处理

    D. CPU 不能直接访问硬盘中的数据

122. 常用 MIPS 作为衡量计算机_____的性能指标。　　　　　　　　（　　）

    A. 处理能力　　　B. 运算速度　　　　C. 可靠性　　　　D. 存储容量

123. 高速缓冲存储器(Cache)和主存一般是一种_____存储器。　　　（　　）

    A. 随机　　　　　B. 只读　　　　　　C. 链接　　　　　D. 顺序

124. 计算机硬件系统的核心部件是_____。　　　　　　　　　　　　（　　）

    A. 外存储器　　　　　　　　　　B. CPU 中央处理器或称微处理器

    C. 内存储器　　　　　　　　　　D. I/O 设备

125. 某微型机的 CPU 中假设含有 20 条地址线、8 位数据线及若干条控制信号线，对内存按字节寻址，其最大内存空间应是_____。　　　（　　）

    A. 64 MB　　　　　B. 1024 MB　　　　C. 1024 KB　　　D. 512 KB

126. 现今微型计算机内存储器是_____。　　　　　　　　　　　　　（　　）

    A. 按二进制位编址　　　　　　　B. 按字长编址

    C. 按字节编址　　　　　　　　　D. 根据微处理器型号不同而编址不同

127. ROM 中的信息是_____。　　　　　　　　　　　　　　　　　（　　）

    A. 由计算机厂商预先写入的

    B. 由系统安装时写入的

    C. 根据用户需求不同，由用户随时写入的

    D. 由程序临时写入的

128. 下列有关系统 BIOS 的说法错误的是_____。　　　　　　　　　（　　）

    A. BIOS 又称基本输入/输出系统

    B. BIOS 保存着系统启动自检程序

    C. BIOS 保存着软驱、硬盘的设置及系统日期和时间等

D. BIOS 保存着开机上电自检程序

129. 光盘属于_____。　　　　　　　　　　　　　　　（　　）
    A. 内存储器（RAM，ROM）　　　　B. 外存储器
    C. 外部设备　　　　　　　　　　　D. 中央处理器

130. 下列的存储设备不支持文件随机存取的是_____。　　（　　）
    A. 磁盘　　　　B. CD-ROM　　　　C. 优盘　　　　D. 软盘

131. _____是用于微处理器·存储器和输入/输出设备之间传送数据。（　　）
    A. 地址总线　　B. 数据总线　　　C. 控制总线　　D. 数据通道

132. _____是关于软盘的正确叙述。　　　　　　　　　（　　）
    A. 软盘格式化后，可以在任何微型计算机上使用
    B. 装在软盘上的信息可以直接读入 CPU 进行处理
    C. 可以用软盘启动 DOS 系统
    D. 装在软盘上的信息必须经过硬盘才能被计算机处理

133. 下列叙述中，错误的是_____。　　　　　　　　　（　　）
    A. 系统软件为用户使用计算机提供了便捷的途径
    B. 应用软件指为满足用户特殊需要，由用户自己或第三方软件公司开发的
       软件
    C. 系统软件是应用软件工作的基础，应用软件的运行必须有系统软件的支持
    D. 数据库管理系统是一种系统软件

134. 为微机配置软件时，不可缺少的软件是_____。　　（　　）
    A. 字处理软件　　　　　　　　B. 数据库管理系统
    C. 查杀计算机病毒的软件　　　D. 操作系统

135. _____是指用户自己开发或者由第三方软件公司开发的软件，它能满足用户
    的特殊需要。　　　　　　　　　　　　　　　　　　（　　）
    A. 系统软件　　　　　　　　B. 应用软件
    C. 操作系统　　　　　　　　D. 语言处理程序

136. 计算机 CPU 能直接识别和处理的语言是_____。　　（　　）
    A. 数据库语言　B. 汇编语言　　　C. 机器语言　　D. 高级语言

137. 由高级语言编写的源程序要转换成计算机能直接执行的目标程序，必须经过
    _____。　　　　　　　　　　　　　　　　　　　（　　）
    A. 编辑　　　　B. 编译　　　　C. 汇编　　　　D. 解压缩

138. 下列软件中属于系统软件的是_____。　　　　　　（　　）
    A. PowerPoint　　　　　　　　B. Word
    C. Windows　　　　　　　　　D. AUTOCAD2000

139. 下列关于计算机软件叙述中，正确的是_____。　　（　　）
    A. 用高级语言编写的源程序是计算机可以直接识别的
    B. 计算机软件是由程序数据及其相关的图标构成的

C. 计算机软件可以分为系统软件和应用软件等

D. 计算机软件就是计算机程序，程序是软件的主体

140. 下列_____不属于系统软件。 （ ）

A. DOS　　　　B. Excel　　　　C. Windows　　　D. Unix

141. 软盘上存取信息的最小单位是_____。 （ ）

A. 位　　　　B. 字节　　　　C. 字　　　　D. 扇区

142. CPU 中有一个程序计数器，用于存放_____。 （ ）

A. 正在执行的指令的内容　　　　B. 将要执行的下一条指令的内容

C. 正在执行的指令的内存地址　　D. 将要执行的下一条指令的地址

143. 一种型号的计算机所能识别并执行的全部指令的集合，称为该型号计算机的

_____。 （ ）

A. 程序　　　B. 指令系统　　　C. 系统软件　　D. 二进制代码

144. 目前为了提高电脑对 3D 图形的处理速度，高档微型机采用_____。 （ ）

A. ISA　　　　B. EISA　　　　C. PCI　　　　D. AGP

145. 在微型计算机中，PCI 指的是一种_____。 （ ）

A. 主板型号

B. 显示标准

C. CPU 型号

D. 总线标准外部器件互连总线，是有一种局部总线的标准

146. CPU 以_____作为最小可执行单位。 （ ）

A. 程序　　　B. 机器指令　　　C. 语句　　　D. 地址

147. 指令的解释由_____执行。 （ ）

A. 输入/输出设备　　　　B. 存储器

C. CPU 中的控制器　　　D. 运算器

148. 微机的主频是衡量机器性能的重要指标，它是指_____。 （ ）

A. CPU 时钟频率　　　　B. 机器运算速度

C. 数据传输率　　　　　D. 存取周期

149. CPU 和主板之间同步运行的速度是指_____。 （ ）

A. 主频　　　B. 外频　　　C. 字长　　　D. 指令系统

150. 下面计算机术语中，_____与 CPU 无关。 （ ）

A. 字长　　　　　　　　B. 主频 CPU 时钟频率

C. 模拟信号　　　　　　D. 寻址方式地址总线的条数

151. 在自己组装整机过程中，下列_____可以不是必须安装的。 （ ）

A. CPU　　　　　　　　B. 内存条

C. 软盘驱动器　　　　　D. 显示器

152. 微机中，CPU 内存和外部设备之间采用总线连接，_____的位数决定字长。

（ ）

A. 地址总线　　B. 数据总线　　　C. 宽度总线　　D. 控制总线

153. 在组装微型计算机时，对计算机速度不产生影响的硬件是_____。　（　　）

    A. 主板　　　　B. CPU　　　　C. 内存　　　　D. 鼠标

154. 遭遇突然停电时，_____能保障计算机系统继续工作一段时间，以使用户能
    够紧急存盘，避免数据丢失。　（　　）

    A. UPS　　　　B. CCD　　　　C. USB　　　　D. LCD

155. 下列说法正确的是_____。　（　　）

    A. 计算机的体积越大，其功能就越强

    B. CPU 的主频越高，其指令执行速度就越快

    C. 两个显示器屏幕大小相同，则它们的分辨率相同

    D. 点阵打印机的针数越多，则能打印的汉字字体越多

156. 微型计算机中，I/O 设备的含义是_____。　（　　）

    A. 输入设备

    B. 输出设备 I/O 是指输入/输出接口，是外部与主机之间的信息交换接口

    C. 外存储器

    D. 输入输出设备

157. _____既能向主机输入数据又能接收主机输出的数据。　（　　）

    A. CD-ROM　　　　　　　　　　B. 触摸屏

    C. 软盘驱动器　　　　　　　　　D. 键盘

158. 软盘加上写保护后，_____数据。　（　　）

    A. 既能读，又能写　　　　　　　B. 能读，但不能写

    C. 能写，但不能读　　　　　　　D. 不能读，也不能写

159. 在微型计算机中，VGA 是一种_____。　（　　）

    A. 显示标准 VGA 接口　　　　　B. 微机型号

    C. 键盘型号　　　　　　　　　　D. 显示器型号

160. 下列术语中与显示器密切相关的是_____。　（　　）

    A. 速度　　　　B. 可靠性　　　　C. 分辨率　　　　D. 亮度

161. 液晶显示器的英文简称是_____。　（　　）

    A. LCD　　　　　　　　　　　　B. CRT 阴极射线管

    C. LCT　　　　　　　　　　　　D. LED

162. 显示器的主要参数之一是分辨率，其含义是_____。　（　　）

    A. 显示屏幕的水平和垂直扫描频率

    B. 显示屏幕上光栅的列数和行数

    C. 可显示不同颜色的总数

    D. 同一幅画面允许显示不同颜色的最大数目

163. _____驱动器允许用户在可擦写光盘上反复进行擦写操作的光盘驱动器。（　　）

    A. CD-ROM 只读不可写　　　　　B. DVD 与 CD 同属光存储器

    C. CD-R 一次写入型光盘　　　　　D. CD-RW 可擦写型光盘

164. 下面各组设备中，全都属于输入设备的一组是_____。 （　　）
    A. 键盘、鼠标和显示器　　　　　　B. 扫描仪、显示器和数字化仪
    C. 绘图仪、打印机和键盘　　　　　D. 扫描仪、鼠标和键盘

165. 下面_____不是显示器的技术指标。 （　　）
    A. 最高分辨率　　　　　　　　　　B. 显示内存
    C. 扫描频率　　　　　　　　　　　D. 点距

166. 1 KB 内存最多能直接存储_____个汉字内码。 （　　）
    A. 256　　　　B. 512　　　　C. 1024　　　　D. 128

167. 1 MB=_____。 （　　）
    A. 1024 B　　　B. 1024 GB　　　C. 1024 TB　　　D. 1024 KB

168. 计算机处理数据时，一次存取加工和传送的数据长度称为_____。 （　　）
    A. 二进制位长　　　　　　　　　　B. 字节
    C. 字长　　　　　　　　　　　　　D. 数长

169. 信息科学是研究信息及其_____的科学。 （　　）
    A. 运动规律　　B. 识别技术　　C. 传递技术　　D. 使用技术

170. 从信息科学的角度看，信息的载体是_____，它是信息的具体表现形式。
 （　　）

    A. 大脑的思维　　　　　　　　　　B. 数据
    C. 大脑　　　　　　　　　　　　　D. 人的意识

171. 任何进位计数制都包含基数和位权两个基本要素，八进制数的基数为_____，
    八进制数中第 i 位上的权为_____。 （　　）
    A. 7，8　　　　B. 7，8i　　　　C. 8，8　　　　D. 8，8i

172. 下列数据中最大的是_____。 （　　）
    A. $(1227)_8$　　　B. $(1FF)_{16}$　　　C. $(101000)_2$　　　D. $(789)_{10}$

173. 数字在计算机中的表示称为_____。 （　　）
    A. 补码　　　　B. 真值　　　　C. 机器数　　　　D. 基数

174. 计算机中的带符号数通常用补码表示，以下关于补码的概念正确的是_____。
 （　　）

    A. 0 的补码是唯一的　　　　　　　B. 符号位单独运算
    C. A、B 均正确　　　　　　　　　D. A、B 均不正确

175. 信息技术是指利用_____和现代通信手段实现获取信息、传递信息、存储信
    息、处理信息、显示信息、分配信息等的相关技术。 （　　）
    A. 传感器　　　　　　　　　　　　B. 识别技术
    C. 电话、电视线　　　　　　　　　D. 计算机

176. 一台微机若字长为 8 个字节，则在 CPU 中作为一个整体加以传送处理的二进
    制数码为_____。 （　　）
    A. 8 位　　　　B. 64 位　　　　C. 16 位　　　　D. 32 位

177. 如果一个存储单元能存放一个字节，那么一个 32 KB 的存储器共有_____个存储单元。 （　）

　　A. 32000　　　　B. 32768　　　　C. 32767　　　　D. 65536

178. 在微机中，若存储容量为 1 MB 指的是_____。 （　）

　　A. 1024 * 1024 个字　　　　　　B. 1024 * 1024 个字节

　　C. 1000 * 1000 个字　　　　　　D. 1000 * 1000 个字节

179. 下列描述正确的是_____。 （　）

　　A. 1 KB=1024 * 1024 B　　　　B. 1 MB=1024 * 1024 B

　　C. 1 KB=1024 MB　　　　　　　D. 1 MB=1024 B

180. 1 KB=_____。 （　）

　　A. 1000 B　　　　　　　　　　B. 10 的 10 次方 B

　　C. 1024 B　　　　　　　　　　D. 10 的 20 次方 B

181. 在计算机内存中，存储 1 个 ASCII 码字符编码需用_____个字节。 （　）

　　A. 1　　　　B. 2　　　　C. 7　　　　D. 8

182. _____赋予计算机综合处理声音、图像、动画、文字、视频和音频信号的功能，是 20 世纪 90 年代计算机的时代特征。 （　）

　　A. 计算机网络技术　　　　　　B. 虚拟现实技术

　　C. 多媒体技术　　　　　　　　D. 面向对象技术

183. 以下最大的存储容量衡量单位是_____。 （　）

　　A. KB　　　　B. MB　　　　C. TB　　　　D. GB

184. 计算机中存放的信息包括字母、各种控制符号、图形符号等，都以_____方式存入计算机并加以处理。 （　）

　　A. 二进制编码　B. ASCII 码　　C. EBCDIC 码　D. 汉字国标码

185. 在计算机内存中，存储每个 ASCII 码字符编码需用_____个字节。 （　）

　　A. 1　　　　B. 2　　　　C. 4　　　　D. 8

186. 主频是指微机中 CPU 的主时钟频率，它的衡量单位是_____。 （　）

　　A. dpi　　　　B. MIPS　　　　C. b/s　　　　D. MHz

187. 普通计算机内存中，存储一个汉字的内码所需的字节数是_____。 （　）

　　A. 1　　　　B. 2　　　　C. 4　　　　D. 8

188. 在 24 * 24 点阵的汉字字库中，存储一个汉字字模信息需要_____个字节。 （　）

　　A. 320　　　　B. 72　　　　C. 36　　　　D. 144

189. 与二进制数等值的八进制数是_____。 （　）

　　A. 55　　　　B. 125　　　　C. A5　　　　D. 225

190. 字母"a"的 ASCII 码为 97D，则字母"A"的 16 进制编码是_____。 （　）

　　A. 66H　　　　B. 65H　　　　C. 42H　　　　D. 41H

191. 字节是数据存储的基本单位，一个字节等于_____个二进制位。 （　）

　　A. 1　　　　B. 8　　　　C. 32　　　　D. 64

192. _____是衡量计算机性能的一个重要指标。 （　　）

    A. 位　　　　　　B. 字节　　　　　　C. 字　　　　　D. 字长

193. 在微型计算机中，应用最普遍的字符编码是_____。 （　　）

    A. BCD 码　　　　B. ASCII 码　　　　C. 汉字编码　　　D. 国际码

194. 计算机存储数据的最小单位是_____。 （　　）

    A. 位　　　　　　B. 字节　　　　　　C. 字　　　　　D. 字长

195. 微型计算机系统采用总线结构连接 CPU. 存储器和外部设备。总线通常由_____组成。 （　　）

    A. 数据总线、地址总线和控制总线

    B. 输入总线、输出总线和控制总线

    C. 外部总线、内部总线和中枢总线

    D. 通信总线、接收总线和发送总线

196. 要在分辨率为 1024×768 的显示器上显示一幅 24 位色的图片，则必须至少有_____视频存储容量。 （　　）

    A. 1.5 MB　　　B. 256 KB　　　　C. 2.25 MB　　D. 256 MB

197. 计算机能直接识别的语言是_____。 （　　）

    A. 机器语言　　　　　　　　　B. 汇编语言

    C. 高级语言　　　　　　　　　D. 数据库语言

198. 微机中 1 MB 表示的二进制位数是_____。 （　　）

    A. 1024 * 1024 * 8　　　　　B. 1024 * 8

    C. 1024 * 1024　　　　　　　D. 1024

199. 下列数据最小的是_____。 （　　）

    A. $(1000101)_2$　　B. $(63)_{10}$　　　C. $(111)_8$　　　D. $(4A)_{16}$

200. 十进制数 92 转换为二进制数是_____。 （　　）

    A. 01011100　　B. 01101100　　　C. 10101011　　D. 01011000

201. 如果字符 A 的十进制 ASCII 码值是 65，则字符 H 的 ASCII 码值是_____。 （　　）

    A. 72　　　　　B. 4　　　　　　C. 115　　　　D. 104

202. 存储 1000 个 16×16 点阵的汉字字形所需要的存储容量是_____。 （　　）

    A. 256 KB　　　B. 32 KB　　　　C. 16 KB　　　D. 31.25 KB

203. 用八位二进制位能够表示最大的十进制数为_____。 （　　）

    A. 256　　　　B. 255　　　　　C. 1024　　　D. 512

204. 汉字国标码规定，每个汉字用_____字节表示。 （　　）

    A. 1　　　　　B. 2　　　　　　C. 3　　　　　D. 4

205. 汉字的字形一般分为哪两类？_____ （　　）

    A. 通用型和精密型　　　　　　B. 通用型和专用型

    C. 精密型和简易型　　　　　　D. 普通型和提高型

206. 中国国家标准汉字信息交换编码是_____。 （　　）

    A. GB 2312－80   B. GBK

    C. UCS   D. GIB－5

207. 计算机病毒是_____。 （　　）

    A. 计算机系统自生的   B. 一种人为编制的计算机程序

    C. 主机发生故障时产生的   D. 可传染疾病给人体的那种病毒

208. 凡是能够引起计算机故障，影响计算机正常运行的、破坏计算机数据的所有程序统称为计算机_____。 （　　）

    A. 软件   B. 安全代码

    C. 黑客   D. 病毒

209. 下列说法错误的是_____。 （　　）

    A. 计算机病毒的主要攻击对象是CPU

    B. 计算机病毒在某种条件下被激活后，才开始起干扰和破坏作用

    C. 计算机病毒是人为编制的计算机程序

    D. 尽量做到专机专用或安装正版软件，才是预防计算机病毒的有效办法

210. 下面关于计算机病毒的描述中正确的是_____。 （　　）

    A. 一种在计算机系统运行过程中能够实现传染和侵害功能的程序

    B. 一种在计算机系统运行过程中无用的程序

    C. 计算机使用者容易得的病

    D. 一种对人体有害的病毒

211. 网络病毒_____。 （　　）

    A. 与PC机病毒完全不同

    B. 无法控制

    C. 只有在线时起作用，下线后就失去干扰和破坏能力了

    D. 借助网络传播，危害更强

212. 特洛伊木马是_____。 （　　）

    A. 一个游戏   B. 一段程序   C. 一张图片   D. 一个工具

213. 下列说法错误的是_____。 （　　）

    A. 用杀毒软件将一张软盘杀毒后，该软盘就没毒了

    B. 计算机病毒在某种条件下被激活后，才开始起干扰和破坏作用

    C. 计算机病毒是人为编制的计算机程序

    D. 尽量做到专机专用或安装正版软件，才是预防计算机病毒的有效措施

214. Internet病毒主要通过_____途径传播。 （　　）

    A. 电子邮件   B. 网上聊天   C. 光盘   D. Word文档

215. 计算机病毒是指_____的计算机程序。 （　　）

    A. 编制有错误   B. 设计不完善

    C. 已被破坏   D. 危害或干扰系统正常工作

216. 防病毒程序可以_____。   (   )

    A. 防范所有计算机病毒的入侵

    B. 检查和清除所有已知的计算机病毒

    C. 检查和清除大部分已知的计算机病毒

    D. 修复所有被计算机病毒破坏的数据

217. 当用各种杀毒软件都不能清除某软盘中病毒时，则应该_____。   (   )

    A. 丢弃该盘不用

    B. 删除盘上所有文件

    C. 重新进行格式化

    D. 删除根目录中的 COMMAND. COM 文件

218. 下列叙述中正确的是_____。   (   )

    A. 反病毒软件通常是滞后于计算机病毒的出现

    B. 反病毒软件总是超前于计算机病毒的出现，它可以查杀部分种类的病毒

    C. 已感染过计算机病毒的计算机具有对该病毒的免疫性

    D. 计算机病毒会危害计算机用户的健康

219. 计算机病毒破坏的主要对象是_____。   (   )

    A. 软盘   B. 磁盘驱动器

    C. CPU   D. 程序和数据

220. 相对而言，下列类型的文件中，不易感染病毒的是_____。   (   )

    A. TXT   B. DOC   C. COM   D. EXE

221. 下列选项中，不属于计算机病毒特征的是_____。   (   )

    A. 破坏性   B. 潜伏性   C. 传染性   D. 免疫性

222. 为了防止已存有信息的软盘被病毒感染，应采取的措施是_____。 (   )

    A. 保持软盘清洁

    B. 对软盘进行写保护

    C. 不要将有病毒的软盘与无病毒的软盘放在一起

    D. 定期格式化软盘

223. 下列软件中，不属于杀毒软件的是_____。   (   )

    A. 金山毒霸   B. 诺顿

    C. KV3000   D. Outlook Express

224. 当前使用的防杀病毒软件的作用是_____。   (   )

    A. 检查计算机是否感染病毒，清除已感染的任何病毒

    B. 杜绝病毒对计算机的侵害

    C. 检查计算机是否感染病毒，清除部分已感染的病毒

    D. 查出已感染的任何病毒，清除部分已感染的病毒

225. 高性能计算机最常见的是由_____组成的计算机集群系统，它通过各种互联技术将多个计算机系统连接在一起。   (   )

    A. 多个 CPU   B. 多种软件   C. 多台计算机   D. 多个机房

226. 分子计算机的基础是制造出单个的分子，其功能与_____及今天的微电路的其他重要部件相同或相似，然后把上亿个分子器件牢固地连接在某种基体表面。 （ ）

    A. 电容   B. 电荷

    C. 电阻   D. 三极管、二极管

227. 量子计算机是采用基于量子力学原理的、采用深层次_____的计算机，而不像传统的二进制计算机那样将信息分为 0 和 1 来处理。 （ ）

    A. 光电技术   B. 硬件系统

    C. 计算模式   D. 集成电路

228. 计算思维是运用计算机科学的_____进行问题求解、系统设计，以及人类行为理解等涵盖计算机科学之广度的一系列思维活动。 （ ）

    A. 思维方式   B. 程序设计原理

    C. 基础概念   D. 操作系统原理

229. 计算思维最根本的内容，其本质是_____和自动化。 （ ）

    A. 计算机技术   B. 递归

    C. 并行处理   D. 抽象

230. 云计算的资源相对集中，主要以_____为中心的形式提供底层资源的使用。 （ ）

    A. 网络   B. 数据   C. 硬件   D. 软件

231. 模拟的声音信号必须数字化处理后才能被计算机存储和处理，其数字化过程的正确顺序是_____。 （ ）

    A. 量化→保持→采样→编码   B. 采样→保持→量化→编码

    C. 量化→采样→保持→编码   D. 采样→量化→保持→编码

232. 目前被人们称为 3C 的技术是指_____。 （ ）

    A. 通信技术、计算机技术和控制技术

    B. 微电子技术、通信技术和计算机技术

    C. 微电子技术、光电子技术和计算机技术

    D. 信息基础技术、信息系统技术和信息应用技术

233. 以下不是计算思维特征的是_____。 （ ）

    A. 根本的，不是刻板的技能

    B. 是人的，不是计算机的思维方式

    C. 是思想，不是人造物

    D. 程序化，非概念化

234. 云计算的一大特征是_____，没有高效的网络云计算就什么都不是，就不能提供很好的使用体验。 （ ）

    A. 按需自助服务   B. 无处不在的网络接入

    C. 资源池化   D. 快速弹性收缩

235. 对于公有边缘节点，通常以_____的形式部署于_____。　　　　　　（　　）

    A. 小型数据中心，地市及以下的自有机房

    B. 大型数据中心，公有云机房

    C. 大型数据中心，私有云机房

    D. 大型数据中心，地市及以下的自有机房

236. 云计算机是对_____技术的发展与运用。　　　　　　　　　　　　（　　）

    A. 并行计算　　　　　　　　　　B. 网格计算

    C. 分布式计算　　　　　　　　　D. 三个选项都是

237. 从研究现状上看，下面不属于云计算特点的是_____。　　　　　　（　　）

    A. 超大规模　　　　　　　　　　B. 虚拟化

    C. 私有化　　　　　　　　　　　D. 高可靠性

238. 关于虚拟化的描述，不正确的是_____。　　　　　　　　　　　　（　　）

    A. 虚拟化是指计算机元件在虚拟的基础上而不是真实的基础上运行

    B. 虚拟化技术可以扩展硬件的容量，简化软件的重新配置过程

    C. 虚拟化技术不能将多个物理服务器虚拟成一个服务器

    D. CPU 的虚拟化技术可以单 CPU 模拟多 CPU 运行，允许一个平台同时运行多个操作系统

标准答案：

1. A；2. B；3. A；4. B；5. C；6. D；7. A；8. B；9. D；10. B；11. B；12. B；13. B；14. B；15. A；
16. D；17. C；18. C；19. D；20. B；21. B；22. D；23. D；24. B；25. D；26. D；27. D；28. D；29. A；
30. B；31. A；32. B；33. A；34. C；35. D；36. C；37. A；38. A；39. D；40. D；41. C；42. C；43. B；
44. D；45. C；46. C；47. B；48. C；49. D；50. A；51. A；52. A；53. B；54. C；55. B；56. C；57. C；
58. B；59. D；60. C；61. C；62. D；63. C；64. A；65. D；66. A；67. B；68. D；69. B；70. B；71. D；
72. C；73. C；74. B；75. D；76. D；77. A；78. A；79. C；80. D；81. D；82. D；83. A；84. B；85. C；
86. A；87. B；88. C；89. D；90. A；91. B；92. A；93. B；94. D；95. D；96. B；97. A；98. C；99. A；
100. C；101. C；102. C；103. A；104. D；105. A；106. C；107. C；108. B；109. C；110. D；111. C；
112. B；113. A；114. C；115. D；116. D；117. B；118. C；119. D；120. D；121. B；122. B；123. A；
124. B；125. C；126. C；127. A；128. C；129. B；130. B；131. C；132. C；133. A；134. D；135. B；
136. C；137. B；138. C；139. C；140. D；141. D；142. D；143. B；144. D；145. D；146. A；147. C；
148. A；149. B；150. C；151. C；152. B；153. D；154. A；155. B；156. C；157. C；158. B；159. A；
160. A；161. A；162. B；163. D；164. D；165. B；166. B；167. C；168. C；169. A；170. B；171. D；
172. D；173. C；174. A；175. A；176. B；177. B；178. B；179. B；180. C；181. A；182. C；183. C；
184. A；185. A；186. D；187. B；188. B；189. A；190. B；191. B；192. B；193. B；194. A；195. A；
196. C；197. A；198. A；199. B；200. A；201. A；202. D；203. B；204. B；205. B；206. A；207. B；
208. D；209. A；210. A；211. B；212. A；213. B；214. A；215. B；216. C；217. C；218. A；219. D；
220. A；221. D；222. B；223. D；224. C；225. C；226. D；227. C；228. C；229. D；230. B；231. B；
232. A；233. D；234. B；235. A；236. D；237. C；238. C。

2.3 多选题

1. 下列对第一台电子计算机 ENIAC 的叙述中，错误的有_____。 （ ）

    A. 它的主要元件是电子管

    B. 它的主要工作原理是存储程序和程序控制

    C. 它是 1946 年在美国发明的

    D. 它的主要功能是数据处理

2. 以下关于计算机的发展史的叙述中，正确的是_____。 （ ）

    A. 世界上第一台电子计算机是 1946 年在美国发明的，称 ENIAC(埃尼阿克)

    B. ENIAC 是根据冯·诺依曼原理设计制造的

    C. 第一台计算机是在 1950 年发明的

    D. 第一代电子计算机没有操作系统软件

3. 计算机的特点是_____。 （ ）

    A. 运算速度快   B. 计算精度高

    C. 具有记忆和逻辑判断能力   D. 可靠性高，通用性强

4. 计算机的类型按规模分为_____。 （ ）

    A. 巨型机   B. 小巨型机   C. 主机   D. 分机

5. 计算机的主要应用在如下_____方面。 （ ）

    A. 科学计算   B. 数据处理   C. 过程控制   D. 计算机辅助系统

6. 将来计算机的发展趋势将表现在以下_____方面。 （ ）

    A. 多极化   B. 网络化   C. 多媒体   D. 智能化

7. 可能引发下一次计算机技术革命的技术主要包括_____。 （ ）

    A. 纳米技术   B. 光技术   C. 量子技术   D. 生物技术

8. 未来的计算机发展方向是_____。 （ ）

    A. 光计算机   B. 生物计算机   C. 分子计算机   D. 量子计算机

9. 计算机存储和处理数据采取二进制的原因有以下几点_____。 （ ）

    A. 电路简单，易实现   B. 简化运算

    C. 逻辑运算方便   D. 隔离容易

10. "三金"工程包括_____。 （ ）

    A. 金桥工程   B. 金关工程   C. 金卡工程   D. 金税

11. 计算机的最新应用有_____。 （ ）

    A. 云计算   B. 人工智能   C. 网格计算   D. 计算机辅助系统

12. 下列关于硬件组成的说法，正确的是_____。 （ ）

    A. 主机和外设

    B. 运算器、控制器和 I/O 设备

    C. CPU 和 I/O 设备

    D. 运算器、控制器、存储器、输入和输出设备

13. U 盘与软盘相比，U 盘具有_____的特点。 （　　）

　　A. 价格便宜　　　B. 容量大　　　　C. 速度快　　　　D. 携带方便

14. 在微型计算机中，显示器一般外接有_____的引线。 （　　）

　　A. 地址线　　　　B. 电源线　　　　C. 信号线　　　　D. 控制线

15. 下列软件中属于应用软件的有_____。 （　　）

　　A. CAD　　　　　B. Word　　　　　C. 汇编程序　　　D. C 语言编译程序

16. 下列属于输出设备的有_____。 （　　）

　　A. 显示器　　　　B. 鼠标　　　　　C. 扫描仪　　　　D. 绘图仪

17. 下列叙述中，正确的叙述是_____。 （　　）

　　A. 外存上的信息可直接进入 CPU 被处理

　　B. 磁盘必须进行格式化后才能使用

　　C. Ctrl 键是起控制作用的，它一般与其他键同时按下才有用

　　D. 断电时，RAM 中保存的信息全部丢失，ROM 中保存的信息不受影响

18. CPU 由_____组成。 （　　）

　　A. 内存储器　　　B. 控制器　　　　C. 运算器　　　　D. 寄存器组

19. 扫描仪的主要性能指标是_____。 （　　）

　　A. 压缩率　　　　B. 分辨率　　　　C. 灰度层次　　　D. 扫描速度

20. 打印机的主要性能指标是_____。 （　　）

　　A. 幅面　　　　　B. 分辨率　　　　C. 灰度层次　　　D. 打印速度

21. 下列关于打印机的描述中，正确的有_____。 （　　）

　　A. 喷墨打印机是非击打式打印机　　B. LQ－1600K 是激光打印机

　　C. 激光打印机是页式打印机　　　　D. 分辨率最高的打印机是针式打印机

22. 微机的主板上集成着_____。 （　　）

　　A. CPU 插座　　　B. 内存条　　　　C. 南桥芯片　　　D. 北桥芯片

23. 衡量声卡性能的主要指标有_____。 （　　）

　　A. 采样频率　　　　　　　　　　　 B. 采样位数

　　C. 信噪比　　　　　　　　　　　　 D. 数字信号处理器（DSP）

24. 微型计算机的性能指标主要有_____。 （　　）

　　A. 字长　　　　　B. 主存储器容量　C. 主频　　　　　D. 运算速度

25. 下列部件中，不能直接通过总线与 CPU 连接的是_____。 （　　）

　　A. 键盘　　　　　B. 内存储器　　　C. 硬盘　　　　　D. 显示器

26. 键盘的按键一般分为_____。 （　　）

　　A. 主键盘区　　　B. 编辑键区　　　C. 功能键区　　　D. 数字键区

27. 控制器主要由_____等组成。 （　　）

　　A. 指令计数器　　B. 指令寄存器　　C. 指令译码器　　D. 指令生成器

28. 下列计算机外围设备中，可以作为输入设备的是_____。 （　　）

　　A. 打印机　　　　B. 绘图仪　　　　C. 扫描仪　　　　D. 数字相机

29. 打印机的接口一般为_____。　　　　　　　　　　　　　　　　（　　）

    A. COM1　　　　　B. COM2　　　　　C. LPT1　　　　　D. USB

30. 计算机硬件系统主要的性能指标有_____。　　　　　　　　　　（　　）

    A. 字长　　　　　B. 操作系统性能　　C. 主频　　　　　D. 主存储器容量

31. 微型计算机的辅助存储器比主存储器_____。　　　　　　　　　（　　）

    A. 存储容量大　　　　　　　　　　B. 存储可靠性高

    C. 读写速度快　　　　　　　　　　D. 价格便宜

32. 常见的移动存储设备有_____等。　　　　　　　　　　　　　　（　　）

    A. 移动硬盘　　　　B. 光盘　　　　　C. U 盘　　　　　D. 存储卡

33. 对于一个写保护装置的优盘，当它处于写保护状态时，以下操作可以实现的有

    _____。　　　　　　　　　　　　　　　　　　　　　　　　（　　）

    A. 显示优盘中文件 A. txt 的属性　　B. 格式化优盘

    C. 将优盘文件 A. txt 改名为 B. yxt　　D. 将优盘文件 A. txt 打开

34. 与计算机存储容量有关的单位是_____。　　　　　　　　　　　（　　）

    A. 字母　　　　　B. 字节　　　　　C. 位　　　　　　D. 汉字

35. 以下_____的数目与硬盘容量有关。　　　　　　　　　　　　　（　　）

    A. 柱面　　　　　B. 磁头　　　　　C. 扇区　　　　　D. 盘片是否封装

36. 下列中属于多媒体硬件的有_____。　　　　　　　　　　　　　（　　）

    A. 多媒体 I/O 设备　　　　　　　　B. 图像

    C. 语音编码　　　　　　　　　　　D. 视频卡

37. 以下属于计算机应用软件的有_____。　　　　　　　　　　　　（　　）

    A. Windows　　　　B. Office　　　　C. AutoCAD　　　D. UNIX

38. 计算机软件系统包括_____。　　　　　　　　　　　　　　　　（　　）

    A. 系统软件　　　B. 应用软件　　　C. 计算软件　　　D. 游戏软件

39. 以下_____软件属于系统软件。　　　　　　　　　　　　　　　（　　）

    A. Windows　　　　B. DOS　　　　　C. CAD　　　　　D. Flash

40. 以下属于计算机系统软件的有_____。　　　　　　　　　　　　（　　）

    A. Windows　　　　B. Office 2010　　C. 杀毒软件　　　D. UNIX

41. 计算机病毒会造成计算机的_____的损坏。　　　　　　　　　　（　　）

    A. 硬件　　　　　B. 软件　　　　　C. 数据　　　　　D. 程序

42. 计算机病毒有以下几个主要特点_____。　　　　　　　　　　　（　　）

    A. 传染性　　　　B. 破坏性　　　　C. 潜伏性　　　　D. 可触发性

43. 下面所述现象可能与感染计算机病毒有关的是_____。　　　　　（　　）

    A. 计算机系统经常无故发生死机

    B. 计算机速度明显变慢

    C. 计算机内存的容量异常减少

    D. 文件的日期、时间、大小等发生变化

44. 以下关于消除计算机病毒的说法中，正确的是_____。　　　（　　）

　　A. 专门的杀毒软件不总是有效的

　　B. 删除所有带毒文件能消除所有病毒

　　C. 若 U 盘感染病毒，则对其进行全面的格式化是消毒的有效方法之一，但代价是删除了盘中所有的内容

　　D. 要一劳永逸地使计算机不感染病毒，最好的方法是装上防病毒卡

45. 本地计算机被感染病毒的途径可能是_____。　　　（　　）

　　A. 使用 U 盘　　　　　　　　　B. USB 口受损

　　C. 机房电源不稳定　　　　　　D. 上网

46. 美国计算机伦理协会总结、归纳了计算机职业道德规范，称为"计算机伦理十诫"。以下属于其中的规范有_____。　　　（　　）

　　A. 可以未经他人许可的情况下使用他人的计算机资源

　　B. 不应该用计算机去做假证明

　　C. 不应该复制或利用没有购买的软件

　　D. 应该始终注意，你使用计算机是在进一步加强你对同胞的理解和尊敬

47.《计算机病毒防治管理办法》第六条规定任何单位和个人不得有_____等传播计算机病毒的行为。　　　（　　）

　　A. 故意输入计算机病毒，危害计算机信息系统安全

　　B. 向他人提供含有计算机病毒的文件、软件、媒体

　　C. 销售、出租、附赠含有计算机病毒的媒体

　　D. 购买含有计算机病毒的媒体

48. 常见计算机病毒的类型有_____。　　　（　　）

　　A. 引导区病毒　　　　　　　　B. 文件型病毒

　　C. 宏病毒　　　　　　　　　　D. 网络蠕虫程序

49. 上网时，计算机可能染上病毒的情况是_____。　　　（　　）

　　A. 接收电子邮件　　　　　　　B. 发送邮件中

　　C. 下载文件　　　　　　　　　D. 浏览网页

50. 下面所述现象不可能与感染计算机病毒有关的是_____。　　　（　　）

　　A. 硬盘遭到物理损坏　　　　　B. 经常死机

　　C. 开机时主板有报警声　　　　D. 硬盘数据丢失

51. 计算机病毒通常容易感染扩展名为_____的文件。　　　（　　）

　　A. HLP　　　　　B. EXE　　　　　C. COM　　　　　D. BAT

52. 计算机病毒的清除方法有以下几种_____。　　　（　　）

　　A. 杀毒软件清除法　　　　　　B. 重装系统并格式化硬盘

　　C. 手工清除方法　　　　　　　D. 更换硬盘

53. 信息技术主要包括以下_____个方面。　　　（　　）

　　A. 感测与识别技术　　　　　　B. 信息传递技术

C. 信息处理与再生技术　　　　　D. 信息施用技术

54. 信息技术可以理解为一切与信息处理有关的技术，是实现信息的收集、识别、提取、交换、存储、处理、检索_____等的技术。　　　　　（　　）

    A. 检测　　　　　B. 造假　　　　　C. 分析　　　　　D. 利用

55. 以下属于汉字编码的有_____。　　　　　　　　　　　　　　（　　）

    A. ASCII　　　B. GB 2312－80　　C. BCD　　　　D. GB 18030

56. 计算机语言的发展经历了_____、_____和_____几个阶段。（　　）

    A. 机器语言　　B. 汇编语言　　C. 高级语言　　D. 低级语言

57. 下面_____是计算机的高级语言。　　　　　　　　　　　　　（　　）

    A. Pascal　　　B. CAD　　　　C. BASIC　　　D. C 语言

58. 以下_____，常常作为汉字输入码。　　　　　　　　　　　　（　　）

    A. 字模码　　　B. 内码　　　　C. 五笔字型码　D. 拼音码

59. 通常来说，影响汉字输入速度的因素有_____。　　　　　　　（　　）

    A. 码长　　　　　　　　　　　　B. 重码率

    C. 是否有词组输入　　　　　　　D. 有无光标跟随

60. 下列叙述正确的是_____。　　　　　　　　　　　　　　　　（　　）

    A. 任何二进制整数都可以完整地用十进制整数来表示

    B. 任何十进制小数都可以完整地用二进制小数来表示

    C. 任何二进制小数都可以完整地用十进制小数来表示

    D. 任何十进制数都可以完整地用十六进制数来表示

61. 为了执行高级语言所编写的程序，必须要对它进行翻译，可以翻译高级语言源程序的是_____。　　　　　　　　　　　　　　　　　　　（　　）

    A. 调试程序　　B. 解释程序　　C. 编译程序　　D. 编辑程序

62. 从传递信息的方式上，可把接口分为_____。　　　　　　　　（　　）

    A. 串行　　　　B. 并行　　　　C. 连续　　　　D. 链式

63. 计算机中用 32 位二进制位表示真彩色时，需要分别使用 8 位表示_____和亮度。

    　　　　　　　　　　　　　　　　　　　　　　　　　　　　（　　）

    A. 红　　　　　B. 绿　　　　　C. 黑　　　　　D. 蓝

64. 多媒体信息包括_____。　　　　　　　　　　　　　　　　　（　　）

    A. 文字、图形　B. 音频、视频　C. 影像、动画　D. 光盘、声卡

65. 有关汉字机内码的说法，正确的是_____。　　　　　　　　　（　　）

    A. 用不同输入法输入的同一个汉字，其机内码是不同的

    B. 汉字机内码占两个字节

    C. 汉字机内码就是国标码

    D. 汉字机内码每个字节的最高位为 1

66. 计算机在信息处理中的作用包括_____。　　　　　　　　　　（　　）

    A. 数据加工　　B. 多媒体技术　C. 通信　　　　D. 智能化决策

67. 国家信息基础设施 NII 计划由 _____ 组成。　　　　　　　　　　（　　）

    A. 通信网络　　　B. 通信设备　　　C. 信息资源　　　D. 人

68. 信息安全的实现目标是 _____。　　　　　　　　　　　　　　　（　　）

    A. 真实性：对信息的来源进行判断，能对伪造来源的信息予以鉴别

    B. 保密性：保证机密信息不被窃听，或窃听者不能了解信息的真实含义

    C. 完整性：保证数据的一致性，防止数据被非法用户篡改

    D. 可用性：保证合法用户对信息和资源的使用不会被不正当地拒绝

69. 计算思维的特征是 _____。　　　　　　　　　　　　　　　　　（　　）

    A. 概念化　　　　　　　　　　B. 程序化

    C. 人的思维方式　　　　　　　D. 数学和工程思维的互补与融合

70. 计算思维又可以进一步解析为：_____ 等。　　　　　　　　　（　　）

    A. 通过约简、嵌入、转化和仿真等方法，把一个看来困难的问题重新阐释成一个我们知道问题怎样解决的方法

    B. 是一种递归思维，是一种并行处理，是一种把代码译成数据又能把数据译成代码，是一种多维分析推广的类型检查方法

    C. 是一种选择合适的方式去陈述一个问题，或对一个问题的相关方面建模使其易于处理的思维方法

    D. 是利用海量数据来加快计算，在时间和空间之间，在处理能力和存储容量之间进行折衷的思维方法

标准答案：

1. BD；2. AD；3. ABCD；4. AB；5. ABCD；6. ABCD；7. ABCD；8. ABCD；9. ABC；10. ABC；
11. AC；12. AD；13. BCD；14. BC；15. AB；16. AD；17. BCD；18. BCD；19. BCD；20. ABD；
21. AC；22. ACD；23. ABCD；24. ABCD；25. ACD；26. ABCD；27. BC；28. CD；29. ABCD；
30. ACD；31. ABD；32. ACD；33. AD；34. BC；35. AC；36. AD；37. BC；38. AB；39. AB；
40. ACD；41. ABCD；42. ABCD；43. ABCD；44. AC；45. AD；46. ABCD；47. AC；48. ABCD；
49. ACD；50. AC；51. BC；52. ABC；53. BD；54. ACD；55. BD；56. ABC；57. ACD；58. CD；
59. ABC；60. AC；61. BC；62. AB；63. ABD；64. ABC；65. BD；66. ABCD；67. ABCD；68. ABCD；
69. ACD；70. ABCD。

2.4　填空题

1. 冯·诺依曼为现代计算机的结构奠定了基础，他的主要设计思想是 _____。

2. 计算机辅助设计（CAD），就是利用计算机的 _____ 能力来进行设计工作。

3. CPU 是微型机的核心，主要包括 _____ 两大部件。计算机的所有操作都受 CPU 控制，所以它的品质直接影响着整个计算机系统的性能。

4. 微型计算机通过 _____ 将 CPU 等各种部件和外围设备有机地结合起来，形成一套完整的系统。

5. _____是计算机系统的核心。

6. 在微机主板上，_____实现 CPU 与计算机中的所有部件互相沟通，用于控制和协调计算机系统。

7. 计算机主机部分的大多数部件安装在主机箱内的_____上，外部设备通过 I/O 接口与它相连。

8. 打印机是计算机的重要输出设备，常见的有_____、针式打印机、喷墨打印机。

9. ROM 中包含一个称为_____的程序，它保存着微机系统最重要的基本输入输出程序，有加电自检、初始化、启动自举、系统信息设置等程序。

10. 2001 年我国第一款通用 CPU _____芯片研制成功。

11. 按软件的用途分类，可将软件分三类：_____、_____和操作管理类软件。

12. 衡量计算机中 CPU 的性能指标主要有_____和_____两个。

13. CPU 和内存合在一起称为_____。

14. 存储器的功能是_____。

15. 主频指计算机时钟信号的频率，单位为_____。

16. 显示器的分辨率用_____来表示。

17. 扫描仪的分辨率单位是_____。

18. 术语"ROM"指的是_____。

19. 显示器上相邻像素的两个同色点的距离称为_____。

20. 在衡量显示设备能表示像素个数的性能指标是_____。目前微型计算机可以配置不同的显示系统，在 CGA、RGA 和 VGA 标准中，显示性能最好的一种是____ _____。

21. _____主要解决 CPU 的高速度和 RAM 的低速度的匹配问题。

22. 在计算机中，负责指挥和控制各部件有条不紊地协调工作的部件是_____。

23. 视频转换卡的主要功能是将计算机的数字信号转换为_____等标准的视频信号。

24. _____的功能是将模拟摄像机、录像机、LD 视盘机、电视机等输出的视频数据或者视频音频的混合数据输入电脑，并转换成电脑可辨别的数字数据，存储在电脑中，成为可编辑处理的视频数据文件。

25. 视频采集卡的主要功能是将视频源的模拟信息通过处理转变成_____存储在计算机中，成为可编辑处理的视频文件。

26. 系统总线按其传输信息的不同可分为_____、地址总线和_____ 3 类。

27. 目前在微机中广泛使用的总线标准有_____、_____、_____、和 PCI。

28. 人们为解决某项任务而编写的指令的有序集合就称为_____。

29. 可执行文件的扩展名是_____。

30. 文件类型 .txt 是属于_____文件。

31. 在计算机中，表示信息的最小单位是_____。

32. _____是计算机处理数据的基本单位。

33. 在表示存储容量时，1 GB 表示 2 的_____次方，或是_____ MB。

34. 7 个二进制位可以表示_____种状态。

35. 二进制的加法和减法算式按_____进行。

36. 由二进制编码构成的语言是_____。

37. 我们计数涉及两个基本问题：_____与各数位的位权。

38. 在计算机中通用的字符编码是_____。

39. 计算机中的浮点数用阶码和尾数表示，尾数总是_____ 1 的数。

40. 用二进制数 101011.110 转换为十进制数是_____。

41. 多媒体计算机技术是指运用计算机综合处理_____、文和_____的技术，包括将多种信息建立逻辑连接，进而集成一个具有_____的系统。

42. 多媒体技术具有_____、_____、_____、交互性和高质量等特性。

43. 信息识别包括文字识别、_____和图像识别等，通常采用"模式识别"的方法。

44. 计算机软件的体现形式是程序和文件，它们是受_____保护的。

45. 按照 ITU 的媒体划分方法，调制解调器属于_____媒体。

46. 在计算机系统中，有两种不同的图形、图像编码方式，即位图编码和_____编码方式。

47. 影响位图图像文件数据量大小的主要因素是_____。

48. 要获得 CD 音质，其采样频率至少要达到_____。

49. MIDI 文件中保存的不是音乐波形数据，而是_____。

50. _____是 CPU 与主板之间同步运行的速度。

51. 《中华人民共和国信息系统安全保护条例》第十六条规定：国家对计算机信息系统安全专用产品的销售实行_____制度。

52. 《计算机病毒防治管理办法》第七条规定：任何单位和个人不得向社会发布_____的计算机病毒疫情。

53. 对于感染主引导型病毒的机器可采用事先备份的该硬盘的_____文件进行恢复。

54. 为了快速检测到可能入侵计算机的新病毒或者病毒变种，应对杀毒软件病毒库进行_____。

55. 计算机病毒通常是_____。

56. 按计算机病毒的传播媒介分类可分为_____和_____。

57. 按计算机病毒的表现（破坏）情况分类可分为_____和_____。

58. 计算机病毒入侵系统后，一般不立即发作，而是有一定的_____。

59. 计算机病毒因某个事件或数值的出现，诱使病毒实施感染或进行攻击的特性，称为_____。

60. 病毒程序一旦侵入计算机系统就通过自我复制迅速传播，这称为计算机病毒的_____。

61. 常见的计算机病毒按其寄生方式的不同可以分为_____、_____和混合型病毒。

62. 知识产权又称为_____和智慧财产权，是指对智力活动创造的精神财富所享有的权利。

63. 作为模拟信号的音频信号必须转换成_____，才能被计算机存储和处理。

64. 光计算机的发展方向是把极细的激光束与_____结合，主要解决芯片之间的数据传输问题。

65. 生物计算机是使用生物工程技术产生的_____为主要原料制成的生物芯片。

66. _____是运用计算机科学的基础概念进行问题求解、系统设计，以及人类行为理解等涵盖计算机科学之广度的一系列思维活动。

67. 计算思维的本质是_____和自动化(Automation)。

68. 计算思维是由_____提出来的。

69. 云计算主要以_____为中心的形式提供底层资源的使用。

70. _____把一个需要非常巨大的计算能力才能解决的问题分成许多小的部分，然后把这些部分分配给许多计算机进行处理，最后把计算结果综合起来。

标准答案：

1. 存储程序和程序控制；2. 图形；3. 运算器和控制器；4. 主板；5. 中央处理器；6. 芯片组；7. 主板；8. 激光打印机；9. BIOS；10. 龙芯；11. 服务类软件、维护类软件；12. 时钟频率、字长；13. 主机；14. 记忆和暂存数据；15. MHZ；16. 光点的行数和每行的光点数之乘积；17. dpi；18. 只读存储器；19. 点距；20. 显示分辨率、VGA；21. Cache；22. 控制器；23. MP4；24. 视频采集卡；25. 数字信号；26. 数据总线、控制总线；27. ISA、EISA、MCA；28. 程序；29. .EXE；30. 文本文件；31. 位；32. 字节；33. 30、1024；34. 128；35. 位；36. 机器语言；37. 基数；38. ASCII 码；39. 小于；40. 43.75；41. 声、图、交互性；42. 集成性、多样性、非线性；43. 语音识别；44. 著作权法；45. 表现；46. 矢量；47. 色彩数量；48. 44.1KHz；49. 演奏命令；50. 外频；51. 许可证；52. 虚假；53. 主引导扇区；54. 定期升级；55. 一段程序或指令代码；56. 单机病毒、网络病毒；57. 良性病毒、恶性病毒；58. 潜伏期；59. 可触发性；60. 传染性；61. 引导型病毒、文件型病毒；62. 智力成果权；63. 数字信号；64. 快速芯片；65. 蛋白分子；66. 计算思维；67. 抽象化(Abstract)；68. 周以真；69. 数据；70. 网格计算。

第3章　Windows 操作系统

3.1　是非题

1. 计算机的"兼容性"是指在新类型的处理器上开发的软件能够在旧的处理器中被正确执行。　　　　　　　　　　　　　　　　　　　　　　（　　）

2. 在单用户操作系统中，系统所有的硬件软件资源只能为一个用户提供服务。　（　　）

3. UNIX 是一个多任务的操作系统。　　　　　　　　　　　　　（　　）

4. Windows 操作系统是多用户、多任务操作系统。　　　　　　　（　　）

5. Windows 7 操作系统只有一个版本——旗舰版。　　　　　　　（　　）

6. Windows 7 把所有的系统环境设置功能都统一到了控制面板中。　（　　）

7. "五笔字型"是 Windows 7 系统自带的中文输入法。　　　　　（　　）

8. "微软拼音"是 Windows 7 系统自带的中文输入法。　　　　　（　　）

9. Windows 7 系统桌面的任务栏上取消了"显示桌面"按钮。　　（　　）

10. Windows 7 的所有版本都支持玻璃特效。　　　　　　　　　（　　）

11. Windows 7 操作系统不支持触摸功能。　　　　　　　　　　（　　）

12. Windows 7 操作系统的家长安全控制功能包括限制使用某些程序和控制使用电脑时间等。　　　　　　　　　　　　　　　　　　　　　　　（　　）

13. 贴板具有一次性输入、重复输出、临时存储的特点。　　　　（　　）

14. 剪贴板其实是内存中的一块区域。　　　　　　　　　　　　（　　）

15. PrintScreen 键可以将当前屏幕以图像方式复制到剪贴板。　（　　）

16. 正版 Windows 7 操作系统不需要激活即可使用。　　　　　（　　）

17. Windows 7 旗舰版支持的功能最多。　　　　　　　　　　　（　　）

18. 在 Windows 7 的各个版本中，支持的功能都一样。　　　　　（　　）

19. 在 Windows 7 中默认库被删除后可以通过恢复默认库进行恢复。　（　　）

20. 正版 Windows 7 操作系统不需要安装安全防护软件。　　　　（　　）

21. 任何一台计算机都可以安装 Windows 7 操作系统。　　　　　（　　）

22. Windows 7 拥有强大便捷的搜索栏，记住一些常用命令，可以让你操作起来更快捷。　　　　　　　　　　　　　　　　　　　　　　　　（　　）

23. 在安装 Windows 7 的最低配置中，可用硬盘空间最低 16 GB 或 20 GB。（　　）

24. 使用 Windows 7 有更好的软件兼容性。　　　　　　　　　　（　　）

25. Windows 7 没有桌面搜索功能。　　　　　　　　　　　　　（　　）

26. 在注销时，Windows 7 系统将先关闭尚未关闭的所有应用程序和文件。如果这些文件还没有保存，Windows 7 系统会提醒保存它们。（　　）

27. Windows 7 为了满足各个方面不同的需要，推出了多个版本。（　　）

28. 删除快捷图标会影响所链接的对象。（　　）

29. Linux 是一个分时操作系统。（　　）

30. 启动计算机就意味着将 Windows 操作系统调入内存。（　　）

31. 在 Windows 7 中，通常可以通过不同的图标来区分文件类型。（　　）

32. 默认情况下，Windows 7 的桌面上只显示"回收站"一个图标。（　　）

33. 回收站中的信息可以被恢复也可以被删除。（　　）

34. 回收站可以存放 U 盘上被删除的信息。（　　）

35. 回收站的作用是暂时存放被删除的文件或文件夹。（　　）

36. 使用 Del 键删除文件是进行物理删除而不是逻辑删除。（　　）

37. 从回收站清除的文件不借助其他软件无法再恢复。（　　）

38. 在 Windows 7 中，将删除的文件暂时保存在"回收站"中，是逻辑删除而不是物理删除。（　　）

39. 在 Windows 7 中，"磁盘清理"程序是从计算机中删除文件和文件夹，以提高系统性能。（　　）

40. 在 Windows 7 中将快捷方式从桌面删除，就删除了该快捷方式链接的文件和程序。（　　）

41. 要卸载安装的程序，只要删除程序所在的文件夹即可。（　　）

42. 在 Windows 7 中，快捷方式是指向计算机上某个文件、文件夹或程序的链接。（　　）

43. "资源管理器"是 Windows 系统提供的硬件管理工具。（　　）

44. 程序是动态的，进程是静止的。（　　）

45. 我们无法知道 CPU 使用的情况。（　　）

46. 文件不能没有扩展名。（　　）

47. 文件名中不可以使用"/"这个符号。（　　）

48. 采用 FAT 文件系统也可以对文件和文件夹加密。（　　）

49. 搜索文件时可以按扩展名分类搜索。（　　）

50. 在同一个文件夹中按住 Ctrl 键，拖动文件，相当于执行了复制操作。（　　）

51. 同一盘符内用鼠标在不同文件夹中拖动文件相当于移动文件。（　　）

52. 不同盘符内用鼠标在不同文件夹中拖动文件相当于移动文件。（　　）

53. Windows 7 比以前的版本新增了"截图工具"程序。（　　）

54. Windows 7 系统自带 Tablet PC 软件支持手写功能，方便用户手写输入。（　　）

55. 在 Windows 7 中，用户要在打开的多个窗口中切换，可使用[Alt＋Alt]组合键。（　　）

56. 在 Windows 7 中，文件或文件夹的设置为"只读"属性，则用户只能查看文件

或文件夹的内容，而不能对其进行任何修改操作。　　　　　　　　（　　）

57. Windows 7 中，文件名可以根据需要进行更改，文件的扩展名也能根据需要更改。　　　　　　　　　　　　　　　　　　　　　　　　　　　　（　　）

58. 屏幕保护程序的作用是防止显像管老化。　　　　　　　　　　（　　）

59. 隐藏任务栏右边的时钟显示是打开"任务栏和[开始菜单]"对话框的"任务栏"选项卡，去掉"显示时钟"复选框的勾。　　　　　　　　　　　　　　　（　　）

60. 写字板是 Windows 7 附带的一款创建和编辑文本的工具。不仅可以用来编辑文本，而且可以插入图形、图片，以及链接和嵌入对象等。　　　　　（　　）

61. 注销计算机和重新启动计算机的作用完全相同。　　　　　　　（　　）

62. 点击休眠关闭计算机后，可以断电关闭计算机，开启系统，计算机很快进入之前的休眠状态。　　　　　　　　　　　　　　　　　　　　　　　　（　　）

63. 重启计算机意味着清除内存所有信息，重新把 Windows 操作系统调入内存。

　　　　　　　　　　　　　　　　　　　　　　　　　　　　　　（　　）

64. 打开一个对话框就是启动一个应用程序。　　　　　　　　　　（　　）

65. 剪贴板是硬盘中开辟的临时存储区，可实现 Windows 环境下应用程序之间数据的传递和共享。　　　　　　　　　　　　　　　　　　　　　　　（　　）

66. 格式化 U 盘是右击桌面"我的电脑"图标并选择格式化命令。　（　　）

67. 禁用一个系统设备就是删除该设备的驱动程序。　　　　　　　（　　）

68. U 盘只需要通过通用串行总线接口（USB）与主机相连，在使用前不需要安装相应的驱动程序。　　　　　　　　　　　　　　　　　　　　　　　（　　）

69. 安装打印机只需要把打印机的连接线正确地连接到计算机上即可。（　　）

标准答案：

1. B；2. A；3. A；4. A；5. B；6. A；7. B；8. A；9. B；10. B；11. B；12. A；13. A；14. A；15. A；16. B；17. A；18. B；19. B；20. B；21. A；22. A；23. A；24. A；25. A；26. A；27. A；28. B；29. B；30. A；31. A；32. A；33. A；34. B；35. A；36. A；37. A；38. A；39. A；40. B；41. B；42. A；43. B；44. A；45. B；46. B；47. A；48. B；49. A；50. A；51. A；52. B；53. A；54. A；55. B；56. B；57. A；58. A；59. A；60. A；61. B；62. A；63. A；64. B；65. B；66. B；67. B；68. A；69. B。

3.2　单选题

1. 下列哪个功能不是操作系统的功能_____。　　　　　　　　　（　　）
   A. CPU 的控制与管理　　　　　　　B. 内存的分配和管理
   C. 外部设备的控制和管理　　　　　D. 人的管理

2. 在计算机系统中，操作系统是_____。　　　　　　　　　　　（　　）
   A. 一般应用软件　　B. 核心系统软件　　C. 用户应用软件　　D. 硬件

3. 实时操作系统必须在_____内处理来自外部的事件。　　　　　（　　）
   A. 一个机器周期　　　　　　　　　B. 被控制对象规定时间

C. 周转时间　　　　　　　　　　　　　　D. 时间片

4. 操作系统提供给编程人员的接口是_____。　　　　　　　　　　（　　）

    A. 库函数　　　　　　B. 高级语言　　　　C. 系统调用　　　　D. 子程序

5. 操作系统中最基本的两个特征是_____。　　　　　　　　　　　（　　）

    A. 并发和不确定　　　　　　　　　　　　B. 并发和共享

    C. 共享和虚拟　　　　　　　　　　　　　D. 虚拟和不确定

6. 下述关于并发性的叙述中正确的是_____。　　　　　　　　　　（　　）

    A. 并发性是指若干事件在同一时刻发生

    B. 并发性是指若干事件在不同时刻发生

    C. 并发性是指若干事件在同一时间间隔内发生

    D. 并发性是指若干事件在不同时间间隔内发生

7. 一个多道批处理系统，提高了计算机系统的资源利用率，同时_____。（　　）

    A. 减少各个作业的执行时间　　　　　　B. 增加了单位时间内作业的吞吐量

    C. 减少了部分作业的执行时间　　　　　D. 减少单位时间内作业的吞吐量

8. 分时系统追求的目标是_____。　　　　　　　　　　　　　　　（　　）

    A. 充分利用 I/O 设备　　　　　　　　　B. 快速响应用户

    C. 提高系统吞吐率　　　　　　　　　　D. 充分利用内存

9. 批处理系统的主要缺点是_____。　　　　　　　　　　　　　　（　　）

    A. 系统吞吐量小　　　　　　　　　　　B. CPU 利用率不高

    C. 资源利用率低　　　　　　　　　　　D. 无交互能力

10. 从用户的观点看，操作系统是_____。　　　　　　　　　　　（　　）

    A. 用户与计算机之间的接口

    B. 控制和管理计算机资源的软件

    C. 由若干层次的程序按一定的结构组成的有机体

    D. 合理地组织计算机工作流程的软件

11. 所谓_____是指将一个以上的作业放入内存，并且同时处于运行状态，这些作业共享处理机的时间和外围设备等资源。　　　　　　　　　　　　（　　）

    A. 多重处理　　　　　　　　　　　　　B. 多道程序设计

    C. 实时处理　　　　　　　　　　　　　D. 共行执行

12. Windows 默认的启动方式是_____。　　　　　　　　　　　　（　　）

    A. 安全方式　　　　　　　　　　　　　B. 一般方式

    C. 具有网络支持的安全方式　　　　　　D. MS-DOS 方式

13. Windows 系统正确关机的过程是_____。　　　　　　　　　　（　　）

    A. 在运行 Windows 时直接关机

    B. 选择"开始"菜单的"关机"命令关闭所有运行程序

    C. 先退出 DOS 系统，再关闭电源

    D. 关闭所有任务栏的窗口后，直接断电关机

14. Windows 7 不是_____的操作系统。 （   ）

    A. 分布式   B. "即插即用"功能   C. 图形界面   D. 多任务

15. Windows 中即插即用是指_____。 （   ）

    A. 在设备测试中帮助安装和配置设备

    B. 使操作系统更易使用、配置和管理

    C. 系统状态改变后以事件方式通知其它系统组件和应用程序

    D. 以上都对

16. 退出 Windows 时，直接关闭计算机电源可能产生的后果是_____。 （   ）

    A. 可能破坏尚未存盘的文件   B. 可能破坏临时设置

    C. 可能破坏某些程序的数据   D. 以上都对

17. 在 Windows 中，"桌面"指的是_____。 （   ）

    A. 活动窗口   B. 某个窗口   C. 全部窗口   D. 整个屏幕

18. 在 Windows 中的桌面是指_____。 （   ）

    A. 电脑台   B. 活动窗口

    C. 资源管理器窗口   D. 窗口、图标、对话框所在的屏幕

19. 安装 Windows 7 操作系统时，系统磁盘分区必须为_____格式才能安装。

                                                    （   ）

    A. FAT   B. FAT16   C. FAT32   D. NTFS

20. 安装 Windows 7 时，硬盘应该格式化的类型是_____。 （   ）

    A. FAT   B. FAT32

    C. NTFS   D. 无论什么都可以

21. 在 Windows 7 中，_____不是 FAT 文件或文件夹的属性。 （   ）

    A. 只读   B. 隐藏   C. 加密   D. 存档

22. 打开"个性化"设置窗口，不能设置_____。 （   ）

    A. 一个桌面主题   B. 一组可自动更换的图片

    C. 桌面的颜色   D. 桌面小工具

23. 在 Windows 7 操作系统中，显示桌面的快捷键是_____。 （   ）

    A. "Win"＋"D"   B. "Win"＋"P"

    C. "Win"＋"Tab"   D. "Alt"＋"Tab"

24. 对于任意一台显示器而言，无论其屏幕尺寸如何，其屏幕分辨率_____。

                                                      （   ）

    A. 均应设置为任意分辨率   B. 均应设置为标准分辨率

    C. 均应设置为最大分辨率   D. 均应设置为默认分辨率

25. 在 Windows 中，设置屏幕特性可经过_____来进行。 （   ）

    A. 控制面板   B. 附件   C. 任务栏   D. DOS 命令

26. 在 Windows 7 操作系统中，将打开窗口拖动到屏幕顶端，窗口会_____。 （   ）

    A. 关闭   B. 消失   C. 最大化   D. 最小化

27. 在 Windows 7 桌面上已经有某个应用程序的图标，要运行该程序，只需_____。（ ）

    A. 单击该图标   B. 双击该图标

    C. 右击该图标   D. 右键双击该图标

28. 需要弹出快捷菜单时，应_____。（ ）

    A. 单击鼠标左键   B. 双击鼠标左键

    C. 单击鼠标右键   D. 双击鼠标右键

29. 在 Windows 7 桌面上，为了删除某个已选定的图标，可以调出快捷菜单的操作是_____。（ ）

    A. 右击该图标   B. 单击该图标

    C. 右击桌面空白处   D. 单击桌面空白处

30. 在 Windows 7 的资源管理器中，当选定文件夹后，下列_____操作不能删除文件夹。（ ）

    A. 按 Del 键

    B. 右击该文件夹，打开快捷菜单，然后选择"删除"命令

    C. 在"文件"菜单中选择"删除"命令

    D. 双击该文件夹

31. 在 Windows 7 桌面上，可以移动某个已选定的图标的操作是_____。（ ）

    A. 按住左键将图标拖动到适当位置

    B. 右击该图标，在弹出的快捷菜单中选择"创建快捷方式"命令

    C. 右击桌面空白处，在弹出的快捷菜单中选择"粘贴"命令

    D. 右击该图标，在弹出的快捷菜单中选择"复制"命令

32. 下列哪一种不是桌面图标排列的方式？_____（ ）

    A. 按"名称"排列   B. 按"大小"排列

    C. 按"修改时间"排列   D. 按"图案"排列

33. 下列关于快捷方式的说法错误的是_____。（ ）

    A. 快捷方式是到计算机或网络上任何可访问的项目的链接

    B. 可以将快捷方式放置在桌面、"开始"菜单和文件夹中

    C. 快捷方式是一种无须进入安装位置即可启动常用程序或打开文件、文件夹的方法

    D. 删除快捷方式后，初始项目也一起被从磁盘中删除

34. 在 Windows 7 中，当窗口是还原状态时，可以移动窗口的操作是_____。（ ）

    A. 将鼠标指针放在窗口边框，当鼠标指针变成水平或垂直双向箭头形状时，按住左键并拖动到适当位置

    B. 将鼠标指针放在窗口四角，当鼠标指针变成倾斜的双向箭头时，按住左键并拖动到适当位置

    C. 将鼠标指针放在窗口标题栏空白处，按住左键并拖动到适当位置

D. 将鼠标指针放在窗口菜单栏空白处，按住左键并拖动到适当位置

35. 在 Windows 7 的资源管理器中，要一次选择多个连续排列的文件，应进行的操作是_____。 （　　）

A. 依次单击各个文件

B. 按住 Ctrl 键，然后依次单击第一个文件和最后一个文件

C. 单击第一个文件，然后按住 Ctrl 键，再单击多个不连续的文件

D. 按住 Shift 键，然后依次单击第一个文件和最后一个文件

36. 在 Windows 7 的资源管理器中，要一次选择多个不相邻的文件，应进行的操作是_____。 （　　）

A. 依次单击各个文件

B. 按住 Ctrl 键，并依次单击各个文件

C. 按住 Alt 键，并依次单击各个文件

D. 单击第一个文件，然后按住 Shift 键，再单击最后一个文件

37. 在资源管理器中，选择几个连续的文件的方法能够是：先单击第一个，再按住_____键单击最后一个。 （　　）

A. Ctrl　　　　　B. Shift　　　　　C. Alt　　　　　D. Ctrl＋Alt

38. 在资源管理器中要同时选定不相邻的多个文件，使用_____键。 （　　）

A. Shift　　　　　B. Ctrl　　　　　C. Alt　　　　　D. F8

39. 在 Windows 7 资源管理器中，利用"编辑"菜单的"全部选定"命令可以一次选择所有的文件，如果要剔除其中的几个文件，应进行的操作是_____。 （　　）

A. 依次单击各个要剔除的文件

B. 按住 Shift 键，依次单击各个要剔除的文件

C. 按住 Ctrl 键，依次单击各个要剔除的文件

D. 依次右击各个要剔除的文件

40. 在 Windows 7 中，要删除一个应用程序，正确的操作应该是_____。 （　　）

A. 在资源管理器窗口中对该程序进行"剪切"操作

B. 在资源管理器窗口中对该程序进行"删除"操作

C. 在资源管理器窗口中，按住 Shift 键再对该程序进行"删除"操作

D. 在控制面板窗口中，使用"卸载程序"命令

41. 在 Windows 7 中，应用程序最好安装在_____中。 （　　）

A. 系统盘分区　　　　　　　　B. 安装程序默认的安装位置

C. 指定的非系统盘分区　　　　D. 硬盘的最后一个分区

42. Unix 系统中，文件的索引结构存放在_____中。 （　　）

A. 空闲块　　　B. inode 节点　　　C. 目录项　　　D. 超级块

43. 操作系统中对文件进行管理的部分叫做_____。 （　　）

A. 检索系统　　　　　　　　B. 文件系统

C. 数据库系统　　　　　　　D. 数据存储系统

44. 为了解决不同用户文件的"命名冲突"问题，通常在文件系统中采用_____。　　　　（　　）

    A. 索引　　　　　B. 多级目录　　　　C. 路径　　　　　D. 约定的方法

45. 下列关于"路径"的错误说法是_____。　　　　（　　）

    A. 绝对路径　　　　　　　　　　　B. 相对路径

    C. 文件的存放路径　　　　　　　　D. 文件的链接路径

46. 无结构文件的含义是_____。　　　　（　　）

    A. 变长记录的文件　　　　　　　　B. 流式文件

    C. 索引顺序文件　　　　　　　　　D. 索引文件

47. 下列文件中不属于物理文件的是_____。　　　　（　　）

    A. 记录式文件　　B. 链接文件　　　C. 索引文件　　　D. 连续文件

48. 文件系统的主要目的是_____。　　　　（　　）

    A. 提高外存的读写速度　　　　　　B. 实现对文件的按名存取

    C. 实现虚拟存储　　　　　　　　　D. 用于存储系统文件

49. 文件系统采用多级目录结构后，对于不同用户的文件，其文件名_____。　　　　（　　）

    A. 可以相同也可以不同　　　　　　B. 应该不同

    C. 受系统约束　　　　　　　　　　D. 应该相同

50. 文件目录的主要作用是_____。　　　　（　　）

    A. 节省空间　　　　　　　　　　　B. 提高外存利用率

    C. 按名存取　　　　　　　　　　　D. 提高速度

51. 文件系统用_____组织文件。　　　　（　　）

    A. 目录　　　　　B. 堆栈　　　　　C. 指针　　　　　D. 路径

52. 存放在磁盘上的文件_____。　　　　（　　）

    A. 只能随机访问　　　　　　　　　B. 不能随机访问

    C. 既可随机访问，又可顺序访问　　D. 只能顺序访问

53. a * d. com 和 a? d. com 分别能够用来表示_____文件。　　　　（　　）

    A. abcd. com 和 add. com　　　　　B. add. com 和 abcd. com

    C. abcd. com 和 abcd. com　　　　　D. abc. com 和 abd. com

54. 在 Windows 7 中，资源管理器窗口被分为两部分，其中左边那部分显示的内容是_____。　　　　（　　）

    A. 当前打开的文件夹的内容　　　　B. 系统的树状文件夹结构

    C. 当前打开的文件夹名称及其内容　D. 当前打开的文件夹名称

55. 在 Windows 7 中文件组织的形式是采用_____。　　　　（　　）

    A. "梯形"结构　　　　　　　　　　B. "展开"形结构

    C. "树形"结构　　　　　　　　　　D. "折叠"形结构

56. 在 Windows 7 的窗口中，标题栏右侧的"最大化""最小化""还原"和"关闭"按

钮不可能同时出现的两个按钮是_____。　　　　　　（　　）

A. "最小化"和"最大化"　　　　　　B. "最小化"和"关闭"

C. "最大化"和"还原"　　　　　　　D. "最大化"和"关闭"

57. 当一个在前台运行的应用程序窗口被最小化后，该应用程序将_____。（　　）

A. 被终止运行　　　　　　　　　B. 继续在前台运行

C. 被暂停运行　　　　　　　　　D. 被转入后台运行

58. 在 Windows 7 中，下列对窗口滚动条的叙述中，正确的选项是_____。

（　　）

A. 每个窗口都有水平和垂直滚动条　B. 每个窗口都有水平滚动条

C. 每个窗口都有垂直滚动条　　　　D. 每个窗口可能出现必要的滚动条

59. 在 Windows 7 系统中，对打开的文件进行切换的方法是_____。　（　　）

A. 鼠标指针指向任务栏中程序的图标后单击文件的缩略图

B. 右击任务栏程序的图标后单击跳转列表中的文件名

C. 单击"开始"菜单中跳转列表中的文件名

D. 以上三项均可

60. 在 Windows 7 中，窗口与对话框的差别是_____。　　　　　（　　）

A. 二者都能改变大小，但对话框不能移动

B. 对话框既不能移动，也不能改变大小

C. 二者都能移动和改变大小

D. 二者都能移动，但对话框不能改变大小

61. Windows 7 菜单中的命令项前带有"◉"记号是表示_____。　　（　　）

A. 表示有下一级菜单　　　　　　B. 选中该项后会打开一对话框

C. 表示一组选项中只能单选　　　D. 重点命令提示

62. 菜单中带省略号的命令项表示_____。　　　　　　　　　　（　　）

A. 该命令当前不可用

B. 选中该命令项后会打开另一个对话框

C. 表示该命令有效

D. 表示该命令被选中

63. 菜单中带向右箭头符号的命令项表示_____。　　　　　　　（　　）

A. 选中该命令项，会弹出一个对话框

B. 选中该命令项，会弹出一个窗口

C. 选中该命令项，会弹出一个子菜单

D. 该命令正在起作用

64. 在 Windows 中有两个管理系统资源的程序组，它们是_____。　（　　）

A. "我的电脑"和"控制面板"

B. "资源管理器"和"控制面板"

C. "我的电脑"和"资源管理器"

D.“控制面板”和“开始”菜单

65. 下列不可能出现在 Windows“资源管理器”窗口左部的选项是＿＿＿＿＿＿。　　（　　）

    A. 我的电脑　　　B. 桌面　　　　C.（C：）　　　　D. 资源管理器

66. 在 Windows 中，打开“资源管理器”窗口后，要改变文件或文件夹的显示方式，

    应选用＿＿＿＿＿＿。　　　　　　　　　　　　　　　　　　　　　　　（　　）

    A.“文件”菜单　　B.“编辑”菜单　　C.“查看”菜单　　D.“帮助”菜单

67. 在 Windows 中，任务栏的作用是＿＿＿＿＿＿。　　　　　　　　　　　（　　）

    A. 显示系统的所有功能　　　　　　　B. 只显示当前活动窗口

    C. 只显示正在后台工作的窗口名　　　D. 实现窗口之间的切换

68. 在 Windows 中，“任务栏”＿＿＿＿＿＿。　　　　　　　　　　　　　（　　）

    A. 只能改变位置不能改变大小　　　　B. 只能改变大小不能改变位置

    C. 既不能改变位置也不能改变大小　　D. 既能改变位置也能改变大小

69. 在 Windows 7 中，为了改变“任务栏”的位置，应该＿＿＿＿＿＿。　　（　　）

    A. 在桌面的右键快捷菜单中进行设置

    B. 在“资源管理器”窗口中进行设置

    C. 在“任务栏”空白处按住右键并拖动

    D. 在“任务栏”和“开始”菜单属性对话框中进行设置

70. 在 Windows 7 对话框中，复选框的形状为＿＿＿＿＿＿。　　　　　　（　　）

    A. 圆形，被选择后中间出现圆点　　　B. 方形，被选择后中间出现对钩

    C. 圆形，被选择后中间出现对钩　　　D. 方形，被选择后中间出现圆点

71. 排列窗口是＿＿＿＿＿＿出现快捷菜单，然后选择“层叠窗口”“堆叠显示窗口”或“并

    排显示窗口”命令进行排列。　　　　　　　　　　　　　　　　　　　（　　）

    A. 在窗口的空白区域右击　　　　　　B. 在任务栏的空白区域右击

    C. 在任务栏的空白区域左击　　　　　D. 在屏幕的空白区域右击

72. 在 Windows 7 中，用户可以同时打开多个窗口，这些窗口可以层叠式或平铺

    式排列，要想改变窗口的排列方式，应进行的操作是＿＿＿＿＿＿。　　（　　）

    A. 右击“任务栏”空白处，然后在弹出的快捷菜单中选择要排列的方式

    B. 右击桌面空白处，然后在弹出的快捷菜单中选择要排列的方式

    C. 右击“任务栏”中已打开的程序的图标，选择要排列的方式

    D. 打开“资源管理器”窗口，选择“查看”菜单中的“排列图标”命令

73. 下列关于“文件显示方式”的错误说法是＿＿＿＿＿＿。　　　　　　　（　　）

    A. 平铺　　　　　B. 纵铺　　　　　C. 列表　　　　　D. 详细信息

74. 我们在 D 盘或 E 盘查找资料文件时，由于存放的文件过多不容易找到时，我

    们往往改变文件的视图方式来快速查找，下面＿＿＿＿＿＿视图给我们显示的信息最

    多。　　　　　　　　　　　　　　　　　　　　　　　　　　　　　　（　　）

    A. 大图标　　　　B. 列表　　　　　C. 平铺　　　　　D. 详细信息

75. 在 Windows 的资源管理器中，为了能查看文件的大小、类型和修改时间，应

该在"查看"菜单中选择_____显示方式。 （ ）

    A. 大图标   B. 小图标   C. 详细信息   D. 列表

76. 我们查看照片文件时最常用的视图方式有_____。 （ ）

    A. 大图标   B. 列表   C. 详细信息   D. 平铺

77. 在 Windows 7 中，有一个便于浏览图片的文件夹，用户在不必打开任何编辑
    或查看图片程序的情况下，即可浏览和管理图片，该文件夹是_____。 （ ）

    A. 任务栏中的 Windows Media Player

    B. 资源管理器中的库

    C. 计算机硬盘的某个分区

    D. 第三方的 ACDSee

78. 对文件的确切定义应该是_____。 （ ）

    A. 记录在磁盘上的一组相关命令的集合

    B. 记录在磁盘上的相关程序的集合

    C. 记录在存储介质上的一组相关数据的集合

    D. 记录在存储介质上的一组相关信息的集合

79. 文件的类型可以根据_____来识别。 （ ）

    A. 文件的大小   B. 文件的用途

    C. 文件的扩展名   D. 文件的存放位置

80. 同一文件夹内_____。 （ ）

    A. 可以有相同的文件名   B. 可以有相同大小的文件名

    C. 可以有相同名字的文件夹   D. 不能有相同的文件名

81. 在 Windows 7 系统中，非法的文件名是_____。 （ ）

    A. 试题 . doc   B. ST. doc

    C. 试题 * . doc   D. ST # . doc

82. 在 Windows 中，一个文件夹中可包含_____。 （ ）

    A. 文件   B. 文件夹

    C. 快捷方式   D. 以上三种都可以

83. 在 Windows 7 中，下列对"剪切"操作的叙述中，正确的是_____。 （ ）

    A. "剪切"操作的结果是将选定的信息移动到"剪贴板"中

    B. "剪切"操作的结果是将选定的信息复制到"剪贴板"中

    C. 可以对选定的同一信息进行多次"剪切"操作

    D. "剪切"操作后必须进行"粘贴"操作

84. 在 Windows 7 中，下列关于"粘贴"正确的操作是_____。 （ ）

    A. 将"剪贴板"中的内容复制到指定的位置上

    B. 将"剪贴板"中的内容移动到指定的位置上

    C. 将选择的内容复制到"剪贴板"中

    D. 将选择的内容移动到"剪贴板"中

85. 在 Windows 7 中"回收站"是占用_____。 （　　）

    A. 虚拟内存的一块区域　　　　　　B. 硬盘上的一块区域

    C. 缓存上的一块区域　　　　　　　D. 内存中的一块区域

86. 在 Windows 的回收站中，能够恢复_____。 （　　）

    A. 从硬盘中删除的文件或文件夹　B. 从软盘中删除的文件或文件夹

    C. 剪切掉的文档　　　　　　　　D. 从光盘中删除的文件或文件夹

87. 在 Windows 7 的资源管理器中当选定某个文件并按下 Del 键后所选定的文件将_____。 （　　）

    A. 没被物理删除也没被放入"回收站"

    B. 被物理删除并放入"回收站"

    C. 没被物理删除但放入"回收站"

    D. 被物理删除但不放入"回收站"

88. 在 Windows 7 的资源管理器中，当选定了文件/文件夹后，下列_____操作，将导致删除的文件/文件夹不能被恢复。 （　　）

    A. 按 Delete 键

    B. 按住左键直接将它们拖放到桌面上的"回收站"图标中

    C. 按 Shift＋Del 键

    D. 选择"文件"菜单中的"删除"命令

89. 下列哪一种说法正确？_____ （　　）

    A. 回收站的作用是存放暂时被删除的文件或文件夹

    B. 回收站的作用是存放永久被删除的文件或文件夹

    C. 回收站的作用是存放被删除的文档文件或文档文件夹

    D. 回收站的作用是存放有用的文件或文件夹

90. 在 Windows 7 中"回收站"的内容_____。 （　　）

    A. 能恢复　　　　　　　　　　　B. 不能恢复

    C. 不占磁盘空间　　　　　　　　D. 永远不必消除

91. 系统默认回收站要占用硬盘空间的大小是_____。 （　　）

    A. 10%　　　　　B. 5%　　　　　C. 20%　　　　　D. 15%

92. 在 Windows 7 的"回收站"窗口中，进行"清空回收站"操作后_____。 （　　）

    A. 其中的文件/文件夹被逻辑删除而没被物理删除

    B. 其中的文件/文件夹没被逻辑删除也没被物理删除

    C. 其中的文件/文件夹没被逻辑删除但被物理删除

    D. 其中的文件/文件夹既被逻辑删除又被物理删除

93. 以下关于"回收站"的叙述中，不正确的是_____。 （　　）

    A. 放入回收站的信息能够恢复

    B. 回收站的容量能够调整

    C. 回收站是专门用于存放从软盘或硬盘上删除的信息

D. 回收站是一个系统文件夹

94. 在 Windows 7 中，应用程序最好安装在_____中。 （　　）

    A. 系统盘分区　　　　　　　　　　B. 安装程序默认的安装位置

    C. 指定的非系统盘分区　　　　　　D. 硬盘的最后一个分区

95. 启动任务管理器的组合健是_____。 （　　）

    A. Ctrl＋Alt＋CapsLock　　　　　B. Ctrl＋Alt＋Delete

    C. Ctrl＋Shift＋Delete　　　　　　D. Ctrl＋Shift＋F1

96. 利用剪贴板复制屏幕是按_____键。 （　　）

    A. Ctrl＋C　　　　　　　　　　　　B. Alt＋PrintScreen

    C. Alt＋C　　　　　　　　　　　　D. PrintScreen

97. 在 Windows 中，要将当前窗口的全部内容拷贝入剪贴板，应该使用_____。

（　　）

    A. PrintScreen　　　　　　　　　　B. Alt＋PrintScreen

    C. Ctrl＋ PrintScreen　　　　　　　D. Ctrl＋ P

98. 剪贴板是_____。 （　　）

    A. 临时开辟的硬盘存贮区域　　　　B. 临时开辟的屏幕存贮区域

    C. 临时开辟的内存存贮区域　　　　D. 不占用任何存贮区域

99. 在 Windows 中，剪贴板是程序和文件间用来传递信息的临时存储区，此存储器是_____。 （　　）

    A. 回收站的一部分　　　　　　　　B. 硬盘的一部分

    C. 内存的一部分　　　　　　　　　D. 软盘的一部分

100. 用鼠标拖放复制文件或文件夹是_____。 （　　）

    A. 在拖放对象时按下 Ctrl 键　　　　B. 在拖放对象时按下 Shift 键

    C. 在拖放对象时按下 Alt 键　　　　D. 在拖放对象时按下空格键

101. 你有一台计算机运行着 Windows 7，你需要找出上周安装了哪些应用程序，你需要_____。 （　　）

    A. 从可靠性监视器，查看事件信息

    B. 从系统信息，查看软件环境

    C. 从性能监视器，查看系统诊断报告

    D. 从性能监视器，运行系统性能数据收集器

102. 你有一台计算机运行着 Windows 7，你发现一个名为 Appl 的应用程序在系统启动时自动运行。你需要阻止 Appl 在启动时自动运行，同时又允许用户手动运行 Appl，你应该怎么做？_____ （　　）

    A. 从本地组策略，修改应用程序控制策略

    B. 从本地组策略，修改软件限制策略

    C. 从系统配置工具中，选择"诊断启动"

    D. 从系统配置工具中，修改启动应用程序

103. 你有一台运行 Windows 7 的计算机，你创建了一个新文件夹名为 D：\ Reports，你需要确认所有存储在 Reports 文件夹中的文件都被 Windows 搜索索引。你应该怎么做？＿＿＿＿　　　　　　　　　　　　　　　　　　　（　　）

　　A. 在文件夹上启用存档属性

　　B. 从控制面板中修改文件夹选项

　　C. 修改 Windows 搜索服务的属性

　　D. 创建一个新的库，并添加 Reports 文件夹到这个库中

104. 在 Windows 7 中，当搜索文件或文件夹时，如果输入 A＊.＊，表示＿＿＿＿＿。
　　　　　　　　　　　　　　　　　　　　　　　　　　　　　　　（　　）

　　A. 搜索所有文件或文件夹

　　B. 搜索扩展名为 A 的所有文件或文件夹

　　C. 搜索主名为 A 的所有文件或文件夹

　　D. 搜索名字第一个字符为 A 的所有文件或文件夹

105. 在文件名中使用的通配符问号(?)表示＿＿＿＿＿。　　　　　　　（　　）

　　A. 一个字符　　B. 多个字符　　　　C. 一个文件名　　D. 多个文件名

106. 关于磁盘碎片，下列说法错误的是＿＿＿＿＿。　　　　　　　　　（　　）

　　A. 磁盘碎片对计算机的性能没有影响，不需要进行磁盘碎片整理

　　B. 文件碎片是因为文件被分散保存到整个磁盘的不同地方，而不是连续地保存在磁盘连续的簇中形成的

　　C. 文件碎片过多会使系统在读文件的时候来回寻找，从而显著降低硬盘的运行速度

　　D. 过多的磁盘碎片有可能导致存储文件的丢失

107. 系统在工作一段时间后，就会产生许多垃圾文件，有程序安装时产生的临时文件、上网时留下的缓冲文件、删除软件时剩下的 DLL 文件或强行关机时产生的错误文件等。此时就需要进行＿＿＿＿＿。　　　　　　　　（　　）

　　A. 磁盘碎片整理　　　　　　　　　B. 格式化磁盘

　　C. 磁盘清理　　　　　　　　　　　D. 改变磁盘属性

108. 在 Windows 中，用户可以对磁盘进行快速格式化，但是格式化的磁盘必须是＿＿＿＿＿。　　　　　　　　　　　　　　　　　　　　　　　　　　（　　）

　　A. 从未格式化的新盘　　　　　　　B. 无坏道的新盘

　　C. 低密度磁盘　　　　　　　　　　D. 以前做过格式化的磁盘

109. 你有一台运行 Windows 7 的计算机，你执行一个镜像备份。一个病毒感染了计算机并导致计算机变得没有响应。你需要尽可能快地还原计算机。你应该＿＿＿＿＿。　　　　　　　　　　　　　　　　　　　　　　　　　　（　　）

　　A. 使用最后一次正确配置功能启动计算机

　　B. 使用 Windows 7 DVD 启动计算机并使用启动恢复工具

　　C. 使用 Windows 7 DVD 启动计算机并使用系统镜像恢复工具

D. 用 Windows PE 启动计算机，并运行 Imagex. exe

110. 你有一台运行 Windows 7 的计算机，该计算机启用了系统保护功能。你只需要保留该计算机上最后一次系统保护快照，所有其他快照必须删除。你应该_____。（　　）

A. 为程序和功能运行磁盘清理

B. 为系统还原和卷影副本运行磁盘清理

C. 从系统保护还原设置，选择关闭系统保护

D. 从系统保护远远设置，选择只还原前一个版本的文件

111. 你有一台运行 Windows 7 的计算机，你为显卡升级了驱动程序后，计算机变得没有响应。你需要在最短时间内恢复计算机，你需要_____。（　　）

A. 在安全模式启动计算机，然后回滚先前的驱动程序

B. 在安全模式启动计算机，将计算机恢复到前一个还原点

C. 从 Windows 7 安装媒体启动计算机，选择修复计算机，并选择系统还原

D. 从 Windows 7 安装媒体启动计算机，选择修复计算机，然后选择系统镜像还原

112. 在"格式化磁盘"对话框中，选中"快速"单选钮，被格式化的磁盘必须是_____。（　　）

A. 从未格式化的新盘　　　　B. 曾格式化过的磁盘

C. 无任何坏扇区的磁盘　　　D. 硬盘

113. 在同一时刻，Windows 系统中的活动窗口能够有_____。（　　）

A. 2 个　　　　　　　　　　B. 255 个

C. 任意多个，只要内存足够　D. 唯一一个

114. 为获得 Windows 帮助，必须经过下列途径_____。（　　）

A. 在"开始"菜单中运行"帮助"命令　B. 选择桌面并按 F1 键

C. 在使用应用程序过程中按 F1 键　　D. A 和 B 都对

115. 在 Windows 中，为了弹出"显示属性"对话框以进行显示器的设置，下列操作中正确的是_____。（　　）

A. 用鼠标右键单击"任务栏"空白处，在弹出的快捷菜单中选择"属性"项

B. 用鼠标右键单击桌面空白处，在弹出的快捷菜单中选择"属性"项

C. 用鼠标右键单击"我的电脑"窗口空白处，在弹出的快捷菜单中选择"属性"项

D. 用鼠标右键单击"资源管理器"窗口空白处，在弹出的快捷菜单中选择"属性"项

116. 在中文 Windows 中，使用软键盘能够快速地输入各种特殊符号，为了撤销弹出的软键盘，正确的操作为_____。（　　）

A. 用鼠标左键点击软键盘上的 Esc 键

B. 用鼠标右键单击软键盘上的 Esc 键

    C. 用鼠标右键单击中文输入法状态窗口中的"开启/关闭软键盘"按钮

    D. 用鼠标左键单击中文输入法状态窗口中的"开启/关闭软键盘"按钮

117. 在 Windows"开始"菜单下的"文档"菜单中存放的是_____。　　　　（　　）

    A. 最近建立的文档　　　　　　　　B. 最近打开过的文件夹

    C. 最近打开过的文档　　　　　　　　D. 最近运行过的程序

118. Windows 操作系统区别于 DOS 和 Windows 3.X 的最显著的特点是它_____。

　　　　　　　　　　　　　　　　　　　　　　　　　　　　　（　　）

    A. 提供了图形界面　　　　　　　　B. 能同时运行多个程序

    C. 具有硬件即插即用的功能　　　　D. 是真正 32 位的操作系统

119. 在 Windows 中，能弹出对话框的操作是_____。　　　　　　　（　　）

    A. 选择了省略号的菜单项　　　　　B. 选择了带向右三角形箭头的菜单项

    C. 选择了颜色变灰的菜单项　　　　D. 运行了与对话框对应的应用程序

标准答案：

1. D；2. B；3. B；4. C；5. B；6. C；7. B；8. B；9. D；10. A；11. B12. B；13. B；14. A；15. D；16. D；
17. D；18. D；19. D；20. C；21. C；22. D；23. A；24. B；25. A；26. C；27. B；28. C；29. A；30. D；
31. A；32. D；33. D；34. C；35. D；36. B；37. B；38. B；39. C；40. D；41. C；42. A；43. B；44. B；
45. D；46. D；47. A；48. B；49. A；50. C；51. B；52. C；53. A；54. B；55. C；56. C；57. D；58. D；
59. D；60. D；61. C；62. B；63. C；64. C；65. D；66. C；67. D；68. D；69. D；70. B；71. B；72. A；
73. B；74. D；75. C；76. A；77. B；78. D；79. C；80. D；81. C；82. D；83. A；84. B；85. D；86. A；
87. C；88. C；89. A；90. A；91. A；92. C；93. C；94. C；95. B；96. D；97. B；98. C；99. C；100. A；
101. A；102. D；103. D；104. D；105. A；106. A；107. C；108. C；109. A；110. B；111. A；112. B；
113. D；114. D；115. B；116. D；117. C；118. D；119. A。

3.3　多选题

1. 操作系统是_____和_____的接口。　　　　　　　　　　　（　　）

    A. 用户　　　　　　B. 计算机　　　　　C. 软件　　　　　D. 外设

2. 操作系统按其功能，主要有：处理器管理、文件管理、_____和_____几个模块。

　　　　　　　　　　　　　　　　　　　　　　　　　　　　　（　　）

    A. 存储管理　　　B. 数据管理　　　　C. 设备管理　　　D. 进程管理

3. 操作系统有多种分类方式，按提供给用户的界面来分，可把操作系统分为_____分类。　　　　　　　　　　　　　　　　　　　　（　　）

    A. 命令行界面　　B. 程序界面　　　　C. 汉子界面　　　D. 图形界面

4. 操作系统有多种分类方式，按用户数目来分，可把操作系统分为_____几类。

　　　　　　　　　　　　　　　　　　　　　　　　　　　　　（　　）

    A. 无用户，由计算机自动执行　　　B. 单用户

    C. 双用户　　　　　　　　　　　　D. 多用户

5. 操作系统有多种分类方式，从功能上来分，可把操作系统分为_____等几类操作系统。 （　　）

   A. 批处理　　　　B. 实时　　　　C. 分时　　　　D. 网络

6. 操作系统的分类有_____。 （　　）

   A. 分布式操作系统　　　　　　　B. 分时操作系统

   C. 网络操作系统　　　　　　　　D. 实时操作系统

7. 以下_____属于操作系统的功能。 （　　）

   A. 处理器管理　　B. 文件管理　　C. 模块管理　　D. 内存管理

8. 操作系统的功能是·_____。 （　　）

   A. CPU 的控制与管理　　　　　　B. 内存的分配与管理

   C. 外部设备的控制与管理　　　　D. 文件的管理和作业的控制

9. 下列有关操作系统正确的说法是_____。 （　　）

   A. 操作系统是一个应用软件

   B. 操作系统管理着计算机的软、硬件资源

   C. 操作系统是计算机与用户的接口

   D. 操作系统是计算机的"总管家"

10. 下列关于操作系统的叙述中错误的是_____。 （　　）

   A. 操作系统是软件和硬件之间的接口

   B. 操作系统是源程序和目标程序之间的接口

   C. 操作系统是用户和计算机之间的接口

   D. 操作系统是外设和主机之间的接口

11. 以下_____属于操作系统软件。 （　　）

   A. UNIX　　　　B. NetWare　　　C. DOS　　　　D. Delphi

12. 以下_____属于网络操作系统。 （　　）

   A. DOS　　　　B. NetWare　　　C. Windows NT　　D. Windows 3.1

13. Linux 是一个_____的操作系统。 （　　）

   A. 多用户　　　B. 多任务　　　C. 分时　　　　D. 实时

14. MS-DOS 是一个_____的操作系统。 （　　）

   A. 单用户　　　B. 多用户　　　C. 单任务　　　D. 多任务

15. _____是 Linux 的主要组成部分。 （　　）

   A. 内核　　　　B. Shell　　　　C. 窗口　　　　D. 编辑器

16. 网络操作系统是管理网络软件、硬件资源的核心，以下_____可作为网络操作系统。 （　　）

   A. DOS　　　　　　　　　　　　B. Windows NT

   C. Linux　　　　　　　　　　　　D. Windows XP Home

17. 分时操作系统具有_____等特征。 （　　）

   A. 多路性　　　B. 独立性　　　C. 交互性　　　D. 不可干预性

18. Windows 7 应用程序窗口中一般包含了_____。 (　　)

    A. 标题栏　　　　B. 菜单栏　　　　C. 回收站　　　　D. 滚动条

19. Windows 7 具有_____的特点。 (　　)

    A. 多任务　　　　　　　　　　　　B. 单用户

    C. 硬件的即插即用　　　　　　　　D. 与 DOS 不兼容

20. 下列属于 Windows 7 零售盒装产品的是_____。 (　　)

    A. 家庭普通版　　B. 家庭高级版　　C. 专业版　　　　D. 旗舰版

21. 下列软件属于 Microsoft Office 套件的有_____。 (　　)

    A. Visual FoxPro　　　　　　　　B. Outlook

    C. Access　　　　　　　　　　　　D. FrontPage

22. Windows 7 操作系统的主要特点是_____。 (　　)

    A. 运行更加快捷、可靠，并具有完善的网络功能

    B. 能自动检测硬件，能识别绝大多数厂家所生产的硬件设备

    C. 提供了比 DOS 操作系统友好得多的图形用户界面，方便用户使用

    D. 具有丰富的应用程序和附件

23. Windows 7 提供的帮助功能，可以实现_____。 (　　)

    A. 查找 Windows 7 的兼容硬件和软件

    B. 按关键字搜索帮助信息

    C. 使用控制面板可以安装打印机

    D. 一台微机只能安装一种打印驱动程序

24. Windows 7 安装时，需要设置_____。 (　　)

    A. 区域设置　　　　　　　　　　　B. 计算机名和管理员口令

    C. 当前目录路径　　　　　　　　　D. 网络

25. 在任务栏上可以显示的工具栏是_____。 (　　)

    A. 地址　　　　　B. 链接　　　　　C. 桌面　　　　　D. 快速启动

26. 在 Windows 中利用"任务栏属性"对话框，可以进行_____。 (　　)

    A. 在"开始"菜单中添加一个项目　　B. 在桌面上建立一个快捷方式

    C. 在任务栏上显示输入法指示器　　D. 在任务栏上显示时间

27. 下列各项可以在桌面属性中设置的是：_____。 (　　)

    A. 桌面背景　　　B. 屏幕保护　　　C. 外观　　　　　D. 显示器分辨率

28. 在 Windows 中要更改当前计算机日期和时间，可以_____。 (　　)

    A. 双击任务栏上的时间　　　　　　B. 使用"控制面板"的"区域设置"

    C. 使用附件　　　　　　　　　　　D. 使用"控制面板"的"日期/时间"

29. 在 Windows 7 操作系统中，启动"资源管理器"的方式有_____。 (　　)

    A. 双击桌面上的"计算机"图标

    B. 单击"开始"菜单，依次展开"所有程序/附件"菜单并选择"Windows 资源管理器"命令

C. 直接按[Win+E]组合键

D. 右击桌面，打开快捷菜单，选择"资源管理器"命令

30. 在 Windows 资源管理器中，被选文件夹内的文件和子文件夹的图标表示方法可以是_____。 （ ）

    A. 图标   B. 缩略图   C. 简图   D. 详细信息

31. 在 Windows 7 资源管理器中，以下_____是文件夹内的文件和子文件夹的图标表示方法。 （ ）

    A. 图标   B. 列表   C. 平铺   D. 详细信息

32. 在 Windows 7 中个性化设置包括_____。 （ ）

    A. 主题   B. 桌面背景   C. 窗口颜色   D. 声音

33. 在 Windows 7 中，可以完成窗口切换的方法是_____。 （ ）

    A. "Alt"+"Tab"

    B. "Win"+"Tab"

    C. 单击要切换窗口的任何可见部位

    D. 单击任务栏上要切换的应用程序按钮

34. 在 Windows 7 中，窗口最大化的方法是_____。 （ ）

    A. 按最大化按钮   B. 按还原按钮

    C. 双击标题栏   D. 拖曳窗口到屏幕顶端

35. 在 Windows 7 中，用于文件和文件夹操作的快捷键有_____。 （ ）

    A. Ctrl+A   B. Ctrl+C   C. Ctrl+X   D. Ctrl+V

36. 树形目录结构的优势表现在_____。 （ ）

    A. 可以对文件重命名   B. 有利于文件的分类

    C. 提高检索文件的速度   D. 能进行存取权限的限制

37. 在 Windows 资源管理器中，文件夹树的某个文件夹左边有"－"号，则表示_____。 （ ）

    A. 一定存在子文件夹   B. 一定存在隐藏文件

    C. 一定没有子文件夹   D. 子文件夹已展开

38. 在 Windows 资源管理器中，文件夹树的某个文件夹左边有"＋"号，则表示_____。 （ ）

    A. 一定存在子文件夹   B. 一定存在隐藏文件

    C. 子文件夹未展开   D. 子文件夹已展开

39. 在 Windows 7 中，管理文件和文件夹是通过_____来完成的。 （ ）

    A. 计算机   B. 磁盘   C. 资源管理器   D. 对话框

40. 硬盘分区时，往往要选择文件系统，常见的文件系统格式有_____。 （ ）

    A. FAT16   B. FAT32   C. HD   D. NTFS

41. 在 Windows 7 中，FAT 文件或文件夹的属性有_____。 （ ）

    A. 加密   B. 只读   C. 隐藏   D. 存档

42. 在 Windows 中进行按名称查找文件或文件夹时，可以使用通配符_____。　　（　　）

    A. %　　　　　　　　B. *　　　　　　　　C. ?　　　　　　　　D. \

43. 在 Windows 环境下，可用 A??. * 来表示的文件有_____。　　（　　）

    A. A12. doc　　　　B. AAA. txt　　　　C. A1. bak　　　　D. A123. prg

44. 在下列关于 Windows 文件名的叙述中，正确的是_____。　　（　　）

    A. 文件名中允许使用汉字　　　　　　B. 文件名中允许使用多个圆点分隔符

    C. 文件名中允许使用空格　　　　　　D. 文件名中允许使用竖线"｜"

45. Windows 操作系统对设备采用约定的文件名。下列文件名称中，_____属于设备文件名，它们不能作为文件夹名或文件主名。　　（　　）

    A. sys　　　　　　　B. con　　　　　　　C. com　　　　　　D. prn

46. 对于用户来讲，一个文件名分为_____。　　（　　）

    A. 文件夹名　　　B. 文件主名　　　C. 文件路径　　　D. 文件扩展名

47. 文件系统是指文件命名、存储和组织的总体结构。Windows 支持_____。　　（　　）

    A. 每个文件夹都有一个唯一的名字

    B. 每个子文件夹都有一个父文件夹

    C. 每个文件夹都可以有若干个子文件夹和文件

    D. 一个文件夹下的同级子文件夹可以同名

48. 一个文件夹具有几种属性，它们是_____。　　（　　）

    A. 只读　　　　　　B. 隐藏　　　　　　C. 存档　　　　　　D. 只写

49. 下列文件类型中，_____是图形文件类型。　　（　　）

    A. gif　　　　　　　B. bmp　　　　　　C. jpg　　　　　　D. wav

50. 在 Windows 中，可以为_____创建快捷方式。　　（　　）

    A. 文本文件　　　　　　　　　　　　B. 程序文件

    C. 文件夹　　　　　　　　　　　　　D. 控制面板中的项目

51. 下列有关快捷方式的说法，正确的是_____。　　（　　）

    A. 一个文件可以建立多个快捷方式

    B. 可以为文件夹建立快捷方式

    C. 删除快捷方式时会同时删除对应的文件

    D. 快捷方式只能移动，不能复制

52. Windows 7 常用附件有_____。　　（　　）

    A. 画图　　　　　　B. 计算器　　　　　C. 游戏机　　　　　D. 写字板

53. Windows 7 附带的计算器类型有_____。　　（　　）

    A. 标准型　　　　　B. 科学型　　　　　C. 程序员型　　　　D. 统计信息型

54. 在 Windows 附件中，下面叙述正确的是_____。　　（　　）

    A. 记事本中可以含有图形

B. 画图是绘图软件，不能输入汉字

C. 写字板中可以插入图形

D. 计算器可以将十进制整数转化为二进制或十六进制数

55. 在正常情况下，以下_____文件可以被 Windows 记事本打开编辑。 （　　）

A. htm　　　　　　B. txt　　　　　　C. doc　　　　　　D. bmp

56. 在正常情况下，以下_____文件可以被 Windows 画图打开并修改。 （　　）

A. wav　　　　　　B. txt　　　　　　C. jpg　　　　　　D. bmp

57. Windows 中对磁盘文件的管理，可以通过_____进行。 （　　）

A. 任务管理器　　B. 资源管理器　　C. 控制面板　　　D. 我的电脑

58. 下列属于 Windows 7 控制面板中的设置项目的是_____。 （　　）

A. Windows Update　　　　　　　B. 备份和还原

C. 网络和共享中心　　　　　　　D. 修复

59. 在 Windows 7 中，磁盘清理的目的是_____。 （　　）

A. 清除临时文件　　　　　　　　B. 修复磁盘

C. 清除垃圾文件　　　　　　　　D. 清除病毒

60. 对于一个有写保护装置的优盘，当它处于写保护状态时，以下操作可以实现的

有_____。 （　　）

A. 显示优盘中文件 A. txt 的属性　　B. 格式化优盘

C. 将优盘文件 A. txt 改名为 B. txt　　D. 将优盘文件 A. txt 打开

61. 下列有关优盘格式化的叙述中，正确的是_____。 （　　）

A. 只能对新优盘做格式化

B. 只有格式化后的优盘才能使用，对旧优盘格式化会抹去盘中原有的信息

C. 新优盘不做格式化照样可以使用，但格式化可以使盘的容量增大

D. 优盘格式化可以设定该盘所有的文件系统

62. 当 Windows 系统崩溃后，可以通过_____来恢复。 （　　）

A. 更新驱动　　　　　　　　　　B. 使用之前创建的系统镜像

C. 使用安装光盘重新安装　　　　D. 卸载程序

63. 磁盘格式化操作具有_____等功能。 （　　）

A. 划分磁道、扇区　　　　　　　B. 设定 Windows 版本号

C. 复制 Office 软件　　　　　　　D. 建立目录区

64. 安装应用程序的方法有_____。 （　　）

A. 利用安装光盘自动安装

B. 运行安装文件安装

C. 在控制面板中利用"添加/删除程序"安装

D. 利用解压软件安装

65. 使用 Windows 7 的备份功能所创建的系统镜像可以保存在_____。 （　　）

A. 内存　　　　　　B. 硬盘　　　　　　C. 光盘　　　　　　D. 网络

66. 格式化磁盘的操作步骤是_____。　　　　　　　　　　　　（　　）

    A. 打开"我的电脑"或"资源管理器"窗口，右击要执行格式化操作的磁盘图标，出现快捷菜单

    B. 在快捷菜单中选择"格式化"命令，弹出"格式化磁盘"对话框

    C. 在快捷菜单中选择"属性"命令，弹出该磁盘的"属性"对话框，单击"格式化"命令执行格式化操作

    D. 在对话框中设定目标磁盘的容量、卷标及是否执行"快速格式化"等，单击"开始"按钮执行格式化操作

67. 以下关于 Windows 回收站的说法，_____是正确的。　　　　　（　　）

    A. 文件删除一定要先进回收站

    B. 回收站是外存中的一块区域

    C. 回收站中的内容，不会因断电而丢失

    D. 删除时放入回收站的文件可以被恢复

68. 进程的特性包括_____等。　　　　　　　　　　　　　　　（　　）

    A. 动态性　　　　　　　　　　B. 顺序性

    C. 进程和程序并非一一对应　　　D. 并发性

69. 进程的三个基本状态是_____。　　　　　　　　　　　　　（　　）

    A. 就绪状态　　　B. 运行状态　　　C. 无序状态　　　D. 等待状态

70. BIOS 设置程序是对_____等项目进行设置和修改，也称为 SETUP 设置。

    　　　　　　　　　　　　　　　　　　　　　　　　　　　（　　）

    A. 主板的配置　　　　　　　　B. 任务栏是否隐藏

    C. 环境参数　　　　　　　　　D. 外部设备的工作参数

标准答案：

1. AB；2. AC；3. AD；4. AD；5. ABCD；6. ABCD；7. ABD；8. ABCD；9. BCD；10. ABD；11. ABC；12. BC；13. ABC；14. AC；15. AB；16. BC；17. ABC；18. ABD；19. ABC；20. ABCD；21. BCD；22. ABCD；23. ABCD；24. ABD；25. ABCD；26. AD；27. ABCD；28. AD；29. ABC；30. ABD；31. ABCD；32. ABCD；33. ABCD；34. ACD；35. ABCD；36. BCD；37. AD；38. AC；39. AC；40. ABD；41. BCD；42. BC；43. AB；44. ABC；45. BD；46. BD；47. ABC；48. ABC；49. ABC；50. ABCD；51. AB；52. ABD；53. ABCD；54. CD；55. ABC；56. CD；57. BD；58. ABC；59. AC；60. AD；61. BD；62. BC；63. AD；64. ABC；65. BCD；66. ABD；67. BCD；68. ACD；69. ABD；70. ACD。

3.4　填空题

1. 在旧类型处理器上开发的软件能够在新的处理器中被正确执行被称为_____。

2. 人们为解决某项任务而编写的指令的有序集合就称为_____。

3. 操作系统是管理和控制计算机系统中的_____，合理地组织计算机工作的流程，并为用户提供一个良好的工作环境和接口的系统软件。

4. 操作系统的主要功能有：CPU 的控制与管理、内存的分配和管理、_____的控制和管理、外部设备的控制和管理、作业的控制和管理。

5. 分时操作系统的分时指两个或两个以上的事件按时间划分_____使用计算机系统的某一资源。

6. Windows 7 是一个跨平台的多功能_____操作系统。

7. 操作系统可以分为单用户、批处理、实时、分时、_____以及分布式操作系统。

8. 处理器管理最基本的功能是处理_____事件。

9. 每个用户请求计算机系统完成的一个独立的操作称为_____。

10. 在安装 Windows 7 的最低配置中，内存的基本要求是_____GB 及以上。

11. 睡眠是 Windows 7 提供的一种_____状态。

12. Windows 的整个屏幕画面所包含的区域称为_____。

13. 在 Windows 7 桌面上添加常用图标的具体方法是在桌面空白处右击，从弹出的快捷菜单中选择_____命令。

14. 任务栏上显示的是_____以外的所有窗口，Alt＋Tab 可以在包括对话框在内的所有窗口之间切换。

15. 在 Windows 7 中，任务栏右侧的通知区域，可看到时钟、喇叭等图标，代表了已经启动并驻留在_____的小工具程序。

16. "资源管理器"是 Windows 7 系统提供的_____管理工具。

17. 窗口是 Windows 应用程序存在的基本方式，每个窗口都代表一段运行的_____。

18. 在 Windows 7 中，关闭窗口的组合键是_____。

19. 在任何窗口下，用户都可以用组合键 Ctrl＋_____键或 Ctrl＋空格或热键切换输入法。

20. 要安装或卸除某个中文输入法，应先启动_____，再使用其中区域选项的功能。

21. Windows 把所有的系统环境设置功能都统一到了_____中。

22. 在"控制面板"的"添加/删除程序"中，可以方便地进行_____程序和 Windows组件的删除和安装工作。

23. Windows 7 有四个默认库，分别是视频、图片、_____和音乐。

24. Windows 是一个完全图形化的环境，其中最主要的_____设备或称交互工具是鼠标。

25. 在 Windows 7 中，系统为用户提供了文件与文件夹的多种显示方式，其中有图标、列表、_____、平铺和内容。

26. 在 Windows 7 中可以设置文件或文件夹的"只读"与"_____"属性。

27. 磁盘碎片就是通过对文件进行复制、移动等操作，将文件分散保存到磁盘的不同地方而产生的很多_____的零碎的文件。

28. 回收站的作用是暂时存放被_____的文件或文件夹。

29. 当你要删除某一应用程序是，可以使用_____工具。如果采用直接删除文件夹的方法，很可能造成系统设置错误。

30. 在"添加/删除程序"对话框中列出要_____或删除的应用程序，表示该应用程序已经注册了。

31. 按_____键，从关闭程序列表中选择程序，再单击结束任务按钮可以退出应用程序。

32. 利用剪贴板复制活动窗口是按_____＋PrintScreen 键。

33. 复制文件夹时，按住_____键，然后拖放文件夹图标到另一个文件夹图标或驱动器图标上即可。

34. 移动文件夹时，按住_____键再拖放文件夹图标到目的位置后释放即可。

35. 资源管理器是 Windows 提供的一个_____所有资源的应用程序。

36. 在磁盘中的程序是以_____的方式来存储的。

37. 文件类型 . txt 是属于_____文件。

38. 我们用扩展名_____表示文本文件。

39. Windows 中，文件的名称最多可以由_____个字符构成。

40. Windows 的文件名中用"＊"代表任意_____个字符，用"?"代表任意某一个字符。

41. 可执行文件的扩展名是_____。

42. 剪贴板是 Windows 7 为了传递信息在内存中开辟的_____。

43. 路径就是要查找一个文件所必须提供的能找到该文件的有效_____。

44. 禁用系统设备的操作步骤是右击桌面上"我的电脑"图标，并选择_____命令，可进入设备管理器对设备进行管理。

45. 每一种计算机外部设备都需要_____才能正常工作运行。

46. 在 Windows 中，为了弹出"显示属性"对话框，应用鼠标右键单击桌面空白处，然后在弹出的菜单中选择_____项。

47. 在 Windows 的"资源管理器"窗口中，为了显示文件或文件夹的详细资料，应使用窗口菜单栏的_____菜单。

48. 在 Windows 的"资源管理器"窗口中，为了使具有系统和隐藏属性的文件或文件夹不显示出来，首先应进行的操作是选择_____菜单中的"选项"。

49. 在启动计算机系统时，当内存检查结束后，立即按_____键，可以直接进入 MS-DOS 系统。

50. 在 Windows 的"回收站"窗口中，要想恢复选定的文件或文件夹，可以使用"文件"菜单中的_____命令。

51. 在中文 Windows 中，为了添加某个中文输入法，应选择_____窗口中的

"输入法"选项。

52. 在 Windows 系统中，为了在系统启动成功后自动执行某个程序，应将程序文件添加到_____文件夹中。

53. 若使用 Windows"写字板"创建一个文档，当用户没有指定该文档的存放位置，则系统将该文档默认存放在_____文件夹中。

54. 在 Windows 中，为了清除"开始"菜单下"文档"菜单中的内容，应打开_____对话框。

55. 在 Windows 中，当鼠标左键在不同驱动器之间拖动对象时，系统默认的操作是_____。

56. 在 Windows 中，对用户新建的文档，系统默认属性为_____。

57. 如果 Windows 的文件夹设置了_____属性，则可以备份，否则不能备份。

58. 在 Windows 默认环境中，要改变"屏幕保护程序"的设置，应首先双击_____窗口中的"显示器"图标。

59. 在 Windows 中，若要删除选定的文件，可直接按_____键。

60. _____由许多台磁盘机按一定规则组合在一起构成，通过磁盘阵列控制器控制和管理，其存储容量可达上千 TB。

标准答案：

1. 兼容；2. 程序；3. 所有资源；4. 文件；5. 轮流；6. 网络；7. 网络；8. 中断；9. 作业；10.1；11. 节能；12. 桌面；13. 个性化；14. 对话框；15. 内存；16. 资源；17. 程序；18. Alt＋F4；19. Shift；20. 控制面板；21. 控制面板；22. 应用；23. 文档；24. 定位；25. 详细信息；26. 隐藏；27. 不连续；28. 删除；29. 添加/删除程序；30. 更新；31. Ctrl＋Alt＋Del；32. Alt；33. Ctrl；34. Shift；35. 查看和管理；36. 文件；37. 文本文件；38. txt；39. 255；40. 多；41. EXE；42. 临时存储区；43. 通道；44. 设备管理；45. 驱动程序；46. 属性；47. 查看；48. 查看；49. F8；50. 还原；51. 控制面板；52. 启动；53. 我的文档；54. 任务栏属性；55. 复制；56. 存档；57. 存档；58. 控制面板；59. Delete；60. 磁盘阵列。

第 4 章　Word 2010 文字处理

4.1　是非题

1. Word 2010 支持同时打开多个文档。　　　　　　　　　　　　　　　　（　　）

2. 在 Word 2010 中,"打开"文档的作用是将指定的文档从外存中读入,并显示出来。　　　　　　　　　　　　　　　　　　　　　　　　　　　　　　　　　　（　　）

3. Word 2010 默认的自动保存时间间隔为 10 分钟。　　　　　　　　　　（　　）

4. Word 2010 为用户提供了设置固定时间段自动保存文档功能,以便在编辑文档过程中按时间间隔自动保存文档,防止内容丢失。　　　　　　　　　　　　　（　　）

5. Word 2010 中,拖动调整列宽指针时,整个表格大小也会改变,但表格线相邻的两列列宽度不改变。　　　　　　　　　　　　　　　　　　　　　　　　　　（　　）

6. 在 Word 2010 中,调节字符间距时,可以调节中英文之间、中文和数字之间、英文和数字之间的间距。　　　　　　　　　　　　　　　　　　　　　　　　（　　）

7. Word 2010 文档中可以插入文本框,文本框的内容能单独进行排版,不影响文档的其它内容。　　　　　　　　　　　　　　　　　　　　　　　　　　　　　（　　）

8. 首字下沉的本质是将段落中已选择的首字转化为图形。　　　　　　　（　　）

9. 在 Word 文档中,文字的动态效果在屏幕显示和打印时都有效。　　　（　　）

10. 在 Word 2010 中,水平标尺上有四个滑块,使用鼠标拖动这些滑块对选中的段落设置左、右边界和首行的缩进方式。按住 Shift 键的同时拖动滑块,标尺上会显示出具体缩进的数值。　　　　　　　　　　　　　　　　　　　　　　　　　（　　）

11. 在 Word 2010 的任何视图方式下都会显示文档中多栏排版的效果。　（　　）

12. Word 2010 中,页面视图是唯一按照窗口大小进行折行显示的视图方式。
　　　　　　　　　　　　　　　　　　　　　　　　　　　　　　　　　　　（　　）

13. 在 Word 2010 文档中输入文本时,可以使用 Windows 系统提供的英文和各种中文输入法来输入文字和标点符号。中文和英文输入的切换,可以通过快捷键"Ctrl+Shift"来实现。　　　　　　　　　　　　　　　　　　　　　　　　　　　　（　　）

14. Word 2010 在用户输入文档时自动进行拼写和语法检查,对于文档中有疑问的单词或短语,会标示出彩色的波浪线提示用户注意。红色波浪线表示存在语法问题,绿色波浪线表示存在拼写问题。　　　　　　　　　　　　　　　　　　　　（　　）

15. 使用自动检查功能,Word 2010 会在输入文本时将拼写错误用绿色的波浪线标示出来,将语法错误用红色的波浪线标示,很方便地就可以修改输入中的错误。（　　）

16. 节是 Word 的一种排版单位，可以给各节设置不同的页面格式、文字格式等，并分节进行排版。默认情况下整个文档就是一个节，可以按需要将文档分为若干节。（　　）

17. 在 Word 2010 中，页面格式的设置包括：页边距、纸张大小、纸张来源和方向等。（　　）

18. 在 Word 2010 中，不但可以给文本选取各种样式，而且可以更改样式。（　　）

19. 对文档创建目录的前提条件是只能在文档中应用 Word 内置的标题样式。（　　）

20. 在 Word 2010 中，按住 Shift 键，在要选取的开始位置按下鼠标左键，拖动鼠标可以拉出一个矩形的选择区域。（　　）

21. Word 2010 可以快速地查找和替换目标内容，避免遗漏。默认情况下，替换和查找是从文档首部开始，向下查找或替换至文档末尾。（　　）

22. Word 2010 提供的批注功能，可以使用户在审阅文档时，对拟修改的内容进行批注，批注只是用户审阅时所作的注释，并不会对文档进行修改。（　　）

23. 在 Word 2003"日期和时间"对话框中，不需选中"自动更新"复选框，插入的时间也可以自动更新。（　　）

24. 在 Word 2010 中可以插入表格，而且可以对表格进行绘制、擦除、合并和拆分单元格、插入和删除行列等操作。（　　）

25. 在表格中输入文本时，Word 2010 会根据单元格的宽度自动对文本进行换行，单元格的高度会随着单元格内文本行数的多少而变化。（　　）

26. 在 Word 2010 中，表格的边框和底纹设置不同于文档的边框和底纹设置。（　　）

27. 在 Word 2010 文档中，当一个表格的大小超过一页时，无论如何设置，第二页的续表也不会显示表格的标题行。（　　）

28. Word 2010 只提供了表格的计算功能，用户可以根据需要对表格中的内容进行计算，但不能进行排序。（　　）

29. 邮件合并需要有两个文件，一个是主文件，另一个是数据源文件。（　　）

标准答案：

1. A；2. A；3. A；4. A；5. B；6. A；7. A；8. B；9. B；10. B；11. B；12. B；13. B；14. B；15. B；16. A；17. A；18. A；19. B；20. B；21. B；22. A；23. B；24. A；25. A；26. B；27. B；28. B；29. A。

4.2　单选题

1. Word 是一种_____。（　　）

A. 操作系统　　　　　　　　　B. 文字处理软件

C. 多媒体制作软件　　　　　　D. 网络浏览器

2. Word 2010 软件处理的主要对象是_____。　　　　　　　　　　（　　）

    A. 表格　　　　　　B. 文档　　　　　　C. 图片　　　　　　D. 数据

3. Word 2010 文档扩展名的默认类型是_____。　　　　　　　　　（　　）

    A. docx　　　　　　B. doc　　　　　　C. dotx　　　　　　D. dat

4. 在 Word 2010 中，要新建文档，其第一步操作应该选择_____选项卡。（　　）

    A."视图"　　　　　　B."开始"　　　　　　C."文件"　　　　　　D."插入"

5. 在 Word 2010 编辑状态下，当前输入的文字显示在_____。　　　　（　　）

    A. 当前行尾部　　　B. 插入点　　　　　C. 文件尾部　　　　D. 鼠标光标处

6. 在 Word 2010 的编辑状态中，如果要输入希腊字母 Ω，则需要使用_____选项
卡。　　　　　　　　　　　　　　　　　　　　　　　　　　　　　　　（　　）

    A."引用"　　　　　　B."插入"　　　　　　C."开始"　　　　　　D."视图"

7. 要将 Word 文档中的一段文字设定为黑体字，第一步操作是：_____。（　　）

    A. 选定这一段文字　　　　　　　　B. 选择"格式"菜单

    C. 鼠标单击工具栏上的"B"按钮　　D. 鼠标单击工具栏上的字体框按钮

8. 在 Word 2010 的编辑状态，▤按钮表示的含义是_____。　　　　（　　）

    A. 居中对齐　　　　B. 右对齐　　　　　C. 左对齐　　　　　D. 分散对齐

9. 在编辑 Word 2010 文档处于改写状态时，应按_____键转换成插入状态。
　　　　　　　　　　　　　　　　　　　　　　　　　　　　　　　　　（　　）

    A. Ctrl＋Insert　　B. Insert　　　　　C. Enter　　　　　　D. Alt＋Enter

10. 在 Word 2010 文档中，要把多处同样的错误一次更正，正确的方法是_____。
　　　　　　　　　　　　　　　　　　　　　　　　　　　　　　　　　（　　）

    A. 逐字查找，先删除错误文字，再输入正确文字

    B. 使用"开始"→"编辑"组中的"查找"按钮，删除错误文字然后输入正确文字

    C. 使用"撤销"与"恢复"命令

    D. 使用"开始"→"编辑"组中的"替换"按钮

11. 在 Word 2010 的默认状态下，有时会在某些英文文字下方出现红色的波浪线，
这表示_____。　　　　　　　　　　　　　　　　　　　　　　　　（　　）

    A. 语法错　　　　　　　　　　　　B. 可能拼写问题

    C. 该文字本身自带下划线　　　　　D. 该处有附注

12. Word 2010 中，要选择整个文档，应按_____组合键。　　　　　　（　　）

    A. Shift＋A　　　　B. Alt＋A　　　　C. Ctrl＋A　　　　D. Ctrl＋Shift＋A

13. Word 2010 文档中，鼠标指针移动到行的左边，当鼠标变为一个指向右上角的
箭头时，下列_____操作可以选择光标所在行。　　　　　　　　　（　　）

    A. 三击鼠标左键　　　　　　　　　B. 单击鼠标左键

    C. 双击鼠标左键　　　　　　　　　D. 单击鼠标右键

14. 关闭当前文件的快捷键是_____。　　　　　　　　　　　　　　　（　　）

    A. Ctrl＋F6　　　　B. Ctrl＋F4　　　　C. Alt＋F6　　　　D. Alt＋F4

15. 在 Word 2010 中, "打开"文档的作用是_____。 （　　）

   A. 为指定的文档打开一个空白窗口

   B. 将指定的文档从外存中读入，并显示出来

   C. 将指定的文档从内存中读入，并显示出来

   D. 显示并打印指定文档的内容

16. Word 2010 有记录最近使用过的文档功能。如果用户出于保护隐私的要求需要将文档使用记录删除，可以在打开的"文件"面板中单击"选项"按钮中的_____
进行操作。 （　　）

   A. 常规　　　　　B. 保存　　　　　C. 显示　　　　　D. 高级

17. 在输入 Word 2010 文档过程中，为了防止意外而不使文档丢失，Word 2010 设
置了自动保存功能，欲使自动保存时间间隔为 10 分钟，应依次进行的一组操
作是_____。 （　　）

   A. 选择"文件"/"选项"/"保存"，再设置自动保存时间间隔

   B. 按 Ctrl＋S 键

   C. 选择"文件"/"保存"命令

   D. 以上都不对

18. 在 Word 2010 的编辑状态，打开了一个文档编辑，再进行"保存"操作后，该文
档_____。 （　　）

   A. 保存后文档被关闭　　　　　B. 可以保存在已有的其他文件夹下

   C. 可以保存在新建文件夹下　　D. 被保存在原文件夹下

19. 在 Word 2010 的编辑状态，打开了一个文档编辑，再进行"另存为"操作后，该
文档_____。 （　　）

   A. 必须被保存在原文件夹下

   B. 可以保存在其他文件夹下

   C. 必须以原有的文件名保存在其他文件夹下

   D. 保存后文档被关闭

20. 在 Word 2010 的编辑状态，当前编辑的文档是 C 盘的 D1. DOCX 文档，要将
修改后的该文件保存到 U 盘，应当使用_____。 （　　）

   A. 文件→新建　　　　　B. 文件→保存

   C. 文件→另存为　　　　D. 插入→文件

21. Word 2010 窗口界面的组成部分中，除常见的组成元素外，还新增加的元素是
_____。 （　　）

   A. 标题栏　　　　　　　B. 快速访问工具栏

   C. 状态栏　　　　　　　D. 滚动条

22. Word 2010 的视图模式中新增加的模式是_____。 （　　）

   A. 普通视图　　　　　　B. 页面视图

   C. 大纲视图　　　　　　D. 阅读版式视图

23. 在 Word 2010 文档编辑中，能显示出分页符但不能显示页眉/页脚的视图是
_____。 （ ）
    A. 阅读版式视图　　　　　　　　B. 页面视图
    C. 大纲视图　　　　　　　　　　D. 草稿视图

24. Word 2010 中，执行"粘贴"命令后，_____。 （ ）
    A. 文档中被选择的内容复制到当前插入点处
    B. 将文档中被选择的内容移到剪贴板中
    C. 将剪贴板中的内容复制到当前插入点处
    D. 将剪贴板中的内容移到当前插入点处

25. 在 Word 2010 的编辑状态中，"粘贴"操作的组合键是_____。 （ ）
    A. Ctrl＋A　　　　B. Ctrl＋C　　　　C. Ctrl＋V　　　　D. Ctrl＋X

26. 在 Word 2010 中，当剪贴板中的"复制"按钮呈灰色而不能使用时，表示的是
_____。 （ ）
    A. 剪切板里没有内容　　　　　　B. 剪切板里有内容
    C. 在文档中没有选定内容　　　　D. 在文档中已选定内容

27. 将文档中的一部分文本内容复制到别处，先要进行的操作是_____。 （ ）
    A. 粘贴　　　　　B. 复制　　　　　C. 选择　　　　　D. 视图

28. 在 Word 2010 编辑状态下，要想删除光标前面的字符，可以按_____键。
 （ ）
    A. Del(或 Delete)　　　　　　　B. Backspace
    C. Ctrl＋P　　　　　　　　　　D. Shift＋A

29. 在编辑 Word 2010 文档时，对于误操作的纠正方法是_____。 （ ）
    A. 单击"恢复"按钮　　　　　　　B. 单击
    C. 单击"撤销"按钮　　　　　　　D. 不存盘退出再重新打开

30. Word 2010 文档中，每个段落都有自己的段落标记，段落标记的位置在_____。
 （ ）
    A. 段落的首部　　　　　　　　　B. 段落中，但不显示
    C. 段落的中间位置　　　　　　　D. 段落的末尾

31. 在 Word 2010 中，下列关于段落标记的叙述错误的是_____。 （ ）
    A. 删除段落标记后则前后两段合并
    B. 不按 Enter 键不会产生段落标记
    C. 段落标记中存有段落的格式设置
    D. 可以显示，也可以打印段落标记

32. Word 2010 中，段落是一个格式化单位，下列不属于段落的格式有_____。
 （ ）
    A. 制表符　　　　　　　　　　　B. 对齐方式
    C. 缩进　　　　　　　　　　　　D. 大纲级别

33. 在 Word 2010 "段落"功能区中，不能设定文本的_____。 （　　）

    A. 缩进方式　　　B. 行间距　　　C. 字符间距　　　D. 对齐方式

34. 在 Word 2010 编辑状态下，使选定的文本倾斜的快捷键是_____。 （　　）

    A. Ctrl＋H　　　B. Ctrl＋I　　　C. Ctrl＋B　　　D. Ctrl＋U

35. 在 Word 2010 编辑状态下，使选定的文本加粗的快捷键是_____。 （　　）

    A. Ctrl＋H　　　B. Ctrl＋I　　　C. Ctrl＋B　　　D. Ctrl＋U

36. 在 Word 2010 编辑状态下，使选定的文本加下划线的快捷键是_____。 （　　）

    A. Ctrl＋H　　　B. Ctrl＋I　　　C. Ctrl＋B　　　D. Ctrl＋U

37. 在 Word 2010 中，不缩进段落的第一行，而缩进其余的行，是指_____。

    （　　）

    A. 首行缩进　　　B. 左缩进　　　C. 悬挂缩进　　　D. 右缩进

38. 在 Word 文档中有一段落的最后一行只有一个字符，想把该字符合并到上一行，下述方法中_____无法达到该目的。 （　　）

    A. 减少页的左右边距　　　　　　B. 减小该段落的字体的字号

    C. 减小该段落的字间距　　　　　D. 减小该段落的行间距

39. 在 Word 2010 编辑状态下，选择一个段落并设置段落的首行缩进设置为 1 厘米，则_____。 （　　）

    A. 文档中各段落的首行由"首行缩进"确定位置

    B. 该段落的首行起始位置距页面的左边距 1 厘米

    C. 该段落的首行起始位置距段落的"左缩进"位置的右边 1 厘米

    D. 该段落的首行起始位置在段落"左缩进"位置的左边 1 厘米

40. 在 Word 2010 的编辑状态，选择了文档全文，若在"段落"对话框中设置行距为 20 磅的格式，应当选择"行距"列表框中的_____。 （　　）

    A. 单倍行距　　　B. 多倍行距　　　C. 2 倍行距　　　D. 固定值

41. 要设置行距小于标准的单倍行距，需要选择_____再输入磅值。 （　　）

    A. 两倍　　　　　B. 单倍　　　　　C. 固定值　　　　D. 最小值

42. 在 Word 2010 中，文本框_____。 （　　）

    A. 不可与文字叠放

    B. 文字环绕方式多于两种

    C. 随着框内文本内容的增多而增大

    D. 文字环绕方式只有两种

43. 在 Word 2010 编辑状态下，若要更改左、右边界，利用_____方法更直接、快捷。 （　　）

    A "页面布局"→"页面设置"组中的"页边距"按钮

    B. 标尺

    C. "页面设置"对话框

    D. "页面布局"→"稿纸"组中的"稿纸设置"按钮

44. 在 Word 2010 编辑状态中，能设定文档行间距的功能按钮是位于_____中。（ ）

　　A. "开始"选项卡　　　　　　　　　B. "文件"选项卡

　　C. "插入"选项卡　　　　　　　　　D. "页面布局"选项卡

45. Word 2010 给选定的段落、表单元格、图文框添加的背景称为_____。（ ）

　　A. 边框　　　　　B. 底纹　　　　　C. 图文框　　　　　D. 表格

46. 在 Word 2010 编辑状态中，如果要给段落分栏，在选定要分栏的段落后，首先

　　要选择_____选项卡。　　　　　　　　　　　　　　　（ ）

　　A. "开始"　　　　B. "页面布局"　　C. "插入"　　　　D. "视图"

47. 在 Word 中，下述关于分栏操作的说法，正确的是_____。　　　（ ）

　　A. 可以将指定的段落分成指定宽度的两栏

　　B. 任何视图下均可看到分栏效果

　　C. 设置的各栏宽度和间距与页面宽度无关

　　D. 栏与栏之间不可以设置分隔线

48. 在 Word 2010 中编辑文档时，为了使文档更清晰，可以对页眉页脚进行编辑，

　　如输入时间、日期、页码、文字等，但要注意的是页眉页脚只允许在_____中

　　使用。　　　　　　　　　　　　　　　　　　　　　　　（ ）

　　A. 大纲视图　　　B. 页面视图　　　C. 草稿视图　　　D. 以上都不对

49. 在 Word 2010 的_____视图方式下，可以显示分页效果。　　（ ）

　　A. 草稿　　　　　B. 大纲　　　　　C. 页面　　　　　D. 主控文档

50. 在 Word 2010 的编辑状态，设置了标尺，可以同时显示水平标尺和垂直标尺的

　　视图方式是_____。　　　　　　　　　　　　　　　　　（ ）

　　A. 页面方式　　　B. 草稿方式　　　C. 大纲方式　　　D. 全屏显示方式

51. 标尺的度量单位可通过点击"文件→选项→高级→显示"，在弹出的"Word 选

　　项"对话框中选择"显示"组进行设置，系统默认为_____。　　（ ）

　　A. 英寸　　　　　B. 厘米　　　　　C. 米　　　　　　D. 磅

52. 在 Word 2010 中，可以把预先定义好的多种格式的集合全部应用在选定的文字

　　上的特殊文档称为_____。　　　　　　　　　　　　　　（ ）

　　A. 母板　　　　　B. 项目符号　　　C. 样式　　　　　D. 格式

53. Word 2010 中，格式刷的用途是_____。　　　　　　　　　　（ ）

　　A. 选定文字和段落　　　　　　　　B. 抹去不需要的文字和段落

　　C. 复制已选中的字符　　　　　　　D. 复制已选中的字符段落的格式

54. Word 2010 中的"格式刷"可用于复制文本或段落的格式。若要将选中的文本或

　　段落的格式复制多次，应进行的操作是_____。　　　　　　（ ）

　　A. 右击格式刷　　B. 单击格式刷　　C. 双击格式刷　　D. 拖动格式刷

55. 在 Word 2010 中，选择某段文本，单击格式刷进行格式应用时，格式刷可以使

　　用的次数是_____。　　　　　　　　　　　　　　　　　（ ）

　　A. 1　　　　　　　B. 2　　　　　　　C. 有限次　　　　D. 无限次

56. 用户用 Word 2010 编辑文档时，如果希望在"查找"对话框中只需一次输入便能依次查找分散在文档中的"第1题""第2题"……"第20题"，那么在"查找"对话框的"查找内容"文本框中应输入_____。 （ ）

A. 第1题，第2题，……，第9题

B. 第 * 题，同时选择"全字匹配"

C. 第 * 题，同时选择"使用通配符"

D. 第 * 题

57. 在 Word 2010 文档中，通过"查找和替换"对话框查找任意字母，在"查找内容"文本框中使用代码_____表示匹配任意的字母。 （ ）

A. ^# 　　　　　B. ^$ 　　　　　C. ^& 　　　　　D. ^*

58. 在打开的多个 Word 2010 文档间切换，可利用快捷键_____。 （ ）

A. Alt＋Tab 　　　　　　　　B. Shift＋F6

C. Ctrl＋F6 　　　　　　　　D. Ctrl＋Esc

59. Word 2010 默认的图文环绕方式是_____。 （ ）

A. 嵌入型 　　　B. 无 　　　C. 四周型 　　　D. 紧密型

60. 一张完整的图片，只有部分区域能够排开文本，其余部分被文字遮住。这是由于_____。 （ ）

A. 图片是嵌入型 　　　　　　B. 图片是紧密型

C. 图片是四周型 　　　　　　D. 图片进行了环绕顶点的编辑

61. 在 Word 2010 文档中组合多个图形后，这些图形_____。 （ ）

A. 将重叠在一起 　　　　　　B. 可作为一个整体处理

C. 只能作为一个整体处理 　　　D. 不能包括文本框

62. 可以在 Word 2010 表格中填入的信息_____。 （ ）

A. 只限于文字形式 　　　　　　B. 只限于数字形式

C. 只限于文字和数字形式 　　　D. 可以是文字、数字和图形对象等

63. 在 Word 2010 中，若要计算表格中某行数值的总和，可使用的统计函数是_____。 （ ）

A. Sum 　　　B. Total 　　　C. Count 　　　D. Average

64. 在 Word 2010 中可以在文档的每页或一页上打印一图形作为页面背景，这种特殊的文本效果被称为_____。 （ ）

A. 图形 　　　B. 艺术字 　　　C. 插入艺术字 　　　D. 水印

65. 在 Word 2010 表格的编辑中，快速地拆分表格应按_____快捷键。 （ ）

A. Ctrl＋回车键 　　　　　　B. Shift＋回车键

C. Ctrl＋Shift＋回车键 　　　D. Alt＋回车键

66. 在 Word 2010 的编辑状态，关于拆分表格，正确的说法是_____。 （ ）

A. 可以自己设定拆分的行列数 　　　B. 只能将表格拆分为左右两部分

C. 只能将表格拆分为上下两部分 　　　D. 只能将表格拆分为列

67. 在打印预览状态下，若要打印文件，_____。　　　　　　　　　（　　）

    A. 必须退出预览状态后才能打印　　　B. 在打印预览状态也可以直接打印

    C. 在打印预览状态不能打印　　　　　D. 只能在打印预览状态打印

68. 页码 2－5，10，12 表示打印的是_____。　　　　　　　　　　　（　　）

    A. 第 2 页，第 5 页，第 10 页，第 12 页

    B. 第 2 至 5 页，第 10 至 12 页

    C. 第 2 至 5 页，第 10 页，第 12 页

    D. 第 2 页，第 5 页，第 10 至 12 页

标准答案：

1. B；2. B；3. A；4. C；5. B；6. B；7. A；8. B；9. B；10. D；11. B；12. C；13. B；14. B；15. B；
16. D；17. A；18. D；19. B；20. C；21. B；22. D；23. D；24. C；25. C；26. C；27. C；28. B；29. C；
30. D；31. D；32. A；33. C；34. B；35. C；36. D；37. C；38. D；39. D；40. D；41. D；42. C；43. B；
44. A；45. B；46. B；47. A；48. B；49. C；50. A；51. B；52. C；53. D；54. C；55. A；56. C；57. B；
58. C；59. A；60. D；61. B；62. D；63. A；64. D；65. C；66. A；67. B；68. C。

4.3　多选题

1. 关闭 Word 文档可采用_____方法。　　　　　　　　　　　　　　（　　）

    A. 单击"文件"→"关闭"命令项，关闭文档

    B. 单击"文件"→"退出"命令项，关闭文档

    C. 单击"文件"→"保存"命令项，关闭文档

    D. 单击 Word 文档窗口右上角的"关闭窗口"按钮，关闭文档

2. 在 Word 2010 中保存的文件要在装有 Word 2003 的机器上打开，正确的操作是

    _____。　　　　　　　　　　　　　　　　　　　　　　　　（　　）

    A. 双击打开

    B. 将其保存为"Word 97－2003"格式

    C. 无法打开

    D. 在 Word 2003 的机器上安装"Office 文件格式兼容包"软件

3. 在 Word 2010 文档中输入英文，可使用_____方法来实现。　　　　（　　）

    A. 首字母大写其余字母小写

    B. 全部大写或全部小写

    C. 通过选中需要的英文文本，再按"Ctrl＋F3"来实现三种方式的切换

    D. 通过选中需要的英文文本，再按"Shift＋F3"来实现三种方式的切换

4. 在 Word 2010 文档中，可插入_____等对象来丰富文档的内容。　（　　）

    A. 图片　　　　　B. 数学公式　　　　C. 文本框　　　　D. 艺术字

5. 在 Word 2010 文本编辑中，用_____方法移动选定的文本。　　　（　　）

    A. 鼠标拖动该文本块

B. "剪切"和"粘贴"命令

C. Ctrl＋X 组合键和 Ctrl＋V 组合键

D. Ctrl＋C 组合键和 Ctrl＋V 组合键

6. 在 Word 2010 中，段落的对齐方式包括_____等。 （　　　）

    A. 左对齐　　　　　B. 居中对齐　　　　　C. 右对齐　　　　　D. 分散对齐

7. Word 2010 中的缩进包括_____。 （　　　）

    A. 左缩进　　　　　B. 右缩进　　　　　C. 两端缩进　　　　D. 首行缩进

8. 下列视图模式中，属于 Word 2010 的视图模式有_____。 （　　　）

    A. 页面视图　　　　B. 打印视图　　　　C. 阅读版式视图　　D. 草稿视图

9. 以下关于 Word 2010 的"格式刷"功能，说法正确的有_____。 （　　　）

    A. 单击格式刷，可以进行一次格式复制

    B. 双击格式刷，可以进行多次格式复制

    C. 格式刷只能复制字符格式

    D. 可以使用快捷键：Ctrl＋Shift＋C

10. 关于 Word 2010 的表格的"标题行重复"功能，说法正确的是_____。 （　　　）

    A. 属于"表格工具"选项卡下的命令

    B. 属于"表格"菜单的命令

    C. 能将表格的第一行即标题行在各页顶端重复显示

    D. 当表格标题行重复后，修改其他页面表格第一行，其标题行也随之修改

11. 在 Word 2010 文档中插入一个分页符的方法有_____。 （　　　）

    A. Ctrl＋Enter

    B. 执行"插入"标签下，"页"功能区中的"分页"命令按钮

    C. 执行"插入"标签下，"符号"功能区中的"分隔符"命令

    D. 执行"页面布局"标签下，"页面设置"功能区中的"分隔符"命令

12. Word 文档中可设置制表位实现按列对齐数据。如下制表符中_____是 Word 提供的制表符。 （　　　）

    A. 两端对齐　　　　B. 右对齐　　　　　C. 居中对齐　　　　D. 小数点对齐

13. 在 Word 2010 中，分隔符种类有_____。 （　　　）

    A. 分页符　　　　　B. 分栏符　　　　　C. 分节符　　　　　D. 分章符

14. 在 Word 2010"文件"→"打印"→"设置"选区中可指定要打印的范围，这些范围包括_____。 （　　　）

    A. 打印整篇文档　　　　　　　　　B. 打印光标所在的页

    C. 打印需要的页码范围　　　　　　D. 打印选定的内容

标准答案：

1. AD；2. BD；3. ABD；4. ABCD；5. ABC；6. ABCD；7. ABD；8. ACD；93. ABD；10. AC；11. AD；12. BCD；13. ABC；14. ABCD。

4.4 填空题

1. Word 2010 是美国_____公司推出的办公应用软件的套件之一。

2. 假设已打开 A.docx 文档，编辑修改之后，若要以 B.docx 保存且不覆盖 A.docx 文档，应当选择"文件"按钮中的_____命令。

3. Word 2010 中，如果要对文档内容（包括图形）进行编辑，都要先选中_____。

4. Word 2010，"字体"功能区上标有"B"字母按钮的作用是使选定对象_____。

5. Word 2010 中，功能区上标有"U"图形按钮的作用是使选定对象_____。

6. 编辑 Word 文档时，当前光标所在位置前面的字符是隶书，后面的字符是楷体，若在光标处输入文字，其字体为_____。

7. Word 2010 文档编辑中，能删除插入点前字符的按键是_____键。

8. Word 2010 文档编辑中，要删除插入点右边的字符，应该按_____键。

9. 在 Word 2010 中，将鼠标光标定位在要输入内容的单元格即可输入内容，完成该单元格的输入后按_____键将鼠标光标移至下一个单元格中继续输入。

10. 在 Word 2010 中，如果键入的字符替换或覆盖插入点后的字符，这种方式叫_____。

11. Word 2010 中，文档中两行之间的间隔叫_____。

12. Word 2010 中，打开"段落"对话框的方式是单击"段落"选项组的_____按钮。

13. Word 2010 中，如果要选定较长的文档内容，可先将光标定位于其起始位置，再按住_____键，单击其结束位置即可。

14. 在拖放对象时按下_____键则执行复制操作。

15. 在 Word 2010 中，拆分单元格是指将一个单元格拆分成_____。

16. 在 Word 2010 表格中，_____个单元格可以合并成一个单元格。

17. Word 2010 中，给选定的段落、表单元格、图文框及图形_____添加的线条称为边框。

18. Word 2010 提供了五种视图方式，在_____方式下可以显示水平标尺和垂直标尺。

19. Word 2010 中的_____视图取消了页边距、页眉和页脚、图片和背景等元素，仅显示标题和正文。

20. 在 Word 2010 中，若要退出阅读版式视图方式，应当按键盘上的_____键。

21. 为方便用户编辑和管理一些多章节文档，Word 2010 提供了_____功能。用户在大纲视图下完成文档提纲的编辑后，Word 会自动生成索引和目录。

22. 在 Word 2010 中，当创建表格后，只要选中表格或将鼠标光标定位在表格内，即会增加"设计"和_____两个选项卡。

23. Word 2010 提供了多种表格样式，用户可以套用表格样式对表格进行排版。操作方法是单击表格的任何位置，使用"_____"选项卡中的工具选择所需的表格样式。

24. 在 Word 2010 中，用户可以根据需要选择"_____"选项卡表格功能区中的相关命令实现将所选文本转换成所需的表格。

25. 在 Word 2010 中，拆分表格是指将一个表格拆分成_____。

26. 如果要在 Word 2010 文档中添加水印效果，需使用_____选项卡中的"水印"命令。

27. 在 Word 2010 中将页面正文的底部页面空白称为_____。

28. 在 Word 2010 中将页面正文的顶部空白部分称为_____。

29. Word 2010 中同一个页面上的段落采用不同的分栏方式，必须插入_____才能实现。

30. 使用 Word 2010 提供的_____功能可以快捷地制作出大量的商务信函，并且将客户的信息保存创建数据源，以便今后重复使用。

31. 在 Word 2010 中的邮件合并，除需要主文档外，还需要已制作好的_____支持。

32. 在 Word 2010 中，要统计文档字数，需要使用的选项卡是_____。

33. 使用"开始"选项卡中的_____命令，可以将 Word 文档中的一个关键词改变为另一个关键词。

34. 在 Word 2010 文档中，要截取计算机屏幕的内容，可以利用 Word 2010 提供的_____功能。

35. 在 Word 2010 的"日期和时间"对话框中，如果选中"_____"复选框，则插入的时间可以自动更新。

36. 在 Word 2010 中为了能在打印之前看到打印后的效果，以节省纸张和重复打印花费的时间，一般可采用_____的方法。

标准答案：

1. 微软；2. 另存为；3. 操作对象；4. 变为粗体；5. 加下划线；6. 隶书；7. Backspace；8. Delete；9. Tab；10. 改写方式；11. 行距；12. 对话框启动器；13. Shift；14. Ctrl；15. 多个单元格；16. 多；17. 四周；18. 页面视图；19. 草稿；20. Esc；21. 索引和目录；22. 布局；23. 设计；24. 插入；25. 两个表格；26. 页面布局；27. 页脚；28. 页眉；29. 分页符；30. 邮件合并；31. 数据源；32. 审阅；33. 替换；34. 屏幕截图；35. 自动更新；36. 打印预览。

第 5 章　Excel 2010 电子表格

5.1　是非题

1. Microsoft Office Excel 2010 是 Microsoft 公司推出的 Office 系列办公软件中的电子表格处理软件，是办公自动化集成软件包的重要组成部分。（　　）

2. Excel 2010 中用于储存数据的文件就是工作簿，其扩展名为 .docx。（　　）

3. "编辑栏"位于功能区下方，主要包括：名称框、编辑按钮、编辑框，具有显示或编辑单元格名称框、插入函数两个功能。（　　）

4. 启动 Excel 2010 程序后，会自动创建文件名为"文档 1"的 Excel 工作簿。

（　　）

5. 启动 Excel 2010 程序后，会自动创建文件名为"工作簿 1"的 Excel 工作簿。

（　　）

6. 工作表是指在 Excel 2010 环境中用来存储和处理工作数据的文件。（　　）

7. Excel 2010 工作簿是 Excel 用来计算和存储数据的文件。（　　）

8. Excel 2010 工作簿的扩展名是". xlsx"。（　　）

9. Excel 2010 提供了"自动保存功能"，所以人们在进行退出 Excel 2010 应用程序的操作时，工作簿会自动被保存。（　　）

10. 在 Excel 2010 中打开工作簿，实际上就是把工作簿调入内存的过程。（　　）

11. 打开工作簿，对工作簿中的数据进行修改就是改写磁盘数据。（　　）

12. 一个工作簿中，包括多个工作表，在保存工作簿文件时，只保存有数据的工作表。（　　）

13. Excel 2010 中处理并存储数据的基本工作单位称为单元格。（　　）

14. 正在编辑的单元格称为活动单元格。（　　）

15. 打开某工作簿，进行编辑操作后，单击快速访问工具栏上的"保存"按钮，会弹出"另存为"对话框。（　　）

16. 编辑栏用于编辑当前单元格的内容。如果该单元格中含有公式，则公式的运算结果会显示在单元格中，公式本身会显示在编辑栏中。（　　）

17. 工作表标签栏位于工作簿窗口的左上端，用于显示工作表名。（　　）

18. 双击需要重命名的工作表标签，然后输入新的工作表名称，按 Esc 键确认。

（　　）

19. 给工作表重命名的操作是：单击"文件"选项卡的"另存为"项。（　　）

20. 单击"开始"选项卡上的"单元格"组中的"格式"按钮，在展开的列表中选择"隐藏或取消隐藏"项，可以删除当前工作表。　　　　　　　　　　　　（　　　）

21. 在 Excel 2010 工作簿中，只能对活动工作表（当前工作表）中的数据进行操作。
　　　　　　　　　　　　　　　　　　　　　　　　　　　　　　　（　　　）

22. 要选定单个工作表，只需单击相应的工作表标签。　　　　　　　（　　　）

23. Excel 2010 工作簿由多个工作表组成，每个工作表是独立的表对象，所以不能同时对多个工作表进行操作。　　　　　　　　　　　　　　　　　（　　　）

24. Excel 2010 在建立一个新的工作簿时，其中所有的工作表都以 Book1、Book2、……命名。　　　　　　　　　　　　　　　　　　　　　　　　　（　　　）

25. Excel 2010 中选择两个不相邻的区域的一种方法是：先选择一个区域，再按住 Shift 键选择另一个区域。　　　　　　　　　　　　　　　　　　　（　　　）

26. 对工作表执行隐藏操作，工作表中的数据会被删除。　　　　　　（　　　）

27. 工作表中行与列的交汇处称为单元格。每个单元格都有一个唯一的单元格地址来标识。　　　　　　　　　　　　　　　　　　　　　　　　　　　（　　　）

28. 在 Excel 2010 工作表中，若要隐藏列，则必须选定该列相邻右侧一列，单击"开始"选项卡，选择"格式""列""隐藏"即可。　　　　　　　　　　　（　　　）

29. 在工作表中进行插入一空白行或列的操作，行会插在当前行的上方，列会插在当前列的右侧。　　　　　　　　　　　　　　　　　　　　　　　（　　　）

30. 输入字符型数据时默认的对齐方式为右对齐，字符型数据包括汉字、字母、数字和其它符号序列，一个单元格允许容纳长达 32000 个字符的文本。　　　（　　　）

31. 按"Ctrl＋;"输入当天日期，按"Ctrl＋Shift＋;"输入当前时间。（　　　）

32. 填充柄是 Excel 2010 中非常实用的一个工具。"填充柄"是指选定单元格或选定区域的周围黑色线框右下角断开的一个黑色小方块。　　　　　　　　（　　　）

33. 自动填充只能填充 Excel 2010 自带的数据序列，例如："一月，二月，……，十二月"、"星期一、星期二，……，星期日"等等。　　　　　　　　　（　　　）

34. 在向 Excel 2010 工作表的单元格中输入数据前，可以设置输入数据的有效性，以防止输入不合法的数据。　　　　　　　　　　　　　　　　　　　（　　　）

35. 已在某工作表的 A1、B1 单元格分别输入了星期一、星期三，并且已将这两个单元格选定了，现将 B1 单元格右下角的填充柄向右拖动，在 C1、D1、E1 单元格显示的数据会是：星期四、星期五、星期六。　　　　　　　　　　　　　（　　　）

36. 在单元格中输入数字时，Excel 2010 自动将它沿单元格左边对齐。（　　　）

37. 在单元格中输入文本时，Excel 2010 自动将它沿单元格右边对齐。（　　　）

38. 在单元格中输入 1/2，按 Enter 键结束输入，单元格显示 0.5。　（　　　）

39. 在单元格中输入 2010/11/29，默认情况会显示 2010 年 11 月 29 日。（　　　）

40. 在单元格中输入 010051，默认情况会显示 10051。　　　　　　　（　　　）

41. 在单元格中输入 150102 * * * * * * * * * * * *，默认情况会显示 1.50102E＋17。　　　　　　　　　　　　　　　　　　　　　　　　　（　　　）

42. 如果要输入分数(如3又4分之1),要输入"3"及一个空格,然后输入"1/4"。
（　　）

43. 在默认的单元格格式下,可以完成邮政编码(例如010051)的输入。　（　　）

44. Excel 2010中,如果某单元格显示为若干个"＃"号(如＃＃＃＃＃＃＃),这表示数据错误。　（　　）

45. 在Excel 2010中,输入数字作为文本使用时,需要输入的先导字符是逗号。
（　　）

46. 单击选定单元格后输入新内容,则原内容将被覆盖。　（　　）

47. 在选定区域的右下角有一个小黑方块,称之为"填充柄"。　（　　）

48. 用户可以预先设置某单元格中允许输入的数据类型,以及输入数据的有效范围。
（　　）

49. 如果用户希望对Excel 2010数据的修改,用户可以在Word中修改。　（　　）

50. 移动Excel 2010中数据也可以像在Word中一样,将鼠标指针放在选定的内容上拖动即可。　（　　）

51. 在Excel 2010中按Ctrl+Enter组合键能在所选的多个单元格中输入相同的数据。　（　　）

52. 若要对单元格的内容进行编辑,可以单击要编辑的单元格,该单元格的内容将显示在编辑栏中,用鼠标单击编辑栏,即可在编辑栏中编辑该单元格中的内容。
（　　）

53. 复制或移动操作,都会将目标位置单元格区域中的内容替换为新的内容。
（　　）

54. 复制或移动操作,会将目标位置单元格区域中的内容向左或者向上移动,然后将新的内容插入到目标位置的单元格区域。　（　　）

55. 按Delete键将选定的内容连同单元格从工作表中删除。　（　　）

56. 修改单元格中的数据时,不能在编辑栏中修改。　（　　）

57. Excel 2010为用户提供了自动套用格式、条件格式等特殊的格式化工具,使用它们可以快速地对工作表进行格式化,从而实现快速美化表格外观的目的。　（　　）

58. 在Excel 2010中自动分页符是无法删除的,但可以改变位置。　（　　）

59. Excel 2010可按需要改变单元格的高度和宽度。　（　　）

60. 相对引用地址的表示方法是在行号和列号之前都加上一个符号"$",例如$E$3。　（　　）

61. 公式是在工作表中对数据进行分析的等式。输入公式时必须以"="开头。
（　　）

62. 绝对引用在公式移动或复制时,会根据引用单元格的相对位置而变化。（　　）

63. 在Excel 2010中,绝对地址不随复制或填充的目的单元格的变化而变化。
（　　）

64. 在Excel 2010中,单元格中只能显示公式计算结果,而不能显示输入的公式。
（　　）

65. 在 Excel 2010 中，同一张工作簿不能引用其它工作表。　　　　　（　　）

66. 单元格引用位置是基于工作表中的行号和列号，例如位于第一行、第一列的单元格引用是 A1。　　　　　（　　）

67. 在 Excel 2010 中，使用文本运算符"＋"将一个或多个文本连接成为一个组合文本。　　　　　（　　）

68. 比较运算符可以比较两个数值并产生逻辑值 TRUE 或 FALSE。　　（　　）

69. 比较运算符只能比较两个数值型数据。　　　　　（　　）

70. 输入公式时，所有的运算符必须是英文半角。　　　　　（　　）

71. 复制公式时，如果公式中的单元格引用使用的是相对引用，公式中的单元格地址会随着目标单元格的位置而相对改变。　　　　　（　　）

72. 在公式中输入"＝$C3＋$D4"表示对 C3 和 D4 的行、列地址绝对引用。
　　　　　（　　）

73. 在公式中输入"＝$C3＋$D4"表示对 C3 和 D4 的行地址绝对引用，列地址相对引用。　　　　　（　　）

74. 在公式中输入"＝$C3＋$D4"表示对 C3 和 D4 的列地址绝对引用，行地址相对引用。　　　　　（　　）

75. 要对 A1 单元格进行相对地址引用，形式为：A1。　　（　　）

76. 在 sheet1 工作表中引用 sheet2 中 A1 单元格的内容，引用格式为 sheet2.A1。
　　　　　（　　）

77. 当 Excel 2010 单元格内的公式中有 0 做除数时，会显示错误值"＃DIV/0！"。
　　　　　（　　）

78. 在 G2 单元格中输入公式"＝E2＊F2"，复制公式到 G3、G4 单元格，G3、G4 单元格中的公式分别是："＝E3＊F3"和"＝E4＊F4"。　　（　　）

79. 绝对引用表示某一单元格在工作表中的绝对位置。绝对引用要在行号和列标前加一个 $ 符号。　　　　　（　　）

80. 在 Excel 2010 中，公式都是以"＝"开始的，后面由操作数和单元格构成。
　　　　　（　　）

81. 在单元格中输入公式的步骤是：①选定要输入公式的单元格；②输入一个等号（＝）；③输入公式的内容；④按回车键。　　　　　（　　）

82. 在 Excel 2010 中求一组数值的平均值，函数为 SUM。　　（　　）

83. 在 Excel 2010 中编辑栏中的符号"对号"表示确认输入。　　（　　）

84. 在 Excel 2010 中 Rank 是排名函数。　　　　　（　　）

85. 函数是 Excel 2010 预先定义好的具有特殊功能的内置公式。函数处理数据的方式和公式的处理方式是相似的。　　　　　（　　）

86. Excel 2010 中，可以用于计算最大值的函数是 Average。　　（　　）

87. 编辑图表时，删除某一数据系列，工作表中数据也同时被删除。　（　　）

88. 在 Excel 2010 中，可以将表格中的数据显示成图表的形式。　（　　）

89. 创建图表后，当工作表中的数据发生变化，图表中对应数据会自动更新。

（　　　）

90. Excel 2010 提供了 11 种标准图表类型，每一种图表类型又分为多个子类型，用户可以根据不同需要，选择不同的图表类型来直观地描述数据。 （　　　）

91. Excel 2010 提供了多种内部图表类型，每种类型又有多种子类型，并且还有自定义图表类型，常用的图表有柱形图、饼图、圆环图、折线图等。 （　　　）

92. 批注是附加在单元格中，与单元格的其他内容分开的注释。 （　　　）

93. 在 Excel 2010 中，对数据列表进行分类汇总以前，必须先对作为分类依据的字段进行排序操作。 （　　　）

94. Excel 2010 允许用户根据自己的习惯自己定义排序的次序。 （　　　）

95. Excel 2010 中不可以对数据进行排序。 （　　　）

96. 使用"筛选"功能对数据进行自动筛选时必须要先进行排序。 （　　　）

97. Excel 2010 不能对字符型的数据排序。 （　　　）

98. Excel 2010 的分类汇总只具有求和计算功能。 （　　　）

99. 在 Excel 2010 中，可以按照自定义的序列进行排序。 （　　　）

100. "筛选"是在工作表中显示符合条件的记录，而不满足条件的记录将删除。

（　　　）

101. 分类汇总一次只能对一个字段进行分类，一次也只能选择一种汇总方式，但是，一次可以选择多项汇总项。 （　　　）

102. 数据透视表创建后，可进行各种编辑修改，如修改页面布局、数据或显示方式等，数据透视表的编辑功能可以通过"数据透视表"工具栏轻松完成。 （　　　）

103. Excel 2010 工作表中单元格的灰色网格打印时不会被打印出来。 （　　　）

104. 如果某工作表中的数据有多页，在打印时不能只打其中的一页。 （　　　）

标准答案：

1. A；2. B；3. B；4. B；5. A；6. B；7. A；8. A；9. B；10. A；11. B；12. B；13. A；14. A；15. B；
16. A；17. B；18. B；19. B；20. B；21. A；22. A；23. B；24. B；25. A；26. B；27. A；28. B；29. B；
30. B；31. A；32. A；33. B；34. A；35. B；36. B；37. B；38. A；39. B；40. A；41. A；42. A；43. B；
44. B；45. B；46. A；47. A；48. A；49. B；50. A；51. A；52. A；53. A；54. B；55. B；56. B；57. A；
58. A；59. A；60. B；61. A；62. B；63. A；64. B；65. B；66. A；67. B；68. A；69. B；70. A；71. A；
72. B；73. B；74. A；75. B；76. B；77. A；78. A；79. A；80. B；81. A；82. B；83. A；84. A；85. A；
86. A；87. B；88. A；89. A；90. A；91. A；92. A；93. A；94. A；95. B；96. B；97. B；98. B；99. A；
100. B；101. A；102. A；103. A；104. B。

5.2 单选题

1. Office 办公软件，是哪一个公司开发的软件？ _____ （　　　）

    A. WPS   B. Microsoft   C. Adobe   D. IBM

2. Excel 2010 是在_____环境下运行的。 （　　）

    A. DOS   B. UCDOS   C. Linux   D. Windows

3. 在 Excel 2010 用户界面的窗口中，_____是 Word 2010 窗口所没有的。（　　）

    A. 标题栏   B. 编辑栏   C. 功能区   D. 状态栏

4. 一个 Excel 2010 工作簿文件的默认扩展名是_____。 （　　）

    A. XCL   B. XLSX   C. WK1   D. DOC

5. 下面_____文件格式不能被"Excel 2010"打开。 （　　）

    A. ＊.html   B. ＊.wav   C. ＊.xlsx   D. ＊.xls

6. "编辑栏"最左边的"名称框"中，显示的是活动单元格的_____。 （　　）

    A. 内容   B. 地址或名字   C. 内容的值   D. 位置

7. 在 Excel 2010 环境中，用来储存并处理工作表数据的文件称为_____。 （　　）

    A. 工作区   B. 单元格   C. 工作簿   D. 工作表

8. 下列哪项不是关闭 Excel 2010 工作簿的方法？_____ （　　）

    A. 双击窗口控制菜单图标   B. 选择"文件"选项卡的"关闭"命令

    C. 使用组合键"Alt＋F4"   D. Esc

9. 在 Excel 2010 中，编辑栏中的"×"的功能相当于下列_____键。 （　　）

    A. Alt   B. Shift   C. Ctrl   D. Esc

10. 下列不属于 Excel 2010 选项卡的是_____。 （　　）

    A. 页面布局   B. 编辑   C. 公式   D. 视图

11. 编辑栏是由_____组成的。 （　　）

    A. 工具栏、操作按钮和名称框   B. 标题栏、操作按钮和名称框

    C. 名称框、操作按钮和编辑框   D. 工具栏、操作按钮和公式框

12. Excel 2010 中的电子工作表具有_____。 （　　）

    A. 一维结构   B. 二维结构   C. 三维结构   D. 树结构

13. 用来给工作表中的行号进行编号的是_____。 （　　）

    A. 数字   B. 字母

    C. 数字与字母混合   D. 字母或数字

14. 在 Excel 2010 的主界面中，不包含的选项卡是_____。 （　　）

    A. 开始   B. 函数   C. 插入   D. 公式

15. 下面有关 Excel 2010 工作表、工作簿的说法中，正确的是_____。 （　　）

    A. 一个工作簿可包含多个工作表，缺省工作表名为 Sheet1/Sheet2/Sheet3。

    B. 一个工作簿可包含多个工作表，缺省工作表名为 Book1/Book2/Book3。

    C. 一个工作表可包含多个工作簿，缺省工作表名为 Sheet1/Sheet2/Sheet3。

    D. 一个工作表可包含多个工作簿，缺省工作表名为 Book1/Book2/Book3。

16. 关于 Excel 2010 文件保存，哪种说法错误？_____ （　　）

    A. Excel 2010 文件可以保存为多种类型的文件

    B. 高版本的 Excel 2010 的工作簿不能保存为低版本的工作簿

C. 高版本的 Excel 2010 的工作簿可以打开低版本的工作簿

D. 要将本工作簿保存在其他位置，不能选"保存"，要选"另存为"

17. 在工作表中，第 28 列的列标表示为_____。 （ ）

　　A. AA　　　　　B. AB　　　　　C. AC　　　　　D. AD

18. 在 Excel 2010 中，工作簿的基本组成元素是_____。 （ ）

　　A. 单元格　　　　　　　　　B. 文字

　　C. 工作表　　　　　　　　　D. 单元格区域

19. 在 Excel 2010 工作表左上角，列标与行号交叉处的按钮，它的作用是_____。

（ ）

　　A. 选中行号　　　　　　　　B. 选中列号

　　C. 选中整个工作表　　　　　D. 无任何作用

20. 若要重新对工作表命名，可以使用的方法是_____。 （ ）

　　A. 单击表标签　　　　　　　B. 使用窗口左下角的滚动按钮

　　C. F5　　　　　　　　　　　D. 双击表标签

21. 在 Excel 2010 中，右击一个工作表的标签不能够进行_____。 （ ）

　　A. 插入一个工作表　　　　　B. 删除一个工作表

　　C. 重命名一个工作表　　　　D. 打印一个工作表

22. 在 Excel 2010 中，若需要删除一个工作表，则应右键单击它的表标签，从所弹
出的菜单列表中选择_____。 （ ）

　　A."重命名"菜单项　　　　　B."插入"菜单项

　　C."删除"菜单项　　　　　　D."工作表标签颜色"菜单项

23. Excel 2010 中，使用"重命名"命令后，则下面说法正确的是_____。 （ ）

　　A. 只改变工作表的名称　　　B. 只改变它的内容

　　C. 既改变名称又改变内容　　D. 既不改变名称又不改变内容

24. 在"编辑"菜单的"移动与复制工作表"对话框中，若将 Sheet1 工作表移动到
Sheet2 之后、Sheet3 之前，则应选择_____。 （ ）

　　A. Sheet1　　　B. Sheet2　　　C. Sheet3　　　D. Sheet4

25. Excel 2010 中，当单元格被选中成为活动单元格后，用_____表示。 （ ）

　　A. 四周有一虚框　　　　　　B. 四周有一黑框

　　C. 四周有波纹框　　　　　　D. 四周有双线框

26. 在 Excel 2010 中，先选定 3、4 两行，然后进行插入行操作，下面表述正确的
是_____。 （ ）

　　A. 在行号 2 和 3 之间插入两个空行　B. 在行号 3 和 4 之间插入两个空行

　　C. 在行号 4 和 5 之间插入两个空行　D. 在行号 3 和 4 之间插入一个空行

27. 在 Excel 2010 中选不连续的单元格区域时，需按住_____键，再用鼠标配合。

（ ）

　　A. Alt　　　　　B. Ctrl　　　　　C. Shift　　　　　D. Enter

28. Excel 2010 的每个工作表中，最小操作单元是_____。 （　　）

    A. 单元格　　　　B. 一行　　　　　　C. 一列　　　　　　D. 一张表

29. 在具有常规格式的单元格中输入数值后，其显示方式是_____。 （　　）

    A. 左对齐　　　　B. 右对齐　　　　　C. 居中　　　　　　D. 随机

30. 在具有常规格式的单元格中输入文本后，其显示方式是_____。 （　　）

    A. 左对齐　　　　B. 右对齐　　　　　C. 居中　　　　　　D. 随机

31. 在 Excel 2010 中，从工作表中删除所选定的一列，则需要使用"开始"选项卡中的_____。 （　　）

    A."删除"按钮　　B."清除"按钮　　C."剪切"按钮　　D."复制"按钮

32. 在 Excel 2010 的工作表中，_____。 （　　）

    A. 行和列都不可以被隐藏　　　　B. 只能隐藏行

    C. 只能隐藏列　　　　　　　　　D. 行和列都可以被隐藏

33. 在 Excel 2010 中，若要选择一个工作表的所有单元格，则应单击_____。

    （　　）

    A. 表标签　　　　　　　　　　　B. 列标行与行号列相交的单元格

    C. 左下角单元格　　　　　　　　D. 右上角单元格

34. Excel 2010 中，选定多个不连续的行所用的键是_____。 （　　）

    A. Shift　　　　　B. Ctrl　　　　　　C. Alt　　　　　　D. Shift+Ctrl

35. Excel 2010 中，若在工作表中插入一列，则一般插在当前列的_____。（　　）

    A. 左侧　　　　　　B. 上方　　　　　　C. 右侧　　　　　　D. 下方

36. 在 Excel 2010 中，如果要改变行与行、列与列之间的顺序，应按住_____键不放，结合鼠标进行拖动。 （　　）

    A. Ctrl　　　　　　B. Shift　　　　　　C. Alt　　　　　　D. 空格

37. Excel 2010 单元格中，手动换行的方法是_____。 （　　）

    A. Ctrl+Enter　　B. Alt+Enter　　　C. Shift+Enter　　D. Ctrl+Shift

38. 在单元格中输入数字字符串 100081（邮政编码）时，应输入_____。（　　）

    A. 100081'　　　　B. "100081"　　　　C. '100081　　　　D. 100081

39. 在 Excel 2010 的单元格内输入日期时，年、月、日之间的分隔符是_____（不包括引号）。 （　　）

    A."/"或"－"　　B."/"或"＼"　　C."."或"｜"　　D."＼"或"－"

40. 在 A1 单元格内输入"一月"，然后拖动该单元格填充柄至 A2 处，则 A2 单元格中的内容是_____。 （　　）

    A. 一月　　　　　　B. 二月　　　　　　C. 空　　　　　　　D. 一

41. Excel 2010 中，前两个相邻的单元格内容分别为 3 和 6，使用填充柄进行填充，则后续序列为_____。 （　　）

    A. 9，12，15，18，…　　　　　B. 12，24，48，96，…

    C. 9，16，25，36，…　　　　　D. 不能确定

42. Excel 2010中，如果某单元格显示为若干个"♯"号（如♯♯♯♯♯♯♯），这表示_____。 （ ）

    A. 公式错误　　　B. 数据错误　　　C. 行高不够　　　D. 列宽不够

43. Excel 2010中，如果某单元格显示为♯VALUE! 或♯DIV/0!，这表示_____。

    （ ）

    A. 公式中引用的数据有错　　　　　B. 公式中引用的数据的格式有错

    C. 行高不够放不下数据　　　　　　D. 列宽不够放不下数据

44. 在 Excel 2010 中，下面的输入能直接显示产生1/5数据的输入方法是_____。

    （ ）

    A. 0.2　　　　　B. 1/5　　　　　C. 0 1/5　　　　　D. 2/10

45. 在 Excel 2010 工作表中，若要输入当天日期，可以通过下列_____组合键快速完成。 （ ）

    A. Ctrl＋Shift＋；　　　　　　　B. Ctrl＋A

    C. Ctrl＋Shift＋A　　　　　　　D. Ctrl＋；

46. 在 Excel 2010 的一个工作表上的某一个单元格中，若要输入计算公式2008－4－5，则正确的输入为_____。 （ ）

    A. 2008－4－5　　B. ＝2008－4－5　　C. '2008－4－5　　D. "2008－4－5"

47. 在单元格输入下列哪个值，该单元格显示 0.3? _____。 （ ）

    A. 6/20　　　　　B. ＝6/20　　　　　C. 6/20　　　　　D. ＝"6/20"

48. 在 Excel 2010 中，输入数字作为文本使用时，需要输入的先导字符是_____。

    （ ）

    A. 逗号　　　　　B. 分号　　　　　C. 单引号　　　　　D. 双引号

49. Excel 2010 中向单元格输入3/5，Excel 2010 会认为是_____。 （ ）

    A. 分数3/5　　　B. 日期3月5日　　　C. 小数3.5　　　D. 错误数据

50. 如果 Excel 2010 某单元格显示为♯DIV/0!，这表示_____。 （ ）

    A. 除数为零　　　B. 格式错误　　　C. 行高不够　　　D. 列宽不够

51. 以下填充方式不是属于 Excel 2010 的填充方式的是_____。 （ ）

    A. 等差填充　　　B. 等比填充　　　C. 序列填充　　　D. 日期填充

52. 在 Excel 2010 中，在一个单元格中输入数据为1.678E＋05，它与_____相等。

    （ ）

    A. 1.67805　　　B. 1.6785　　　C. 6.678　　　D. 167800

53. Excel 2010 中，若查找内容为"e? c＊"，则不能查到的单词为_____。 （ ）

    A. Excel　　　　B. Excellent　　　C. education　　　D. etc

54. 在 Excel 2010 中，按下 Delete 键将清除被选区域中所有单元格的_____。

    （ ）

    A. 内容　　　　　B. 格式　　　　　C. 批注　　　　　D. 所有信息

55. 在 Excel 2010 的电子工作表中，若要清除所选区域内的信息时，则需要使用

"开始"选项卡中的_____。 （ ）

    A. "删除"按钮   B. "清除"按钮

    C. "剪切"按钮   D. "复制"按钮

56. 在 Excel 2010 中，如果只需要删除所选区域的内容，则应执行的操作是_____。

                                                               （ ）

    A. "清除"→"清除批注"   B. "清除"→"全部清除"

    C. "清除"→"清除内容"   D. "清除"→"清除格式"

57. 在 Excel 2010 中，利用"查找和替换"对话框_____。 （ ）

    A. 只能做替换   B. 只能做查找

    C. 既能做查找又能做替换   D. 只能做一次查找或替换

58. 若 Al 内容是"中国好"，B1 内容是"中国好大"，C1 内容是"中国好大一个国家"下面关于查找的说法，正确的是_____。 （ ）

    A. 查找"中国好"，三个单元格都可能找到

    B. 查找"中国好"，只找到 A1 单元格

    C. 只有查找"中国好 *"，才能找到三个单元格

    D. 查找"中国好"，后面加了一个空格，才表示只查三个字，后面没内容了，可以只找到 A1 单元格

59. 在 Excel 2010 中，文本数据在单元格中的默认对齐方式是_____。 （ ）

    A. 左对齐   B. 居中对齐   C. 右对齐   D. 上对齐

60. 要将单元格中的数值型数据改变为字符型数据，可使用"单元格格式"对话框中的_____选项卡来完成。 （ ）

    A. 对齐   B. 文本   C. 数字   D. 字体

61. 如果给某单元格设置的小数位数为 2，则输入 12345 时显示_____。 （ ）

    A. 1234500   B. 123.45   C. 12345   D. 12345.00

62. 下列对齐方式中，_____不是单元格中文本的垂直对齐方式。 （ ）

    A. 靠上   B. 居中   C. 分散   D. 跨列居中

63. 下面哪种操作可能破坏单元格数据有效性？_____ （ ）

    A. 在该单元格中输入无效数据

    B. 在该单元格中输入公式

    C. 复制别的单元格内容到该单元格

    D. 该单元格本有公式引用别的单元格，别的单元格数据变化后引起有效性被破坏

64. 如果要打印行号和列标，应该通过"页面设置"对话框中的哪一个选项卡进行设置？_____ （ ）

    A. 页面   B. 页边距   C. 页眉/页脚   D. 工作表

65. 假设有一个包含计算预期销售量与实际销售量差异的公式的单元格，如果要在实际销售量超过预期销售量时给该单元格加上绿色背景色，在实际销售量没有

达到预期销售量时给该单元格加上红色背景色，这时可以应用_____。（　　）

A. 单元格格式 　　　　　　　　B. 条件格式

C. IF 函数 　　　　　　　　　　D. IF…THEN 语句

66. 在 Excel 2010 中制作的表格出现了分页，要使表格的标题行在各页表头都出现，必须_____。（　　）。

A. 在"页面设置"对话框的"工作表"选项卡中设置相应属性

B. 选择"表格"菜单中的"标题行重复"命令

C. 使用"工具"菜单中的"单变量求解"命令

D. 使用"格式"菜单中的"自动套用格式"命令

67. Excel 2010 中，添加边框、颜色操作要进入哪个选项？_____（　　）

A. 文件 　　　　B. 视图 　　　　C. 开始 　　　　D. 审阅

68. 在 Excel 2010 中，如何插入人工分页符？（　　）

A. 单击"开始"选项，选择"分隔符"/"分页符"/"确定"

B. 单击"页面布局"选项，选择"分隔符"/"分页符"/"确定"

C. Alt＋Enter

D. Shift＋Enter

69. 在 Excel 2010 的页面设置中，不能够设置_____。（　　）

A. 页面 　　　　B. 每页字数 　　　　C. 页边距 　　　　D. 页眉/页脚

70. 对工作表中所选择的区域不能够进行操作的是_____。（　　）

A. 调整行高尺寸 　　　　　　　　B. 调整列宽尺寸

C. 修改条件格式 　　　　　　　　D. 保存文档

71. 在 Excel 2010 中，"页眉/页脚"的设置属于_____。（　　）

A. "单元格格式"对话框 　　　　　B. "打印"对话框

C. "插入函数"对话框 　　　　　　D. "页面设置"对话框

72. 工作表中每个单元格的默认格式为_____。（　　）

A. 数字 　　　　B. 文本 　　　　C. 日期 　　　　D. 常规

73. 在 Excel 2010 中，日期数据的类型属于_____。（　　）

A. 数字型 　　　　B. 文字型 　　　　C. 逻辑型 　　　　D. 时间型

74. Excel 2010 中，下面哪一个选项不属于"单元格格式"对话框中"数字"选项卡中的内容？_____

A. 字体 　　　　B. 货币 　　　　C. 日期 　　　　D. 自定义

75. 如果想插入一条水平分页符，活动单元格应_____。（　　）

A. 放在任何区域均可 　　　　　　B. 放在第一行 A1 单元格除外

C. 放在第一列 A1 单元格除外 　　D. 无法插入

76. 有关 Excel 2010 打印，以下说法错误的是_____。（　　）

A. 可以打印表格 　　　　　　　　B. 可以打印图表

C. 可以打印图形 　　　　　　　　D. 不可以进行任何打印

77. 在 Excel 2010"格式"工具栏中提供了几种对齐方式？_____ （　　）

    A. 2　　　　　　　B. 3　　　　　　　C. 4　　　　　　　D. 5

78. 在 Excel 2010 中如何跟踪超链接？_____ （　　）

    A. Ctrl＋鼠标单击　　　　　　　　B. Shift＋鼠标单击

    C. 鼠标单击　　　　　　　　　　　D. 鼠标双击

79. 在 Excel 2010 中为了移动分页符，必须处于何种视图方式？_____ （　　）

    A. 普通视图　　　B. 分页符预览　　　C. 打印预览　　　D. 缩放视图

80. 在 Excel 2010 中选定任意 10 行，再在选定的基础上改变第五行的行高，则_____。 （　　）

    A. 任意 10 行的行高均改变，并与第五行的行高相等

    B. 任意 10 行的行高均改变，并与第五行的行高不相等

    C. 只有第五行的行高改变

    D. 只有第五行的行高不变

81. 下列哪个格式可以将数据单位定义为"万元"，且带两位小数？_____ （　　）

    A. 0.00 万元　　　　　　　　　　B. 0! .00 万元

    C. 0/10000.00 万元　　　　　　　D. 0! .00，万元

82. 在 Excel 2010 中有一个数据非常多的成绩表，从第二页到最后均不能看到每页最上面的行表头，应如何解决？_____ （　　）

    A. 设置打印区域　　　　　　　　B. 设置打印标题行

    C. 设置打印标题列　　　　　　　D. 无法实现

83. 在 Excel 2010 中打开"单元格格式"的快捷键是_____。 （　　）

    A. Ctrl＋Shift＋E　　　　　　　　B. Ctrl＋Shift＋F

    C. Ctrl＋Shift＋G　　　　　　　　D. Ctrl＋Shift＋H

84. Excel 2010 中，如果给某单元格设置的小数位数为 2，则输入 100 时显示_____。 （　　）

    A. 100.00　　　　B. 10000　　　　C. 1　　　　D. 100

85. 给工作表设置背景，可以通过下列哪个选项卡完成？_____ （　　）

    A. "开始"选项卡　　　　　　　　B. "视图"选项卡

    C. "页面布局"选项卡　　　　　　D. "插入"选项

86. 以下关于 Excel 2010 的缩放比例，说法正确的是_____。 （　　）

    A. 最小值 10%，最大值 500%　　B. 最小值 5%，最大值 500%

    C. 最小值 10%，最大值 400%　　D. 最小值 5%，最大值 400%

87. 在 Excel 2010 中，仅把某单元格的批注复制到另外单元格中，方法是_____。 （　　）

    A. 复制原单元格，到目标单元格执行粘贴命令

    B. 复制原单元格，到目标单元格执行选择性粘贴命令

    C. 使用格式刷

    D. 将两个单元格链接起来

88. 现 A1 和 B1 中分别有内容 12 和 34，在 C1 中输入公式"＝A1&B1"，则 C1 中的结果是_____。 （   ）

  A. 1234   B. 12   C. 34   D. 46

89. 在 Excel 2010 中，为了使以后在查看工作表时能了解某些重要的单元格的含义，则可以给其添加_____。 （   ）

  A. 批注   B. 公式   C. 特殊符号 D. 颜色标记

90. Excel 2010 中，为表格添加边框的错误的操作是_____。 （   ）

  A. 单击"开始"功能区的"字体"组

  B. 单击"开始"功能区的"对齐方式"

  C. 单击"开始"菜单中"数字"组

  D. 单击"开始"功能区的"编辑"组

91. Excel 2010 中，向单元格中输入公式时，必须以_____开始。 （   ）

  A. ＝   B. $ C. 单引号 D. *

92. 在 Excel 2010 中，编辑栏的公式栏中显示的是_____。 （   ）

  A. 删除的数据   B. 当前单元格的数据

  C. 被复制的数据   D. 没有显示

93. 如果删除的单元格是其他单元格的公式所引用的，那么这些公式将会显示_____。 （   ）

  A. ＃＃＃＃＃＃   B. ＃REF!

  C. ＃VALUE!   D. ＃NUM

94. 以下不属于 Excel 2010 中的算术运算符的是 _____。 （   ）

  A. /   B. %   C. *   D. <>

95. 如果公式中出现"＃DIV/0!"，则表示_____。 （   ）

  A. 结果为 0   B. 列宽不足

  C. 无此函数   D. 除数为 0

96. 选择 A1:C1，A3:C3，然后右键复制，这时候_____。 （   ）

  A. "不能对多重区域选定使用此命令"警告

  B. 无任何警告，粘贴也能成功

  C. 无任何警告，但是粘贴不会成功

  D. 选定不连续区域，右键根本不能出现复制命令

97. 在默认情况下，在 Excel 2010 单元格中输入公式并确定后，单元格中显示_____。 （   ）

  A. ?   B. 计算结果 C. 公式内容 D. TRUE

98. 下列运算符中，运算符_____的优先级最高。 （   ）

  A. +   B. <>   C. /   D. ^

99. 在 Excel 2010 中，能完成乘方运算的运算符是_____。 （   ）

  A. %   B. /   C. *   D. ^

100. 如要在 Excel 2010 输入分数形式: 1/3, 下列方法正确的是_____。　　(　　)

   A. 直接输入 1/3

   B. 先输入单引号, 再输入 1/3

   C. 先输入 0, 然后空格, 再输入 1/3

   D. 先输入双引号, 再输入 1/3

101. Excel 2010 中, 行号或列标设为绝对地址时, 须在其左边附加_____字符。

   　　　　　　　　　　　　　　　　　　　　　　　　　　　　(　　)

   A. !　　　　　　B. #　　　　　　C. $　　　　　　D. =

102. 若选择了从 A5 到 B7, 从 C7 到 E9 两个区域, 则在 Excel 2010 中的表示方法

   为_____。　　　　　　　　　　　　　　　　　　　　(　　)

   A. A5:B7 C7:E9　　　　　　　　　B. A5:B7, C7:E9

   C. A5:E9　　　　　　　　　　　　　D. A5:B7:C7:E

103. Excel 2010 工作表中, 单元格区域 D2:E4 所包含的单元格个数是_____。　(　　)

   A. 7　　　　　　B. 5　　　　　　C. 6　　　　　　D. 8

104. 将单元格 E1 中的公式 SUM(A1:D1)移动到单元格 E2 中, 则 E2 中的公式为

   _____。　　　　　　　　　　　　　　　　　　　　　　(　　)

   A. SUM(A1:D1)　　　　　　　　　B. SUM(B1:E1)

   C. SUM(A2:D2)　　　　　　　　　D. SUM(A2:E1)

105. Excel 2010 中, 下列运算符组中, _____中运算符的优先级不同。　(　　)

   A. +, −　　　B. >, =, <>　　　C. *, /　　　　D. ^, >=

106. 在 Excel 2010 中, 运算符 & 表示_____。　　　　　　　　(　　)

   A. 逻辑值的与运算　　　　　　　B. 子字符串的比较运算

   C. 数值型数据的无符号相加　　　D. 字符型数据的连接

107. Excel 2010 中, 若在 A2 单元格中输入"=56>=57", 则显示结果为_____。

   　　　　　　　　　　　　　　　　　　　　　　　　　　　　(　　)

   A. =56<57　　B. 56>57　　　C. TRUE　　　D. FALSE

108. 如果将 B3 单元格中的公式"=C3+$D5"复制到同一工作表的 D7 单元格中,

   该单元格中的公式为_____。　　　　　　　　　　　　　(　　)

   A. =C3+$D5　　　　　　　　　　B. =D7+$E9

   C. =E7+$D9　　　　　　　　　　D. =E7+$D5

109. 在一个单元格引用的行地址或列地址前, 若表示为绝对地址, 则添加的字符

   是_____。　　　　　　　　　　　　　　　　　　　　　(　　)

   A. @　　　　　　B. #　　　　　　C. $　　　　　　D. %

110. 在一个单元格的三维地址中, 工作表名与列标之间的字符为_____。　(　　)

   A. !　　　　　　B. #　　　　　　C. $　　　　　　D. %

111. 假定一个单元格的地址为 D25, 则此地址的表示方式是_____。　(　　)

   A. 相对地址　　B. 绝对地址　　C. 混合地址　　　D. 三维地址

112. 假定一个单元格的地址为＄D2，则此地址的表示方式是＿＿＿＿。　（　　）

    A. 相对地址　　　B. 绝对地址　　　　C. 混合地址　　　D. 三维地址

113. 假定单元格D3中保存的公式为＝B3＋C3，若把它移动到E4中，则E4中保存的公式为＿＿＿＿。　（　　）

    A. ＝B3＋C3　　　B. ＝C3＋D3　　　　C. ＝B4＋C4　　　D. ＝C4＋D4

114. 假定单元格D3中保存的公式为＝B3＋C3，若把它复制到E4中，则E4中保存的公式为＿＿＿＿。　（　　）

    A. ＝B3＋C3　　　B. ＝C3＋D3　　　　C. ＝B4＋C4　　　D. ＝C4＋D4

115. 假定一个单元格所存入的公式为＝13＊2＋7，则当该单元格处于非编辑状态时显示的内容为＿＿＿＿。　（　　）

    A. 13＊2＋7　　　B. ＝13＊2＋7　　　C. 33　　　　　　D. ＝33

116. 在Excel 2010中，假定一个单元格的地址表示为＄D25，则该单元格的行地址为＿＿＿＿。　（　　）

    A. D　　　　　　B. 25　　　　　　　C. 30　　　　　　D. 45

117. 在Excel 2010中，单元格引用G12的绝对地址表示为＿＿＿＿。　（　　）

    A. G12　　　　　B. G＄12　　　　　C. ＄G12　　　　D. ＄G＄12

118. 在Excel 2010中，单元格F22的混合地址表示为＿＿＿＿。　（　　）

    A. ＄F＄22　　　B. 22♯F　　　　　C. ＄F22　　　　D. F22

119. 在Excel 2010中，假定一个单元格的引用为M＄18，则该单元格的行地址表示属于＿＿＿＿。　（　　）

    A. 相对引用　　　B. 绝对引用　　　　C. 混合引用　　　D. 二维地址引用

120. 在Excel 2010中，单元格引用的列标前加上字符＄，而行号前不加字符＄，这属于＿＿＿＿。　（　　）

    A. 相对引用　　　B. 绝对引用　　　　C. 混合引用　　　D. 任意引用

121. 在Excel 2010中，若要表示"数据表1"上的B2到G8的整个单元格区域，则应书写为＿＿＿＿。　（　　）

    A. 数据表1♯B2:G8　　　　　　　B. 数据表1＄B2:G8

    C. 数据表1! B2:G8　　　　　　　D. 数据表1：B2:G8

122. 在Excel 2010中，若要表示当前工作表中B2到F6的整个单元格区域，则应书写为＿＿＿＿。　（　　）

    A. B2. F6　　　　B. B2:F6　　　　　C. B2, F6　　　　D. B2－F6

123. 在Excel 2010中，已知工作表中C3和D3单元格的值分别为2和5，E3单元格中的计算公式为＝C3＋D3，则E3单元格的值为＿＿＿＿。　（　　）

    A. 2　　　　　　B. 5　　　　　　　C. 7　　　　　　D. 3

124. 在Excel 2010中，若首先在单元格C2中输入的一个计算公式为＝B＄2，接着拖曳此单元格填充C3:C8，则在C8单元格中得到的公式为＿＿＿＿。　（　　）

    A. ＝B8　　　　　B. ＝B2　　　　　C. ＝C＄2　　　D. ＝B＄8

125. 假定一个单元格的地址为 D25，则此地址的类型是_____。 （ ）

    A. 相对地址　　　B. 绝对地址　　　C. 混合地址　　　D. 三维地址

126. 在 Excel 2010 中，假定一个单元格所存入的公式为"$=13*2+7$"，则当该单元格处于编辑状态时显示的内容为_____。 （ ）

    A. $13*2+7$　　B. $=13*2+7$　　C. 33　　　　　D. $=33$

127. 在 Excel 2010 中，若单元格 C1 中公式为$=A1+B2$，将其复制到 E5 单元格，则 E5 中的公式是_____。 （ ）

    A. $=C3+A4$　　B. $=C5+D6$　　C. $=C3+D4$　　D. $=A3+B4$

128. Excel 2010 主界面窗口中编辑栏上的 fx 按钮用来向单元格插入_____。

    （ ）

    A. 文字　　　　B. 数字　　　　C. 公式　　　　D. 函数

129. 已知单元格 A1 中存有数值 563.68，若输入函数$=INT(A1)$，则该函数值为_____。 （ ）

    A. 563.7　　　B. 563.78　　　C. 563　　　　D. 563.8

130. 在 Sheet1 的 C1 单元格中输入公式"$=Sheet2!A1+B1$"，则表示将 Sheet2 中 A1 单元格数据与_____。 （ ）

    A. Sheet1 中 B1 单元的数据相加，结果放在 Sheet1 中 C1 单元格中

    B. Sheet1 中 B1 单元的数据相加，结果放在 Sheet2 中 C1 单元格中

    C. Sheet2 中 B1 单元的数据相加，结果放在 Sheet1 中 C1 单元格中

    D. Sheet2 中 B1 单元的数据相加，结果放在 Sheet2 中 C1 单元格中

131. 假设 A1，B1，C1，D1 的值分别为 2，3，7，3，则 $SUM(A1:C1)/D1$ 为_____。 （ ）

    A. 4　　　　　B. 3　　　　　C. 15　　　　D. 18

132. 假设 A2 为文字"10"，A3 为数字 3，则 $COUNT(A2:A3)$ 的值是_____。

    （ ）

    A. 3　　　　　B. 10　　　　C. 13　　　　D. 1

133. 假设 A1，B1，C1，D1 的值分别为 2，3，7，4，则 $Average(A1:D1)$ 为_____。 （ ）

    A. 4　　　　　B. 3　　　　　C. 15　　　　D. 18

134. Excel 2010 中，可以用于计算最大值的函数是_____。 （ ）

    A. Count　　　B. If　　　　C. Max　　　　D. Average

135. Excel 2010 中，四舍五入函数"$=ROUND(56.7845,2)$"的计算结果是_____。

    （ ）

    A. 56.79　　　B. 56.785　　　C. 56.78　　　D. 56.7845

136. Excel 2010 中，RANK 函数的功能是_____。 （ ）

    A. 对指定范围内的数值求和

    B. 求出指定范围内所有数值的最大值

C. 对单元格内的数值四舍五入

D. 返回某个指定的数字在一列数字中相对于其他数值的大小排位

137. 现在有 5 个数据需要求和，我们用鼠标仅选中这 5 个数据而没有空白格，那么点击求和按钮后会出现什么情况_____。　　　　　　　　　（　　）

A. 和保存在第 5 个数据的单元格中

B. 和保存在第一个数据的单元格中

C. 和保存在第 5 个数据单元格后面的第一个空白格中

D. 没有什么变化

138. 在 Excel 2010 中，公式"=SUM(C2，E3:F4)"的含义是_____。　（　　）

A. =C2＋E3＋E4＋F3＋F4　　　　　B. =C2＋F4

C. =C2＋E3＋F4　　　　　　　　　D. =C2＋E3

139. Excel 2010 中，要在成绩表中求出数学成绩不及格的人数，则应使用下列的_____函数。　　　　　　　　　　　　　　　　　（　　）

A. SUMIF　　　B. COUNT　　　C. BLANK　　　D. COUNTIF

140. 在 Excel 2010 中求一组数值的平均值函数为_____。　　　　（　　）

A. AVERAGE　B. MAX　　　　C. MIN　　　　D. SUM

141. Excel 2010 中，一个完整的函数包括_____。　　　　　　　（　　）

A. "="和函数名　　　　　　　　B. 函数名和变量

C. "="和变量　　　　　　　　　D. "="、函数名和变量

142. 已知 Excel 2010 某工作表中的 D1 单元格等于 1，D2 单元格等于 2，D3 单元格等于 3，D4 单元格等于 4，D5 单元格等于 5，D6 单元格等于 6，则 Sum (D1:D3，D6)的结果是_____。　　　　　　　　　　　（　　）

A. 10　　　　　B. 6　　　　　　C. 12　　　　　D. 21

143. 在 Excel 2010 中编辑栏中的符号"对号"表示_____。　　　　（　　）

A. 取消输入　B. 确认输入　C. 编辑公式　D. 编辑文字

144. 在 Excel 2010 中函数 MIN(10，7，12，0)的返回值是_____。　（　　）

A. 10　　　　　B. 7　　　　　　C. 12　　　　　D. 0

145. 下列函数，_____能对数据进行绝对值运算。　　　　　　　（　　）

A. ABS　　　　B. ABX　　　　C. EXP　　　　D. INT

146. 在 Excel 2010 中某单元格的公式为"=IF("学生">"学生会"，True，False)"，其计算结果为：_____。　　　　　　　　　　　（　　）

A. True　　　　B. False　　　　C. 学生　　　　D. 学生会

147. 关于公式 =Average(A2:C2 B1:B10)和公式 =Average(A2:C2，B1:B10)，下列说法正确的是_____。　　　　　　　　　　　　　　（　　）

A. 计算结果一样的公式

B. 第一个公式写错了，没有这样的写法的

C. 第二个公式写错了，没有这样的写法的

D. 两个公式都对

148. 在单元格中输入"＝Average(10，－3)"，则显示_____。 （　　）

    A. 大于 0 的值　　　　　　　　　B. 小于 0 的值

    C. 等于 0 的值　　　　　　　　　D. 不确定的值

149. 在创建图表之前要选择数据，_____。 （　　）

    A. 可以随意选择数据

    B. 选择的数据区域必须是连续的矩形区域

    C. 选择的数据区域必须是矩形区域

    D. 选择的数据区域可以是任意形状

150. 在 Excel 2010 的图表中，能反映出数据变化趋势的图表类型是_____。

    （　　）

    A. 柱形图　　　　B. 折线图　　　　　C. 饼图　　　　D. 气泡图

151. 在 Excel 2010 的图表中，水平 X 轴通常用来作为_____。 （　　）

    A. 排序轴　　　　B. 分类轴　　　　　C. 数值轴　　　　D. 时间轴

152. 在 Excel 2010 中，编辑图表时，图表工具下的三个选项卡不包括_____。

    （　　）

    A. 设计　　　　　B. 布局　　　　　C. 编辑　　　　D. 格式

153. 在 Excel 2010 中，图表工具下包含的选项卡个数为_____。 （　　）

    A. 1　　　　　　B. 2　　　　　　　C. 3　　　　　　D. 4

154. 在 Excel 2010 中快速插入图表的快捷键是_____。 （　　）

    A. F9　　　　　　B. F10　　　　　　C. F11　　　　　D. F12

155. 以下各项中，对 Excel 2010 的筛选功能描述正确的是_____。 （　　）

    A. 按要求对工作表数据进行排序

    B. 隐藏符合条件的数据

    C. 只显示符合设定条件的数据而隐藏其他

    D. 按要求对工作表数据进行分类

156. Excel 2010 中，用筛选条件"数学分＞65"和"总分＞250"分别对成绩数据表进行筛选后，在筛选结果中的是_____。 （　　）

    A. 总分＞250 的记录　　　　　　　B. 数学分＞65 且总分＞250 的记录

    C. 数学分＞65 的记录　　　　　　　D. 数学分＞65 或总分＞250 的记录

157. Excel 2010 中，使用高级筛选之前，要在列表之外建立一个条件区域，条件区域至少有_____。 （　　）

    A. 一行　　　　　B. 两行　　　　　C. 三行　　　　D. 四行

158. Excel 2010 中，在进行分类汇总前，必须对数据清单中的分类字段进行_____。

    （　　）

    A. 建立数据库　B. 排序　　　　　C. 筛选　　　　D. 有效计算

159. 在 Excel 2010 中，最多可以按多少个关键字排序_____。 （　　）

    A. 3　　　　　　B. 8　　　　　　　C. 32　　　　　　D. 64

160. 费用明细表的列标题为"日期""部门""姓名""报销金额"等，欲按部门统计报销金额，_____方法不能做到。　　　　　　　　　　　　　（　　）

    A. 高级筛选　　　　　　　　　　　B. 分类汇总

    C. 用 SUMIF 函数计算　　　　　　D. 用数据透视表计算汇总

161. 在 Excel 2010 的电子工作表中建立的数据表，通常把每一行称为一个_____。

    　　　　　　　　　　　　　　　　　　　　　　　　　　　　　（　　）

    A. 记录　　　　B. 字段　　　　C. 属性　　　　D. 关键字

162. 在 Excel 2010 的电子工作表中建立的数据表，通常把每一列称为一个_____。

    　　　　　　　　　　　　　　　　　　　　　　　　　　　　　（　　）

    A. 记录　　　　B. 元组　　　　C. 字段　　　　D. 关键字

163. 当进行 Excel 2010 中的分类汇总时，必须事先按分类字段对数据表进行_____。　　　　　　　　　　　　　　　　　　　　　　　　　（　　）

    A. 求和　　　　B. 筛选　　　　C. 查找　　　　D. 排序

164. 在 Excel 2010 中，对数据表进行排序时，在"排序"对话框中能够指定的排序关键字个数限制为_____。　　　　　　　　　　　　　（　　）

    A. 1个　　　　B. 2个　　　　C. 3个　　　　D. 任意

165. 在 Excel 2010 的自动筛选中，每个标题上的下三角按钮都对应着一个_____。

    　　　　　　　　　　　　　　　　　　　　　　　　　　　　　（　　）

    A. 下拉菜单　　　B. 对话框　　　　C. 窗口　　　　D. 工具栏

166. 在 Excel 2010 的高级筛选中，条件区域中同一行的条件是_____。（　　）

    A. 或的关系　　　B. 与的关系　　　C. 非的关系　　　D. 异或的关系

167. 在 Excel 2010 的高级筛选中，条件区域中不同行的条件是_____。（　　）

    A. 或的关系　　　B. 与的关系　　　C. 非的关系　　　D. 异或的关系

168. Excel 2010 中，排序对话框中的"升序"和"降序"指的是_____。（　　）

    A. 数据的大小　　　　　　　　　　B. 排列次序

    C. 单元格的数目　　　　　　　　　D. 以上都不对

169. Excel 2010 中分类汇总的默认汇总方式是_____。（　　）

    A. 求和　　　　　　　　　　　　　B. 求平均

    C. 求最大值　　　　　　　　　　　D. 求最小值

170. Excel 2010 中取消工作表的自动筛选后_____。（　　）

    A. 工作表的数据消失　　　　　　　B. 工作表恢复原样

    C. 只剩下符合筛选条件的记录　　　D. 不能取消自动筛选

171. 在 Excel 2010 中，下面关于分类汇总的叙述错误的是_____。（　　）

    A. 分类汇总前必须按关键字段排序

    B. 进行一次分类汇总时的关键字段只能针对一个字段

    C. 分类汇总可以删除，但删除汇总后排序操作不能撤销

    D. 汇总方式只能是求和

172. Excel 2010 数据透视表中数据不会随着数据源的改变而同时改变，必须
_____才能实现。 （ ）
   A. 按 F10 键
   B. 按 F9 键
   C. 执行"数据"选项卡中的"重新计算"命令
   D. 执行"数据"选项卡中的"全部刷新"命令

标准答案：

1. B；2. D；3. B；4. B；5. B；6. B；7. C；8. D；9. D；10. B；11. C；12. B；13. A；14. B；15. A；
16. B；17. B；18. C；19. C；20. D；21. D；22. C；23. A；24. C；25. B；26. A；27. B；28. A；29. B；
30. A；31. A；32. D；33. B；34. B；35. A；36. B；37. B；38. C；39. A；40. A；41. A；42. D；43. A；
44. C；45. D；46. B；47. A；48. B；49. D；50. A；51. D；52. D；53. C；54. A；55. B；56. C；57. C；
58. A；59. A；60. C；61. D；62. C；63. C；64. D；65. B；66. B；67. C；68. B；69. D；70. D；71. D；
72. D；73. A；74. A；75. C；76. D；77. A；78. C；79. B；80. A；81. C；82. B；83. D；84. A；85. C；
86. C；87. B；88. A；89. A；90. D；91. A；92. B；93. B；94. D；95. D；96. B；97. D；98. D；99. D；
100. C；101. C；102. B；103. C；104. C；105. D；106. D；107. D；108. C；109. C；110. A；111. B；
112. C；113. A；114. D；115. C；116. B；117. D；118. C；119. C；120. C；121. C；122. B；123. C；
124. C；125. A；126. B；127. B；128. D；129. C；130. A；131. C；132. D；133. A；134. C；135. C；
136. D；137. C；138. A；139. D；140. A；141. D；142. C；143. B；144. C；145. A；146. B；147. D；
148. A；149. C；150. B；151. B；152. C；153. C；154. C；155. C；156. B；157. B；158. D；159. D；
160. A；161. A；162. C；163. D；164. D；165. A；166. B；167. A；168. B；169. A；170. B；171. D；172. D。

5.3 多选题

1. 在下列选项中，_____是 Excel 2010 功能区中包含的选项卡。 （ ）
   A. 编辑   B. 文件   C. 公式   D. 页面布局
2. 在 Excel 2010 中，有关插入、删除工作表的阐述，正确的是_____。 （ ）
   A. 单击"插入"菜单中的"工作表"命令，可插入一张新的工作表
   B. 单击"编辑"菜单中的"清除"/"全部"命令，可删除一张工作表
   C. 单击"编辑"菜单中的"删除"命令，可删除一张工作表
   D. 单击"编辑"菜单中的"删除工作表"命令，可删除一张工作表
3. 在 Excel 2010 中，移动和复制工作表的操作中，下面正确的是_____。 （ ）
   A. 工作表能移动到其他工作簿中   B. 工作表不能复制到其他工作簿中
   C. 工作表不能移动到其他工作簿中   D. 工作表能复制到其他工作簿中
4. 在 Excel 2010 中，若要对工作表的首行进行冻结，下列操作正确的有_____。
   （ ）
   A. 光标置于工作表的任意单元格，执行"视图"选项卡下"窗口"功能区中的"冻
       结窗格"命令，然后单击其中的"冻结首行"子命令

B. 将光标置于 A2 单元格，执行"视图"选项卡下"窗口"功能区中的"冻结窗格"命令，然后单击其中的"冻结拆分窗格"子命令

C. 将光标置于 B1 单元格，执行"视图"选项卡下"窗口"功能区中的"冻结窗格"命令，然后单击其中的"冻结拆分窗格"子命令

D. 将光标置于 A1 单元格，执行"视图"选项卡下"窗口"功能区中的"冻结窗格"命令，然后单击其中的"冻结拆分窗格"子命令

5. 下列选项中，要给工作表重命名，正确的操作是_____。 （   ）

    A. 功能键 F2

    B. 右键单击工作表标签，选择"重命名"

    C. 双击工作表标签

    D. 先单击选定要改名的工作表，再单击它的名字

6. 在一个 Excel 2010 文件中，想隐藏某张工作表，并且不想让别人看到，应用到哪些知识？ _____ （   ）

    A. 隐藏工作表   B. 隐藏工作簿

    C. 保护工作表   D. 保护工作簿

7. 在 Excel 2010 中，有关插入、删除工作表的阐述，正确的是_____。 （   ）

    A. "开始"/"单元格"组中的"单元格""插入"中的"插入工作表"命令，可插入一张

    B. 单击"开始"功能中的"清除"/"全部清除"命令，可删除一张工作表

    C. 单击"开始"功能中的"删除"中"删除工作表"命令，可删除一张工作表

    D. Shift＋F11

8. 在 Excel 2010 中，选择单元格时可选择_____。 （   ）

    A. 一个单元格   B. 一个单元格区域

    C. 整行或整列   D. 不相邻的多个单元格区域

9. 以下关于管理 Excel 2010 表格正确的表述是_____。 （   ）

    A. 可以给工作表插入行   B. 可以给工作表插入列

    C. 可以插入行，但不可以插入列   D. 可以插入列，但不可以插入行

10. Excel 2010 中，下面能将选定列隐藏的操作是_____。 （   ）

    A. 右击选择隐藏

    B. 将列标题之间的分隔线向左拖动，直至该列变窄看不见为止

    C. 在"列宽"对话框中设置列宽为 0

    D. 以上选项不完全正确

11. 在 Excel 2010 单元格中能输入的数据类型分为_____。 （   ）

    A. 数值型   B. 日期时间型   C. 逻辑型   D. 文本型

12. 在 Excel 2010 中，向单元格输入数据一般有_____等多种方式。 （   ）

    A. 直接输入数据   B. 利用已有序列自动填充

    C. 利用"填充柄"输入数据   D. 执行"文件｜导入"命令

13. 在 Excel 2010 中，下列在单元格中输入的数据中，_____是日期数据。　（　　）

    A. 2/9　　　　　　B. 2＼9　　　　　　C. 84/5　　　　　　D. 2020－11－9

14. 在 Excel 2010 单元格中将数字作为文本输入，下列方法正确的是_____。

    （　　）

    A. 先输入单引号，再输入数字

    B. 直接输入数字

    C. 先设置单元格格式为"文本"，再输入数字

    D. 先输入"＝"，再输入双引号和数字

15. 在 Excel 2010 中，序列包括以下哪几种？_____　　　　　（　　）

    A. 等差序列　　　B. 等比序列　　　C. 日期序列　　　D. 自动填充序列

16. 在 Excel 2010 中要输入身份证号码，应如何输入？_____　（　　）

    A. 直接输入

    B. 先输入单引号，再输入身份证号码

    C. 先输入冒号，再输入身份证号码

    D. 先将单元格格式转换成文本，再直接输入身份证号码

17. 在 Excel 2010 中，"Delete"和"全部清除"命令的区别在于_____。　（　　）

    A. Delete 删除单元格的内容、格式和批注

    B. Delete 仅能删除单元格的内容

    C. 清除命令可删除单元格的内容、格式或批注

    D. 清除命令仅能删除单元格的内容

18. 以下说法正确的是_____。　　　　　　　　　　　　　　（　　）

    A. "清除格式"命令是指将单元格中的格式清除

    B. "清除内容"命令是将存储在单元格中的数据删除

    C. "清除批注"命令是将附加在单元格上的批注删除

    D. "清除超链接"命令是清除用户为单元格设置的超级链接方式

19. 在 Excel 2010 中，在"设置单元格格式"对话框中包含下列_____选项卡。

    （　　）

    A. 数字　　　　　B. 图案　　　　　C. 对齐　　　　　D. 保护

20. 以下_____是 Excel 2010 单元格中文本的水平对齐方式。　　（　　）

    A. 居中　　　　　B. 靠右　　　　　C. 跨列居中　　　D. 小数点对齐

21. 在 Excel 2010 中，使用"开始"选项卡中的命令可以设置下列_____的格式。

    （　　）

    A. 增加小数位数　　　　　　　B. 边框

    C. 百分比样式　　　　　　　　D. 填充颜色

22. 在 Excel 2010 中，使用"开始"选项卡中"编辑"选项组中的"清除"命令能清除_____。

    （　　）

    A. 批注　　　　　B. 格式　　　　　C. 单元格　　　D. 全部

23. 在 Excel 2010 中，"页面设置"对话框中包含_____选项卡。 （   ）
    A. 页面　　　　　B. 工作表　　　　　C. 页边距　　　　　D. 页眉/页脚

24. "选择性粘贴"对话框有哪些选项？_____ （   ）
    A. 全部　　　　　B. 数值　　　　　C. 格式　　　　　D. 批注

25. 下列数字格式中，属于 Excel 2010 数字格式的是_____。 （   ）
    A. 分数　　　　　B. 小数　　　　　C. 科学记数　　　　　D. 会计专用

26. Excel 2010 所拥有的视图方式有_____。 （   ）
    A. 普通视图　　　　　　　　　　B. 分页预览视图
    C. 大纲视图　　　　　　　　　　D. 页面视图

27. 以下属于 Excel 2010 中单元格数据类型的有_____。 （   ）
    A. 文本　　　　　B. 数值　　　　　C. 逻辑值　　　　　D. 出错值

28. 在 Excel 2010 中，可以通过临时更改打印质量来缩短打印工作表所需的时间，
    下面哪些方法可以加快打印作业？_____ （   ）
    A. 以草稿方式打印　　　　　　　B. 以黑白方式打印
    C. 不打印网格线　　　　　　　　D. 降低分辨率

29. 关于 Excel 2010 的页眉页脚，说法正确的有_____。 （   ）
    A. 可以设置首页不同的页眉页脚　B. 可以设置奇偶页不同的页眉页脚
    C. 不能随文档一起缩放　　　　　D. 可以与页边距对齐

30. 在 Excel 2010 中，若要指定的单元格或区域定义名称，可采用的操作：_____。
    　　　　　　　　　　　　　　　　　　　　　　　　　　　　　（   ）
    A. 执行"公式"选项卡下的"定义名称"命令
    B. 执行"公式"选项卡下的"名称管理器"命令
    C. 执行"公式"选项卡下的"根据所选内容创建"命令
    D. 只有 A 和 C 正确

31. Excel 2010 中，只允许用户在指定区域填写数据，不能破坏其它区域，并且不
    能删除工作表，应怎样设置？_____ （   ）
    A. 设置"允许用户编辑区域"　　　B. 保护工作表
    C. 保护工作簿　　　　　　　　　D. 添加打开文件密码

32. 在 Excel 2010 中，关于条件格式的规则有哪些？_____ （   ）
    A. 项目选取规则　　　　　　　　B. 突出显示单元格规则
    C. 数据条规则　　　　　　　　　D. 色阶规则

33. 在 Excel 2010 中，获取外部数据有下列哪些来源？_____ （   ）
    A. 来自 Access 的数据　　　　　B. 来自网站的数据
    C. 来自文本文件的数据　　　　　D. 来自 SQL Server 的数据

34. 在 Excel 2010 中，有关设置打印区域的方法正确的是_____。 （   ）
    A. 先选定一个区域，然后通过"页面布局"选择"打印区域"，再选择"设置打印
       区域"

B. 在页面设置对话框中选择"工作表"选项卡，在其中的打印区域中输入或选
择打印区域，确定即可

C. 利用"编辑栏"设置打印区域

D. 在"分页预览视图"下设置打印区域

35. 在 Excel 2010 中，以下操作可以为所选的单元格添加上背景颜色是_____。

(　　)

    A. 通过"单元格格式"对话框的"图案"选项卡上的"颜色"区域

    B. 使用"开始"功能区上的"填充颜色"按钮

    C. 通过"页面设置"对话框

    D. 通过"插入"功能区的"填充颜色"按钮

36. 在进行查找替换操作时，搜索区域可以指定为_____。　　(　　)

    A. 整个工作簿   B. 选定的工作表

    C. 当前选定的单元格区域   D. 以上全部正确

37. 下列运算符中，_____是 Excel 2010 中有的。　　(　　)

    A. %   B. mod   C. <>   D. &

38. 在 Excel 2010 中，下列运算符中属于引用运算符的是_____。　　(　　)

    A. >=   B. :   C. %   D. ,

39. 在 Excel 2010 单元格中输入数值 3000，与它相等的表达式是_____。(　　)

    A. 300000%   B. =3000/1

    C. 30+00   D. =average(3000，3000)

40. 下列关于 Excel 2010 的公式，说法正确的有_____。　　(　　)

    A. 公式中可以使用文本运算符

    B. 引用运算符只有冒号和逗号

    C. 函数中不可使用引用运算符

    D. 所有用于计算的表达式都要以等号开头

41. 在 Excel 2010 中，下列_____选项中的公式的计算结果是相同的。(　　)

    A. =SUM(A1:A3)/3   B. =AVERAGE(A1，A2，A3)

    C. =SUM(A1A3)/3   D. =(a1+a2+a3)/3

42. 下列_____是 Excel 2010 中能使用的函数。

    A. COUNT   B. MOD   C. SUMIF   D. RANK

43. 在 Excel 2010 中，单元格地址引用的方式有_____。　　(　　)

    A. 相对引用   B. 绝对引用   C. 混合引用   D. 三维引用

44. 关于 Excel 2010 函数下面说法正确的有哪些？_____　　(　　)

    A. 函数就是预定义的内置公式

    B. Sum()是求最大值函数

    C. 按一定语法的特定顺序排序进行计算

    D. 在某些函数中可以包含子函数

45. 在下列选项中，_____是 Excel 2010 的图表类型。　　　（　　）
    A. 条形图　　　　　　　　　　B. 直方图
    C. 面积图　　　　　　　　　　D. 饼图

46. 在 Excel 2010 中，下面可用来设置和修改图表的操作有_____。　（　　）
    A. 改变分类轴中的文字内容　　B. 改变系列图标的类型及颜色
    C. 改变背景墙的颜色　　　　　D. 改变系列类型

47. 下列属于 Excel 2010 图表类型的有_____。　　　　（　　）
    A. 饼图　　　　　　　　　　　B. XY 散点图
    C. 曲面图　　　　　　　　　　D. 圆环图

48. 在 Excel 2010 中如何修改已创建图表的图表类型？_____　（　　）
    A. 执行"图表工具"区"设计"选项卡下的"图表类型"命令
    B. 执行"图表工具"区"布局"选项卡下的"图表类型"命令
    C. 执行"图表工具"区"格式"选项卡下的"图表类型"命令
    D. 右击图表，执行"更改图表类型"命令

49. 在 Excel 2010 中，有关图表说法正确的有_____。　　（　　）
    A. "图表"命令在插入选项中　　B. 删除图表对数据表没有影响
    C. 有二维图表和三维图表　　　D. 删除数据表对图表没有影响

50. Excel 2010 中关于筛选后隐藏起来的记录的叙述，下面正确的是_____。
    　　　　　　　　　　　　　　　　　　　　　　　　　（　　）
    A. 不打印　　　B. 不显示　　　C. 永远丢失　　　D. 可以恢复

51. 要在学生成绩表中筛选出语文成绩在 85 分以上的同学，可通过_____。
    　　　　　　　　　　　　　　　　　　　　　　　　　（　　）
    A. 自动筛选　　B. 自定义筛选　　C. 高级筛选　　D. 条件格式

52. 以下关于 Excel 2010 的排序功能，说法正确的有_____。　（　　）
    A. 按数值大小　　　　　　　　B. 按单元格颜色
    C. 按字体颜色　　　　　　　　D. 按单元格图标

53. 下列关于 Excel 2010 的"排序"功能，说法正确的有_____。　（　　）
    A. 可以按行排序　　　　　　　B. 可以按列排序
    C. 最多允许有三个排序关键字　D. 可以自定义序列排序

54. 有关 Excel 2010 排序正确的是_____。　　　　　　（　　）
    A. 可按日期排序　　　　　　　B. 可按行排序
    C. 最多可设置 64 个排序条件　D. 可按笔划数排序

55. 下列为"自动筛选"下拉框，有关下拉框内容说法正确的有_____。（　　）
    A. (全部)是指显示全部数据
    B. (空白)是指显示该列中空白单元格所在的记录项
    C. (全部)是指显示全部数据，也可以只显示一部分
    D. (自定义)显示"自定义"对话框，由用户输入筛选条件

56. 在进行分类汇总时，可设置的内容有_____。（   ）
    A. 分类字段　　　　　　　　　B. 汇总方式（如：求和）
    C. 汇总项　　　　　　　　　　D. 汇总结果显示在数据下方

57. 下列有关"自动筛选"下拉框中的"（前 10 个）"选项叙述正确的是_____。（   ）
    A.（前 10 个）显示的记录用户可以自选
    B.（前 10 个）是指显示最前面的 10 个记录
    C.（前 10 个）显示的不一定是排在前面的 10 个记录
    D.（前 10 个）可能显示后 10 个记录

58. 关于 Excel 2010 筛选掉的记录的叙述，下列说法正确的有_____。（   ）
    A. 不打印　　　B. 不显示　　　C. 永远丢失　　　D. 可以恢复

59. 建立数据透视表的数据应该有_____等数据类型。（   ）
    A. 数值型　　　B. 日期时间型　　　C. 文本型　　　D. 逻辑型

60. 下列选项中可以作为 Excel 2010 数据透视表的数据源的有_____。（   ）
    A. Excel 2010 的数据清单或数据库　　B. 外部数据
    C. 多重合并计算数据区域　　　　　　D. 文本文件

标准答案：

1. BCD；2. AD；3. AD；4. AB；5. BC；6. AD；7. ACD；8. ABCD；9. AB；10. ABC；11. ABD；
12. ABD；13. AD；14. AC；15. ABCD；16. BD；17. BC；18. ABCD；19. ACD；20. ABC；21. ABCD；
22. ABD；23. ABCD；24. ABCD；25. ACD；26. AB；27. ABC；28. ABCD；29. ABD；30. ABC；
31. ABC；32. ABCD；33. ABCD；34. ABD；35. AB；36. ABCD；37. ACD；38. BD；39. ABD；
40. AD；41. ABD；42. ABCD；43. ABC；44. ACD；45. ACD；46. ABCD；47. ABCD；48. AD；
49. ABC；50. ABD；51. AC；52. ABCD；53. ABD；54. ABCD；55. ABD；56. ABCD；57. ACD；
58. ABD；59. AC；60. ABC。

5.4　填空题

1. Excel 2010 中用于储存数据的文件就是工作簿，其扩展名为_____。

2. 启动 Excel 2010 程序后，会自动创建文件名为"_____"的 Excel 工作簿。

3. 新建一个 Excel 2010 工作簿文件时默认有_____张工作表。

4. Excel 2010 工作簿是 Excel 用来计算和存储数据的_____。

5. 在 Excel 2010 中打开工作簿，实际上就是把工作簿调入_____的过程。

6. Excel 2010 中处理并存储数据的基本工作单位称为_____。

7. Excel 2010 中双击需要重命名的工作表标签，然后输入新的工作表名称，按_____键确认。

8. 在 Excel 2010 工作簿中，只能对_____（当前工作表）中的数据进行操作。

9. Excel 2010 中选择两个不相邻的区域的一种方法是：先选择一个区域，再按住_____键选择另一个区域。

10. 工作表中行与列的交汇处称为单元格。每个单元格都有一个唯一的_____来标识。

11. 在 Excel 2010 工作表中，当相邻单元格中要输入相同数据或按某种规律变化的数据时，可以使用_____功能实现快速输入。

12. 在 Excel 2010 中，按下 Ctrl＋；可以在选中的单元格中输入系统_____。

13. 在 Excel 2010 中，按下 Ctrl＋Shift＋；可以在选中的单元格中输入系统_____。

14. 在 Excel 2010 中，如果在单元格中输入 4/5，默认情况下会显示为_____。

15. 如果 Excel 2010 某单元格显示为♯DIV/0!，这表示_____。

16. _____是指选定单元格或选定区域的周围黑色线框右下角断开的一个黑色小方块。

17. Excel 2010 中输入邮政编码时需先输入一个英文状态下的_____。

18. Excel 2010 中，如果某单元格显示为若干个"♯"号（如♯♯♯♯♯♯♯），这表示_____。

19. 按_____键将工作表中内容从单元格中删除。

20. 在单元格中输入数字时，Excel 2010 自动将它沿单元格_____。

21. 在单元格中输入文本时，Excel 2010 自动将它沿单元格_____。

22. 在 Excel 2010 中，当使用 Del 键删除单元格（或一组单元格）的内容时，只有输入的数据从单元格中被删除，单元格的其他属性，如格式、注释等仍然_____。

23. Excel 2010 为用户提供了自动套用格式、条件格式等特殊的格式化工具，使用它们可以快速地对工作表进行_____，从而实现快速美化表格外观的目的。

24. 要将单元格中的数值型数据改变为字符型数据，可使用"单元格格式"对话框中的_____选项卡来完成。

25. 在 Excel 2010 中，使用"页面设置"对话框中的"页眉/页脚"选项卡，可以自定义_____。

26. 在 Excel 2010 中，"条件格式化"可以同时给一个单元格或一个单元格区域设置最多_____个条件格式。

27. 样式有 3 种类型：段落样式、字符样式、_____。

28. 公式是在工作表中对数据进行分析的等式。输入公式时必须以"_____"开头。

29. 在 Excel 2010 中文本连接运算符是_____。

30. 在 Excel 2010 中引用运算符有：区域运算符、联合运算符和_____。

31. 在 Excel 2010 中"冒号"表示_____。

32. 绝对引用地址的表示方法是在行号和列号之前都加上一个符号"_____"。

33. 在 Excel 2010 中，单元格的引用（地址）有绝对地址、相对地址和_____ 3 种形式。

34. Excel 2010 中的":"为区域运算符，表示 B5 到 B10 所有单元格的引用为_____。

35. _____在公式移动或复制时，会根据引用单元格的相对位置而变化。

36. 在 Excel 2010 中，COUNT 函数的功能是求指定范围内数值型数据的_____。

37. 在 Excel 2010 中，函数 AVERAGE（A1，B1，C1）相当于用户输入的 ＝（_____）/3 公式。

38. 一个完整的函数包括"＝"、函数名和_____。

39. Excel 2010 中的 COUNT 函数的功能是_____。

40. Excel 2010 提供的图表功能是用图形的方式来表现工作表中数据与数据之间的_____，从而使数据分析更加直观。

41. 在 Excel 2010 中，想要删除图表，先选中工作表中的图表，然后按_____键就可以直接将其删除。

42. 在 Excel 2010 中，排序是指根据某特定条件，将数据表中的数据按照一定的顺序重新排列，排序并不改变_____的内容。

43. "筛选"是在工作表中显示符合条件的记录，而将不满足条件的记录暂时_____起来。

44. 在 Excel 2010 中，创建分类汇总之前需要将数据区域按关键字_____。

45. 在 Excel 2010 中，对于已经设置了分类汇总的数据区域，再次打开"分类汇总"对话框，单击"全部删除"按钮，即可删除当前的所有_____。

46. Excel 2010 最常用的数据管理功能包括排序、筛选和_____。

47. 数据清单中的_____相当于数据库的字段名。

48. 一个列表包括两个部分：字段名和_____两项。

标准答案：

1. xlsx；2. 工作簿 1；3.3；4. 文件；5. 内存；6. 单元格；7. Enter；8. 活动工作表；9. Ctrl；10. 单元格地址；11. 自动填充；12. 当前日期；13. 当前时间；14. 日期；15. 除数为零；16. 填充柄；17. 单引号；18. 列宽不够；19. Delete；20. 右对齐；21. 左对齐；22. 保留；23. 格式化；24. 数字；25. 页眉或页脚；26.64；27. 表格样式；28. ＝；29. &；30. 交叉运算符；31. 区域运算符；32. $；33. 混合地址；34. B5；B10；35. 相对引用；36. 个数；37. A1＋B1＋C1；38. 变量；39. 计数；40. 关系；41. Delete；42. 行；43. 隐藏；44. 排序；45. 分类汇总；46. 分类汇总；47. 列标题；48. 数据。

第6章 PowerPoint 2010 演示文稿

6.1 是非题

1. 在 PowerPoint 2010 状态栏显示的是正在编辑的文件名称。　　　　　（　　）

2. 占位符标示插入对象位置信息的一个特定区域，是版式中预先设定的图文框。

　　　　　　　　　　　　　　　　　　　　　　　　　　　　　　（　　）

3. 用 Powerpoint 的普通视图，在任何一时刻，主窗口内只能查看或编辑一张幻灯片。　　　　　　　　　　　　　　　　　　　　　　　　　　　　　（　　）

4. 演示文稿中的任何文字对象都可以在大纲视图中编辑。　　　　　（　　）

5. 在普通视图中，单击一个对象后，按住 Ctrl 键，再单击另一个对象，则两个对象均被选中。　　　　　　　　　　　　　　　　　　　　　　　　　（　　）

6. "新建新幻灯片"命令的功能是在当前幻灯片之后插入一张新的幻灯片；"幻灯片副本"命令的功能是在当前幻灯片之前插入一张与当前幻灯片完全一致的幻灯片。（　　）

7. 演示文稿文档被误删后，可以通过组合键 Ctrl＋Z 来恢复。　　　（　　）

8. 可使用组合键 Alt＋F4 退出 PowerPoint 2010　　　　　　　　　（　　）

9. 在 PowerPoint 2010 中的文档中可以插入剪贴画但不可以插入图形文件。

　　　　　　　　　　　　　　　　　　　　　　　　　　　　　　（　　）

10. 在 PowerPoint 2010 中，插入艺术字的操作是执行"插入"→"艺术字"菜单命令完成的。　　　　　　　　　　　　　　　　　　　　　　　　　　　　（　　）

11. 在演示文稿文档中一次只能复制一张已有的幻灯片插入到该文档中。　（　　）

12. 在 PowerPoint 2010 的幻灯片上可以插入多种对象，除了可以插入图形、图表外，还可以插入公式、声音和视频。　　　　　　　　　　　　　　　　（　　）

13. 在 PowerPoint 2010 中插入的批注，不能任意移动其位置。　　（　　）

14. PowerPoint 提供的内容模板包含了预定义的各种格式，不仅包含实际文本内容，还提供建议内容和演播方式。　　　　　　　　　　　　　　　　　（　　）

15. 可以通过设置版式、使用母版、选择配色方案和应用设计模板等方法来改变和设置幻灯片的外观。　　　　　　　　　　　　　　　　　　　　　　　（　　）

16. PowerPoint 提供的主题只包含预定义的各种格式，不包含实际文本内容。

　　　　　　　　　　　　　　　　　　　　　　　　　　　　　　（　　）

17. 幻灯片母版是幻灯片层次结构中的顶层幻灯片，用于存储有关演示文稿的主题和幻灯片版式。　　　　　　　　　　　　　　　　　　　　　　　　　（　　）

18. 一个演示文稿只能有一张应用标题母版的标题页。 （ ）

19. 标题幻灯片母版控制的是演示文稿的第一张幻灯片的格式。 （ ）

20. 利用"幻灯片切换"功能可对每张幻灯片的出现和换片方式进行设定，但换片速度不能设定。 （ ）

21. 利用 PowerPoint 2010 可以利用已有的"动画方案"设计动画效果，不能"自定义设置"动画。 （ ）

22. 没有安装 PowerPoint 软件的环境下没有办法播放演示文稿。 （ ）

23. 要放映幻灯片，不管是使用"幻灯片放映"选项卡的"从头开始"命令放映，还是单击"视图控制"按钮栏上的"幻灯片放映"按钮放映，都要从第一张开始放映。 （ ）

24. PowerPoint 在放映幻灯片时，必须从第一张幻灯片开始放映。 （ ）

25. 利用排练计时功能，可以设定每张幻灯片的播放时间，以及整个演示文稿的播放时间。 （ ）

26. 在播放演示文稿时，演讲者可以在幻灯片标记重点，出现错误还可以随时擦除。 （ ）

27. 在幻灯片放映过程中，用户可以在幻灯片上写字或画画，这些内容将保存在演示文稿中。 （ ）

标准答案：

1. B；2. A；3. A；4. A；5. A；6. B；7. A；8. A；9. B；10. A；11. B；12. A；13. B；14. A；15. A；16. A；17. A；18. B；19. A；20. B；21. B；22. B；23. B；24. B；25. A；26. A；27. B。

6.2 单选题

1. 下列有关 PowerPoint 2010 演示文稿的说法，正确的是_____。 （ ）
   A. 演示文稿可以嵌入 Excel 工作表
   B. 可以将演示文稿文档保存为 Web 页
   C. 可以把演示文稿 A. PPT 插入到另一演示文稿 B. PPT 中
   D. 以上说法均正确

2. 退出 PowerPoint 2010 编辑环境的组合键是_____。 （ ）
   A. Alt＋F4　　　　B. Ctrl＋S　　　　C. Ctrl＋O　　　　D. Alt＋F6

3. 在 PowerPoint 2010 中，potx 文件是_____文件类型。 （ ）
   A. 演示文稿 　　　　　　　　B. 模板文件
   C. 其他版本文稿 　　　　　　D. 可执行文件

4. 在 PowerPoint 2010 的浏览视图下，按住 Ctrl 键并拖动某幻灯片，可以完成_____操作。 （ ）
   A. 删除幻灯片 　　　　　　　B. 选定幻灯片
   C. 移动幻灯片 　　　　　　　D. 复制幻灯片

5. 在 PowerPoint 2010 中，当在幻灯片中移动多个对象时_____。　　　（　　）

    A. 只能以英寸为单位移动这些对象

    B. 一次只能移动一个对象

    C. 可以将这些对象编组，把它们视为一个整体

    D. 修饰演示文稿中各个幻灯片的布局

6. 在 PowerPoint 2010 中用以显示文件名的栏目是_____。　　　（　　）

    A. 状态栏　　　　　B. 常用工具栏　　　C. 标题栏　　　　D. 菜单栏

7. 在 PowerPoint 中，为了在切换幻灯片时添加声音，可以使用_____选项卡的
"声音"命令。　　　（　　）

    A."工具"　　　　　　　　　　　　B."插入"

    C."幻灯片放映"　　　　　　　　　D."编辑"

8. 在 PowerPoint 2010 中，幻灯片_____是一张特殊的幻灯片，包含已设定格式
的占位符，这些占位符是为标题、主要文本和所有幻灯片中出现的背景项目而
设置的。　　　（　　）

    A. 样式　　　　　　B. 母版　　　　　C. 模板　　　　　D. 版式

9. 在 PowerPoint 2010 中，如果有额外的一两行不适合文本占位符的文本，则
PowerPoint 会_____。　　　（　　）

    A. 不调整文本的大小，也不显示超出部分

    B. 自动调整文本的大小使其适应占位符

    C. 不调整文本的大小，超出部分自动移至下一幻灯片

    D. 在"资源管理器"中，鼠标右击演示文件，在快捷选项卡中选择"显示"命令

10. 在 PowerPoint 2010 中，演示文稿与幻灯片的关系是_____。　　　（　　）

    A. 演示文稿中包含幻灯片　　　　B. 相互包含

    C. 幻灯片中有演示文稿　　　　　D. 相互独立

11. 要将 Word 文稿导入 PowerPoint 2010 中，应在下列_____视图中进行。

　　　（　　）

    A. 幻灯片视图　　　　　　　　　B. 大纲视图

    C. 幻灯片浏览视图　　　　　　　D. 备注页视图

12. 在 PowerPoint 2010 的各种视图中，显示单个幻灯片以进行文本编辑的视图是
_____。　　　（　　）

    A. 幻灯片浏览视图　　　　　　　B. 幻灯片视图

    C. 幻灯片放映视图　　　　　　　D. 大纲视图

13. 在 PowerPoint 2010 中，在_____视图下不能给幻灯片添加备注。　（　　）

    A. 大纲　　　　　B. 幻灯片　　　　　C. 幻灯片浏览　　D. 普通

14. 可以看到幻灯片右下角隐藏标志的视图是_____。　　　（　　）

    A. 普通视图　　　　　　　　　　B. 幻灯片视图

    C. 幻灯片浏览视图　　　　　　　D. 大纲视图

15. 在 PowerPoint 2010 中，在_____中可以对幻灯片进行移动、复制和删除操作。

                                                                            ( )

    A. 备注页视图　　　　　　　　　　B. 大纲视图

    C. 幻灯片视图　　　　　　　　　　D. 幻灯片浏览视图

16. 在 PowerPoint 2010 中，如果在大纲视图中输入文本，_____。　　　( )

    A. 该文本只能在幻灯片视图中修改

    B. 该文本既可以在幻灯片视图中修改，也可以在大纲视图中修改

    C. 在大纲视图中用文本框移动文本

    D. 不能在大纲视图中删除文本

17. 在 PowerPoint 2010 的大纲窗口中，不可以_____。　　　　　　( )

    A. 添加文本框　　B. 删除幻灯片　　C. 插入幻灯片　　D. 移动幻灯片

18. 在 PowerPoint 2010 中，在_____下可对幻灯片进行插入、编辑对象的操作。

                                                                           ( )

    A. 幻灯片视图　　　　　　　　　　B. 阅读视图

    C. 幻灯片浏览视图　　　　　　　　D. 备注页视图

19. 下列各项中不能控制幻灯片外观一致的是_____。　　　　　　　( )

    A. 背景　　　　B. 模板　　　　C. 母版　　　　D. 幻灯片视图

20. 在 PowerPoint 2010 中的_____中插入的对象，可出现在每张幻灯片中。

                                                                           ( )

    A. 模板　　　　B. 备注页　　　　C. 母版　　　　D. 版式

21. 在以下_____中插入徽标可以使其在每张幻灯片上的位置自动保持相同。

                                                                           ( )

    A. 讲义母版　　　B. 幻灯片母版　　C. 标题母版　　D. 备注母版

22. 在 PowerPoint 2010 中，不能对个别幻灯片内容进行编辑修改的视图方式是_____。　　　　　　　　　　　　　　　　　　　　　　　( )

    A. 幻灯片视图　　　　　　　　　　B. 幻灯片浏览视图

    C. 大纲视图　　　　　　　　　　　D. 以上都不是

23. 在 PowerPoint 2010 的大纲窗格中，不可以_____。　　　　　　( )

    A. 添加文本框　　　　　　　　　　B. 插入幻灯片

    C. 删除幻灯片　　　　　　　　　　D. 移动幻灯片

24. 可以对幻灯片进行移动、删除、添加、复制、设置动画效果，但不能编辑幻灯片中具体内容的视图是_____。　　　　　　　　　　　　( )

    A. 普通视图　　　　　　　　　　　B. 幻灯片浏览视图

    C. 幻灯片放映视图　　　　　　　　D. 大纲视图

25. 可以方便地设置动画切换、动画效果和排练时间的视图是_____。　( )

    A. 幻灯片浏览视图　　　　　　　　B. 普通视图

    C. 幻灯片视图　　　　　　　　　　D. 大纲视图

26. 在 PowerPoint 中，采用"另存为"命令，不能将文件保存为＿＿＿＿＿。　　（　　）

    A. 文本文件（＊.txt）　　　　　　　B. Web 页（＊.htm）

    C. 大纲/RTF 文件（＊.rtf）　　　　　D. PowerPoint 放映（＊.pps）

27. PowerPoint 2010 演示文稿的扩展名是＿＿＿＿＿。　　　　　　　　（　　）

    A. PPT　　　　　　B. XSL　　　　　　C. DOC　　　　　　D. PPTX

28. 在 PowerPoint 2010 的演示文稿中添加超链接后，可利用它在放映幻灯片时跳

    转到设定的＿＿＿＿＿。　　　　　　　　　　　　　　　　　　　（　　）

    A. 其它演示文稿　　　　　　　　　　B. Word 文档

    C. Excel 文档　　　　　　　　　　　D. 以上均可

29. 在编辑演示文稿时，要在幻灯片中插入表格、剪贴画或照片等图形，应在

    ＿＿＿＿＿中进行。　　　　　　　　　　　　　　　　　　　　（　　）

    A. 备注页视图　　　　　　　　　　　B. 幻灯片浏览视图

    C. 幻灯片窗格　　　　　　　　　　　D. 大纲窗格

30. 在一张幻灯片中，若对一幅图片及文本框设置成一致的动画显示效果时，则正

    确的是＿＿＿＿＿。　　　　　　　　　　　　　　　　　　　　（　　）

    A. 图片有动画效果，文本框没有动画效果

    B. 图片没有动画效果，文本框有动画效果

    C. 图片有动画效果，文本框也有动画效果

    D. 图片没有动画效果，文本框也没有动画效果

31. ＿＿＿＿＿选项是查找用于 PowerPoint 2010 演示文稿的动画图像的最佳位置。

    （　　）

    A. Microsoft Online

    B. Word 剪贴画

    C. PowerPoint"工具"菜单上的"加载宏"

    D. 使用 Windows 的文件搜索

32. 欲为幻灯片中的文本创建超级链接，可用＿＿＿＿＿选项卡中的"超级链接"命令。

    （　　）

    A."文件"　　　　B."编辑"　　　　C."插入"　　　　D."幻灯片"

33. 在 PowerPoint 2010 中，在当前打开的演示文稿上设计基本动画是在＿＿＿＿＿。

    （　　）

    A."幻灯片放映"菜单中的"自定义动画"

    B."幻灯片放映"菜单中的"预设动画"

    C."幻灯片放映"菜单中的"基本动画"

    D."幻灯片放映"菜单中的"动作设置"

34. 在 PowerPoint 2010 中，对文字设置动画时，以下叙述正确的是＿＿＿＿＿。

    （　　）

    A. 按字引入文本，对西文是逐个单词出现，对中文是逐字出现

B. 整批发送即幻灯片内的文字内容一起出现

C. 按字母引入文本，对汉字而言是逐字出现

D. 按照第一层段落分组，表示以最低层段落为动画单位

35. 在 PowerPoint 2010 中，幻灯片模板的设置可以_____。 （　　）

    A. 统一整套幻灯片的风格　　　　B. 统一标题内容

    C. 统一图片内容　　　　　　　　D. 统一页码内容

36. 在美化演示文稿版面时，以下不正确的说法是_____。 （　　）

    A. 可以对某张幻灯片的背景进行设置

    B. 可以对某张幻灯片修改配色方案

    C. 套用模板后将使整套演示文稿有统一的风格

    D. 无论是套用模板、修改配色方案、设置背景都只能使各章幻灯片风格统一

37. PowerPoint 中改变正在编辑的演示文稿主题的方法是_____。 （　　）

    A. "设计"选项卡下的"主题"命令

    B. "插入"选项卡下的"版式"命令

    C. "幻灯片放映"选项卡下的"自定义动画"命令

    D. "切换"选项卡下的"主题"命令

38. PowerPoint 2010 提供了多种_____，它包含了相应的配色方案、母版和字体样式等，可供用户快速生成风格统一的演示文稿。 （　　）

    A. 版式　　　　B. 模板　　　　C. 样式　　　　D. 幻灯片

39. 在 PowerPoint 2010 中，幻灯片_____是一张特殊的幻灯片，包含已设定格式的占位符，这些占位符是为标题、主要文本和所有幻灯片中出现的背景项目而设置的 （　　）

    A. 样式　　　　B. 母版　　　　C. 模板　　　　D. 版式

40. 在幻灯片的切换中，不可以设置幻灯片的_____。 （　　）

    A. 效果　　　　　　　　　　　　B. 颜色

    C. 换页方式　　　　　　　　　　D. 声音

41. PowerPoint 2010 中"自定义动画"的设置_____。 （　　）

    A. 鼠标和时间都不能控制动画的启动

    B. 只能用鼠标来控制，不能用时间来控制动画的启动。

    C. 既能用鼠标来控制，也能用时间来控制动画的启动。

    D. 只能用时间来控制，不能用鼠标来控制动画的启动。

42. _____是无法打印出来的。 （　　）

    A. 幻灯片中的图片　　　　　　　B. 幻灯片中的动画

    C. 母版上设置的标志　　　　　　D. 幻灯片的展示时间

43. 自定义动画时，以下不正确的说法是_____。 （　　）

    A. 各种对象均可以设置动画　　　B. 动画设置后，先后顺序不可改变

    C. 可以删除添加的效果　　　　　D. 动画设置后，先后顺序可以改变

44. 在 PowerPoint 软件中，可以为文本、图形等对象设置动画效果，以突出重点或增加演示文稿的趣味性。设置动画效果可采用_____选项卡的"动画"命令。　（　　）

    A. "插入"　　　　B. "动画"　　　　C. "设计"　　　　D. "视图"

45. 在 PowerPoint 中，可以创建某些_____，在幻灯片放映时单击它们，就可以跳转到特定的幻灯片或运行一个嵌入的演示文稿。　（　　）

    A. 按钮　　　　B. 过程　　　　C. 替换　　　　D. 粘贴

46. 在 PowerPoint 2010 的幻灯片放映过程中，要结束放映，可操作的方法有_____。　（　　）

    A. 单击鼠标　　　　　　　　B. 按"Ctrl＋E"组合键
    C. 按"Esc"键　　　　　　　D. 按"Enter"键

47. 下列哪一项不能在全屏幕上放映幻灯片？_____　（　　）

    A. 单击"幻灯片放映"按钮
    B. 单击"幻灯片放映"→"观看放映"命令
    C. 单击"视图"→"幻灯片放映"命令
    D. 单击"幻灯片浏览视图"按钮

48. 放映幻灯片有多重方法，在默认状态下，_____可以不从第一张幻灯片开始放映。　（　　）

    A. 选择"视图"→"幻灯片放映"
    B. 在"资源管理器"中右击演示文稿文件，在快捷菜单中选择"显示"
    C. 单击视图按钮栏上的幻灯片放映按钮
    D. 选择"幻灯片放映"→"观看放映"

49. 在幻灯片放映时，用户可以利用绘图笔在幻灯片上写字或画线，这些内容_____。　（　　）

    A. 在本次演示中不可删除　　　B. 在本次演示中可以删除
    C. 自动保存在演示文稿中　　　D. 以上都不对

50. 在幻灯片放映时，用户可以利用绘图笔在幻灯片上做出标记，这些内容_____。　（　　）

    A. 自动保存在演示文稿中　　　B. 不能保存在演示文稿中
    C. 在本次演示中不可擦除　　　D. 在本次演示中可以擦除

51. PowerPoint 可以用彩色、灰色或黑白打印演示文稿的幻灯片、大纲、备注和_____。　（　　）

    A. 观众讲义　　　　　　　　B. 所有图片
    C. 所有表格　　　　　　　　D. 所有动画设置情况

52. 在 PowerPoint 2010 中，对于已创建的多媒体演示文稿可以用_____功能使其能在没有安装 PowerPoint 2010 的环境下放映。　（　　）

    A. "文件"→"打包成 CD"　　　B. "文件"→"发送"
    C. "复制"　　　　　　　　　D. "幻灯片放映"→"设置幻灯片放映"

53. 演示文稿的打包默认位置是_____。 （　　）

    A. C 盘"我的文档"文件夹中　　　　B. 当前用户盘"我的文档"文件夹中

    C. C 盘当前文件夹　　　　　　　　D. 当前盘当前文件中

标准答案：

1. D；2. A；3. B；4. D；5. C；6. C；7. C；8. B；9. B；10. A；11. A；12. B；13. C；14. C；15. D；
16. B；17. A；18. A；19. D；20. C；21. B；22. B；23. A；24. B；25. C；26. A；27. D；28. D；29. C；
30. C；31. A；32. C；33. A；34. C；35. A；36. D；37. A；38. C；39. D；40. B；41. C；42. B；43. B；
44. B；45. A；46. C；47. D；48. C；49. B；50. D；51. A；52. A；53. A。

6.3　多选题

1. 在 PowerPoint 2010 的操作界面上有：_____。 （　　）

    A. 标题栏　　　　　　　　　　　B. "常用"工具栏

    C. "格式"工具栏　　　　　　　　D. "绘图"工具栏

2. 编辑 PowerPoint 演示文稿文本占位符中的文字可以在_____中进行。 （　　）

    A. 大纲窗格　　　　　　　　　　B. 幻灯片窗格

    C. 备注页视图　　　　　　　　　D. 幻灯片浏览视图

3. 在下列 PowerPoint 的各种视图中，可编辑、修改幻灯片内容的视图有_____。

                                                 （　　）

    A. 大纲视图　　　　　　　　　　B. 幻灯片浏览视图

    C. 幻灯片放映视图　　　　　　　D. 普通视图

4. PowerPoint 2010 为了便于编辑和调试演示文稿，提供了_____视图显示方式。

                                                 （　　）

    A. 大纲视图　　　　　　　　　　B. 普通视图

    C. 页面视图　　　　　　　　　　D. 主控文档视图

5. 在 PowerPoint 的幻灯片浏览视图中，可进行的工作有_____。 （　　）

    A. 复制幻灯片　　　　　　　　　B. 幻灯片文本内容的编辑修改

    C. 设置幻灯片的动画效果　　　　D. 可以进行"动画"设置

6. 启动 PowerPoint 2010 的方法有如下几种：_____。 （　　）

    A. 单击"开始"→"所有程序"→"Microsoft Office"→"Microsoft Office PowerPoint 2010"命令

    B. 在桌面上双击快捷方式图标启动

    C. 在"Windows 资源管理器"中用鼠标双击后缀名为 .PPTX 的文件

    D. 在"我的电脑"中用鼠标双击后缀名为 .PPTX 的文件

7. 创建新演示文稿的方法有_____。 （　　）

    A. 用内容提示向导新建文稿　　　B. 根据设计模板新建文稿

    C. 根据现有演示文稿新建　　　　D. 用 Word 文档另存为新演示文稿

8. 利用 PowerPoint 2010 创建新的演示文稿的方法。在启动进入 PowerPoint 2010 以后，可由_____方法来创建新的演示文稿。　　　　　　（　　）

A. 主题　　　　　　　　　　　　B. 模板

C. 空白演示文稿　　　　　　　　D. 已有演示文稿

9. 删除幻灯片，可以通过以下几种途径实现：_____。　　　　　（　　）

A. 单击要删除的幻灯片图标，点击右键选删除幻灯片

B. 单击要删除的幻灯片图标，然后按 Del 键

C. 单击要删除的幻灯片图标，然后按 Ctrl 键

D. 单击要删除的幻灯片图标，然后按 Shift 键

10. 在 PowerPoint 2010 中的文档中可以插入的对象有_____等。　（　　）

A. 影片　　　　B. 声音　　　　C. 图表　　　　D. 图形

11. 在 PowerPoint 中，以下叙述正确的有_____。　　　　　　（　　）

A. 一个演示文稿中只能有一张应用"标题幻灯片"母版的幻灯片

B. 在任一时刻，幻灯片窗格内只能编辑一张幻灯片

C. 在幻灯片上可以插入多种对象，除了可以插入图片、图表外，还可以插入声音、公式和视频等

D. 备注页的内容与幻灯片内容分别存储在两个不同的文件中

12. 在 PowerPoint 2010 文档中可插入的声音有：_____。　　　（　　）

A. 剪辑管理器中的声音　　　　　B. 文件中的声音

C. 播放 CD 乐曲　　　　　　　　D. 录制声音

13. 在 PowerPoint 2010 中 Smart Art 图形和图表不同，Smart Art 图形类型包括_____等。　　　　　　　　　　　　　　　　　　　　（　　）

A. 组织结构图　　　　　　　　　B. 目标图

C. 维恩图　　　　　　　　　　　D. 棱锥图

14. 在 PowerPoint 2010 中的"超链接"，可以链接到_____。　　（　　）

A. 同一演示文稿中的幻灯片　　　B. 本机上的其它文档

C. 纸质书本　　　　　　　　　　D. Internet 上的某个文档

15. PowerPoint 提供了两类模板，它们是_____。　　　　　　（　　）

A. 设计模板　　B. 普通模板　　C. 备注页模板　　D. 内容模板

16. 幻灯片的背景填充可使用_____几种效果。　　　　　　　　（　　）

A. 渐变　　　　B. 纹理　　　　C. 图案　　　　D. 图片

17. PowerPoint 2010 提供的版式有_____。　　　　　　　　　（　　）

A. 文字版式　　　　　　　　　　B. 内容版式

C. 文字和内容版式　　　　　　　D. 其他版式

18. 控制幻灯片外观的方法有_____等多种。　　　　　　　　　（　　）

A. 背景　　　　　　　　　　　　B. 母版

C. 设计模板　　　　　　　　　　D. 版式

19. 在 PowerPoint 2010 中有_____等母版。 （　　）

    A. 幻灯片母版　　　　　　　　　　B. 讲义母版

    C. 图片母版　　　　　　　　　　　D. 备注母版

20. 在"自定义动画"中可以对设置动画对象的动画效果，包括_____等。 （　　）

    A. 进入　　　　　B. 强调　　　　　C. 退出　　　　　D. 动作路径

21. 幻灯片打印内容的选择有_____。 （　　）

    A. 备注页　　　　　　　　　　　　B. 讲义

    C. 幻灯片　　　　　　　　　　　　D. 大纲视图

22. 将演示文稿发布到 Web 服务器必须具备_____条件。 （　　）

    A. 演示文稿按 HTML 格式保存　　　B. 有 FTP 服务器的支持

    C. 具有访问权限　　　　　　　　　D. 必须打包

标准答案：

1. ABCD；2. AB；3. AD；4. AB；5. AC；6. ABCD；7. ABC；8. ABC；9. AB；10. ABCD；11. BC；12. ABCD；13. ABD；14. ABD；15. AD；16. ABCD；17. ABCD；18. ABC；19. ABD；20. ABCD；21. ABCD；22. ABC。

6.4 填空题

1. 如果有多张幻灯片要选择，按下_____键，再单击各个欲复制的幻灯片图标。

2. 将文本添加到幻灯片中的最简易的方式是直接将文本键入在幻灯片的任何占位符中。要在占位符外的其他地方添加文字，应该先在幻灯片中插入_____。

3. 在幻灯片中的文字，一般有标题文字、_____及文本框文字等。

4. 在 PowerPoint 2010 中，要将幻灯片编号显示在幻灯片的右上方，应在_____视图中设置。

5. 在打印预览模式下，用户可以分别预览演示文稿中的幻灯片、讲义、备注页和_____视图。

6. PowerPoint 中提供了 6 种视图方式，分别是：普通视图、_____、幻灯片浏览视图、备注页视图、幻灯片放映视图、母版视图。

7. PowerPoint 2010 的普通视图可同时显示幻灯片、大纲和_____，而这些视图所在的窗口都可以调整大小，以便可以看到所有的内容。

8. 在_____视图中，可以方便地利用工具栏给幻灯片加切换效果。

9. 用 PowerPoint 应用程序所创建的用于演示的文件称为演示文稿，其扩展名为_____，模板文件的扩展名为 POTX。

10. 幻灯片中的文字可以设置"超链接"，可以链接到同一演示文稿中的幻灯片，也可以链接至其他的文档，甚至链接至_____。

11. 在建立一份演示文稿时，有时候需要对某些文字做特别的说明，此时可以在幻灯片或者文字上插入_____，让文字内容说明更详细。

12. 母版有_____、讲义母版、备注母版3种类型。

13. 在播放时，可以利用"_____"功能对每张幻灯片的出现和换片方式以及换片速度进行设定。

14. PowerPoint 2010设定动画效果可以使用"动画方案"和"_____"两种方式。

15. PowerPoint 2010提供将演示文稿"_____"的功能，这样制作的演示文稿在没有PowerPoint的环境下也可以正常播放。

标准答案：

1. Ctrl；2. 文本框；3. 副标题文字；4. 幻灯片；5. 大纲；6. 阅读视图；7. 备注；8. 幻灯片浏览；9. PPTX；10. Internet；11. 批注；12. 幻灯片母版；13. 幻灯片切换；14. 自定义动画；15. 打包成CD。

第7章 计算机网络及 Internet

7.1 是非题

1. 广域网是一种广播网。 （　　）

2. 计算机网络本身是一个高度冗余容错的计算机系统。 （　　）

3. 网关又称协议转换器，是不同类型的局域网相连接的设备。 （　　）

4. 分布式处理是计算机网络的特点之一。 （　　）

5. 分组交换网也叫 X.25 网。 （　　）

6. 计算机网络由连接对象、连接介质、连接的控制机制、连接的方式与结构四个方面组成。 （　　）

7. 计算机协议实际是一种网络操作系统，它可以确保网络资源的充分利用。

（　　）

8. 网卡是网络通信的基本硬件，计算机通过它与网络通信线路相连接。 （　　）

9. Yahoo 是典型的目录搜索引擎。 （　　）

10. Internet 是计算机网络的网络。 （　　）

11. 数字签名(Digital Signature)又称为电子签名，是对网络上传输的信息进行签名确认的一种方式。 （　　）

12. 浏览器的作用是文本编辑。 （　　）

13. 组建局域网时，网卡是必不可少的网络通信硬件。 （　　）

14. WWW 中的超文本文件是用超文本标识语言(HTML)来书写的，因此也将超文本文件称 txt 文件。 （　　）

15. 在"客户机/服务器"体系结构中，网络操作系统的主要部分放在客户机上，服务器上只放和客户机通信的部分。 （　　）

16. 搜索引擎是一个应用程序。 （　　）

17. 分组交换技术，是将需交换的数据分割成一定大小的信息包，分时进行传输。

（　　）

18. 对称密钥密码体系也称为常规密钥密码体系，即加密解密采用两个不同的密钥。

（　　）

19. 网络新闻组 USENET 是 WWW 中发布新闻的页面。 （　　）

20. DDN 是一种数字传输网络。 （　　）

21. 外置调制解调器连接到计算机的 RS232 口上。 （　　）

22. IE 是美国微软 Web 浏览器 Internet Explorer 的简称。   (   )

23. 每次打开 IE 浏览器，最先显示的 Web 页不能由用户自行设置。   (   )

24. 发送电子邮件时，一次只能发送给一个用户。   (   )

25. IPv6 地址的长度为 64 bit。   (   )

26. IP 地址 127.0.0.1 是一个 C 类地址。   (   )

27. 路由器由于互联多个网络，因此只有 IP 地址，没有硬件地址。   (   )

28. 局域网使用的三种典型的"拓扑结构"是星形、总线型、环形。   (   )

29. 为了提高双绞线的抗电磁干扰的能力，可以在双绞线的外面再加上一个用金属丝编织成的屏蔽层。这就是屏蔽双绞线。   (   )

30. IP 地址 192.1.1.2 属于 C 类地址，其默认的子网掩码为 255.255.255.0。

(   )

标准答案：

1. B；2. A；3. A；4. A；5. A；6. A；7. B；8. A；9. A；10. A；11. A；12. B；13. A；14. B；15. B；
16. B；17. A；18. B；19. B；20. A；21. A；22. A；23. B；24. B；25. B；26. B；27. B；28. A；
29. A；30. A。

7.2 单选题

1. Internet 是由_____发展而来的。   (   )

A. 局域网   B. ARPANET   C. 标准网   D. WAN

2. 按网络的范围和计算机之间的距离划分的是_____。   (   )

A. NetWare 和 Windows NT   B. WAN 和 LAN

C. 星形网络和环形网络   D. 公用网和专用网

3. 关于 Internet，下列说法不正确的是_____。   (   )

A. Internet 是全球性的国际网络   B. Internet 起源于美国

C. 通过 Internet 可以实现资源共享   D. Internet 不存在网络安全问题

4. 在基于个人计算机的局域网中，网络的核心是_____。   (   )

A. 通信线   B. 网卡   C. 交换机   D. 路由器

5. 从用户的角度看，Internet 是一个_____。   (   )

A. 广域网   B. 远程网   C. 综合业务网   D. 信息资源网

6. 在局域网络通信设备中，集线器具有_____的作用。   (   )

A. 再生信号   B. 管理多路通信

C. 放大信号   D. 以上三项都是

7. 一座办公大楼内各个办公室中的计算机进行联网，这个网络属于_____。

(   )

A. WAN   B. LAN   C. MAN   D. GAN

8. 不同体系的局域网与主机相连，应使用_____。 （　　）
   A. 网桥　　　　　B. 网关　　　　　C. 路由器　　　　　D. 集线器

9. Internet 是全球最具影响力的计算机互联网，也是世界范围的重要的_____。
   （　　）
   A. 信息资源网　　　B. 多媒体网络　　　C. 办公网络　　　D. 销售网络

10. Internet 网络协议的基础是_____。 （　　）
    A. Windows NT　　　　　　　　　B. NetWare
    C. IPX/SPX　　　　　　　　　　　D. TCP/IP

11. 下列说法中正确的是_____。 （　　）
    A. 网络中的计算机资源主要指服务器、路由器、通信线路与用户计算机
    B. 网络中的计算机资源主要指计算机操作系统、数据库与应用软件
    C. 网络中的计算机资源主要指计算机硬件、软件、数据库
    D. 网络中的计算机资源主要指 Web 服务器、数据库服务器和文件服务器

12. 从匿名服务器上下载文件，用户须以_____作为用户名。 （　　）
    A. ANYMOUS　　　　　　　　　　B. ANONYMOUS
    C. 入网者的用户名　　　　　　　　D. 入网者的 E-mail 地址

13. 从匿名服务器上下载文件，必须以_____作为登录匿名服务器的口令字。
    （　　）
    A. ANYMOUS　　　　　　　　　　B. ANONYMOUS
    C. 入网者的用户名　　　　　　　　D. 入网者的 E-mail 地址

14. 与 Internet 相连的任何一台计算机，不管是最大型还是最小型的，都被称为
    Internet _____。 （　　）
    A. 服务器　　　　B. 工作站　　　　C. 客户机　　　　D. 主机

15. 通过局域网联入 Internet，除了正确配置网卡外，还必须安装_____协议。
    （　　）
    A. IPX/SPX　　　　B. TCP/IP　　　　C. SMTP　　　　D. 以上三项

16. 以下不属于计算机网络的物理组成的是_____。 （　　）
    A. 网卡　　　　　B. 路由器　　　　C. 鼠标　　　　　D. 集线器

17. 局域网的网络硬件主要包括网络服务器、工作站、_____和通信介质。（　　）
    A. 计算机　　　　B. 网卡　　　　　C. 网络拓扑结构　　D. 网络协议

18. 常用的有线通信介质包括双绞线、同轴电缆和_____。 （　　）
    A. 微波　　　　　B. 红外线　　　　C. 光缆　　　　　D. 激光

19. 为网络提供共享资源并对这些资源进行管理的计算机称为_____。 （　　）
    A. 网卡　　　　　B. 服务器　　　　C. 工作站　　　　D. 网桥

20. 网络的物理拓扑结构可分为_____。 （　　）
    A. 星形、环形、树形和路径型　　　B. 星形、环形、路径型和总线型
    C. 星形、环形、局域型和广域型　　D. 星形、环形、树形和总线型

21. _____多用于同类局域网之间的互联。　　　　　　　　　　　（　　）

    A. 中继器　　　　　B. 网桥　　　　　　C. 路由器　　　　　D. 网关

22. Wi-Fi 是_____。　　　　　　　　　　　　　　　　　　　（　　）

    A. 支持同种类型的计算机网络互联的通信协议

    B. 一个无线网络通信技术的品牌

    C. 聊天软件

    D. 广域网技术

23. 主机域名 public. km. yn. cn 由 4 个子域组成，其中_____表示主机名。（　　）

    A. public　　　　　B. km　　　　　　　C. yn　　　　　　　D. cn

24. 主机域名 public. tpt. hz. cn 由 4 个子域组成，其中_____表示最高层域。

    　　　　　　　　　　　　　　　　　　　　　　　　　　　　（　　）

    A. public　　　　　B. tpt　　　　　　　C. hz　　　　　　　D. cn

25. 计算机网络最突出的优点是_____。　　　　　　　　　　　（　　）

    A. 运算速度快　　　　　　　　　　　B. 联网的计算机能够相互共享资源

    C. 计算精度高　　　　　　　　　　　D. 内存容量大

26. Internet A 类网络中最多约可以容纳_____台主机。　　　　（　　）

    A. 1677 万台　　　B. 16777 万台　　　C. 16.7 亿台　　　D. 167 亿台

27. 计算机网络最主要的特点是_____。　　　　　　　　　　　（　　）

    A. 电子邮件　　　B. 资源共享　　　C. 文件传输　　　D. 科学计算

28. 严格说来，Internet 中所提到的客户是指一个_____。　　　（　　）

    A. 计算机　　　B. 计算机网络　　　C. 用户　　　　D. 计算机软件

29. 计算机网络的功能主要表现在硬件资源共享、软件资源共享和_____三个方面。

    　　　　　　　　　　　　　　　　　　　　　　　　　　　　（　　）

    A. 信息交换　　　B. 聊天　　　　C. 网游　　　　D. 科学计算

30. TCP 的主要功能是_____。　　　　　　　　　　　　　　　（　　）

    A. 进行数据分组　　　　　　　　　　B. 保证可靠传输

    C. 确定数据传输路径　　　　　　　　D. 提高传输速度

31. 计算机网络的主要目的是_____。　　　　　　　　　　　　（　　）

    A. 使用计算机更方便

    B. 学习计算机网络知识

    C. 测试计算机技术与通信技术结合的效果

    D. 共享联网计算机资源

32. 如果想要连接到一个安全的 WWW 站点，应当以_____开头来书写统一资源定位器。　　　　　　　　　　　　　　　　　　　　　　　　　（　　）

    A. shttp://　　　　B. http:s//　　　　C. http://　　　　D. https://

33. 以下不是 Internet 应用的是_____。　　　　　　　　　　　（　　）

    A. 电子邮件　　　B. 信息搜索　　　C. 电子商务　　　D. 科学计算

34. 以下电子邮件地址正确的是_____。 （   ）

    A. fox a publictpt. tj. com   B. public tyt. tycn@fox

    C. fox@public tpt tj. corn   D. fox@public. tpt. tj. corn

35. 已知接入 Internet 网的计算机用户名为 lzhlang，而连接的服务商主机名为 public. km. yn. cn，相应的 E-mail 地址应为_____。 （   ）

    A. lzhang@public. km. yn. cn   B. @lzhang. public. km. yn. cn

    C. lzhang. public@km. yn. cn   D. public. km. yn. cn@lzhang

36. 计算机网络从体系结构到实用技术已逐步走向系统化、科学化和_____。（   ）

    A. 工程化   B. 网络化   C. 自动化   D. 科学化

37. 下列叙述中，不正确的是_____。 （   ）

    A. FTP 提供了因特网上任意两台计算机相互传输文件的机制，因此它是用户获得大量 Internet 资源的重要方法

    B. WWW 是利用超文本和超媒体技术组织和管理信息或信息检索的系统

    C. E-mail 是用户或用户组之间通过计算机网络收发信息的服务

    D. 当拥有一台 586 个人计算机和一部电话机时，只要再安装一个调制解调器 Modem，便可将个人计算机连接到因特网上了

38. 网络中的任何一台计算机必须有一个地址，而且_____。 （   ）

    A. 不同网络中的两台计算机的地址不允许重复

    B. 同一个网络中的两台计算机的地址不允许重复

    C. 同一个网络中的两台计算机的地址允许重复

    D. 两台不在同一个城市的计算机的地址允许重复

39. 在计算机通信中，传输的是信号，把由计算机产生的数字信号直接进行传输的方式称为_____。 （   ）

    A. 基带传输   B. 宽带传输   C. 调制   D. 解调

40. 在计算机网络中，"带宽"这一术语表示_____。 （   ）

    A. 数据传输的宽度   B. 数据传输的速率

    C. 计算机位数   D. CPU 主频

41. 下列叙述中，错误的是_____。 （   ）

    A. 发送电子函件时，一次发送操作只能发送给一个接收者

    B. 收发电子函件时，接收方无须了解对方的电子函件地址就能发回函

    C. 向对方发送电子函件时，并不要求对方一定处于开机状态

    D. 使用电子函件的首要条件是必须拥有一个电子信箱

42. 下面关于交换机和集线器的说法错误的是_____。 （   ）

    A. 交换机为每个端口提供专用的带宽

    B. 集线器为每个端口提供专用的带宽

    C. 交换机是星形网络的中心节点

    D. 集线器是星形网络的中心节点

43. 所谓互联网是指_____。 （　）

　　A. 大型主机与远程终端相互连接起来

　　B. 若干台大型主机相互连接起来

　　C. 同种类型的网络及其产品相互连接起来

　　D. 同种或异种类型的网络及其产品相互连接起来

44. 通过电话线 ADSL 接入 Internet 需各种条件，以下各项中不是必需的是_____。

　　　　　　　　　　　　　　　　　　　　　　　　　　　　　　　　 （　）

　　A. IE 浏览器　　　　　　　　　　　B. 电话线

　　C. 网卡　　　　　　　　　　　　　D. 调制解调器

45. 在计算机网络中，TCP/IP 是一组_____。 （　）

　　A. 支持同种类型的计算机网络互联的通信协议

　　B. 支持异种类型的计算机网络互联的通信协议

　　C. 局域网技术

　　D. 广域网技术

46. 调制解调器(Modem)的功能是实现_____。 （　）

　　A. 模拟信号与数字信号的转换　　　B. 模拟信号放大

　　C. 数字信号编码　　　　　　　　　D. 数字信号的整形

47. 电子邮件的特点之一是_____。 （　）

　　A. 采用存储-转发方式在网络上逐步传递信息，不像电话那样直接、即时，但
　　　　费用较低

　　B. 在通信双方的计算机都开机工作的情况下，方可快速传递数字信息

　　C. 比邮政信函、电报、电话、传真都更快

　　D. 只要在通信双方的计算机之间建立起直接的通信线路，便可快速传递数字
　　　　信息

48. 中国教育和科研计算机网络是_____。 （　）

　　A. CHINANET　　　　　　　　　　B. CSTNET

　　C. CERNET　　　　　　　　　　　D. CGBNET

49. 下列叙述中，不正确的是_____。 （　）

　　A. Netware 是一种客户机/服务器类型的网络操作系统

　　B. 互联网的主要硬件设备有中继器、网桥、网关和路由器

　　C. 个人计算机一旦申请了账号并采用 PPP 拨号方式接入 Internet 后，该机就
　　　　拥有了固定的 IP 地址

　　D. 目前我国广域网的通信手段大多是采用电信部门的公共数字通信网，普遍
　　　　使用的传输速率一般在 10Mb/s～100Mb/s

50. 当前我国的_____主要以科研和教育为目的，从事非经营性的活动。 （　）

　　A. 金桥信息网(GBNet)　　　　　　B. 中国公用计算机网(ChinaNet)

　　C. 中科院网络(CSTNet)　　　　　D. 中国教育和科研网(CERNET)

51. 一个用户若想使用电子邮件功能，应当_____。 （ ）

    A. 通过电话得到一个电子邮局的服务支持

    B. 使自己的计算机通过网络得到网上一个 E-mail 服务器的服务支持

    C. 把自己的计算机通过网络与附近的一个邮局连起来

    D. 向附近的一个邮局申请，办理建立一个自己专用的信箱

52. 网络要有条不紊地工作，每台联网的计算机都必须遵守一些事先约定的规则，这些规则称为_____。 （ ）

    A. 标准　　　　　B. 协议　　　　　C. 公约　　　　　D. 地址

53. OS/2 是_____软件。 （ ）

    A. CAD   B. 网络操作系统

    C. 应用系统   D. 数据库管理系统

54. TCP/IP 协议是_____。 （ ）

    A. 用户联入互联网的合同   B. 用户买电脑的合同

    C. 传递、管理信息的一些规范   D. 网络编程的规定

55. 当个人计算机以拨号方式接入 Internet 网时，必须使用的设备是_____。

    （ ）

    A. 电话机　　　B. 浏览器软件　　　C. 网卡　　　D. 调制解调器

56. 在 IPv4 下 IP 地址由_____位二进制数组成。 （ ）

    A. 64　　　　　B. 32　　　　　C. 16　　　　　D. 128

57. 将普通微机连入网络中，至少要在该微机内增加一块_____。 （ ）

    A. 网卡　　　　B. 通信接口板　　　C. 驱动卡　　　D. 网络服务板

58. B 类 IP 地址前 16 位表示网络地址，按十进制来看也就是第一段_____。

    （ ）

    A. 大于 192、小于 256   B. 大于 127、小于 192

    C. 大于 64、小于 127   D. 大于 0、小于 64

59. IP 地址能唯一地确定 Internet 上每台计算机与每个用户的_____。 （ ）

    A. 距离　　　　B. 费用　　　　C. 位置　　　　D. 时间

60. 网络服务器和微机的重要区别是_____。 （ ）

    A. 计算速度快   B. 体积大

    C. 硬盘容量大   D. 外设丰富

61. DNS 是指_____。 （ ）

    A. 域名系统　　B. IP 地址　　　C. 用户的名字　　D. 计算机

62. 信息高速公路的基本特征是_____、交互和广域。

    A. 方便　　　　B. 灵活　　　　C. 直观　　　　D. 高速

63. 在 Internet 中，主机的 IP 地址与域名的关系是_____。 （ ）

    A. IP 地址是域名中部分信息的表示   B. 域名是 IP 地址中部分信息的表示

    C. IP 地址和域名是等价的   D. IP 地址和域名分别表达不同含义

64. 将两个同类局域网（即使用相同的网络操作系统）互联，应使用的设备是_____。 （　　）

　　A. 网卡　　　　　　B. 网关　　　　　　C. 网桥　　　　　　D. 路由器

65. 主机的 IP 地址和主机的域名的关系是_____。 （　　）

　　A. 两者完全是一回事　　　　　　　　B. 一一对应

　　C. 一个 IP 地址对应多个域名　　　　　D. 一个域名对应多个 IP 地址

66. 局域网的网络软件主要包括_____。 （　　）

　　A. 网络操作系统、网络数据库管理系统和网络应用软件

　　B. 服务器操作系统、网络数据库管理系统和网络应用软件

　　C. 网络数据库管理系统和工作站软件

　　D. 网络传输协议和网络应用软件

67. www. kmwh. gov. cn 说明网站是属于_____。 （　　）

　　A. 教育机构　　　B. 商业机构　　　C. 军事机构　　　D. 政府机构

68. http 是一种_____。 （　　）

　　A. 高级程序设计语言　　　　　　　　B. 域名

　　C. 超文本传输协议　　　　　　　　　D. 网址

69. www. sina. com 说明网站是属于_____。 （　　）

　　A. 教育机构　　　B. 商业机构　　　C. 军事机构　　　D. 政府机构

70. 从室外进来的电话线应当和_____连接。 （　　）

　　A. 计算机的串口 2　　　　　　　　　B. 计算机的并口 2

　　C. 调制解调器上标有 Phone 的口　　　D. 调制解调器上标有 Line 的口

71. www. ynu. edu. cn 说明网站是属于_____。 （　　）

　　A. 教育机构　　　B. 商业机构　　　C. 军事机构　　　D. 政府机构

72. 在浏览 Web 网的过程中，你一定会发现有一些自己喜欢的 Web 页，并希望以后多次访问，应当使用的方法是为这个页面_____。 （　　）

　　A. 建立地址簿　　　　　　　　　　　B. 建立浏览历史列表

　　C. 用笔抄写到笔记本　　　　　　　　D. 建立书签

73. WWW 中的超文本文件是用_____来书写的。 （　　）

　　A. ASCII　　　　　　　　　　　　　B. 超文本标识语言（HTML）

　　C. BASIC 语言　　　　　　　　　　　D. 大写字母

74. 在 Internet 中传输的每个分组，必须符合_____定义的格式。 （　　）

　　A. DOS　　　　　B. Windows　　　C. TCP　　　　　D. IP

75. Internet Explorer 浏览器本质上是一个_____。 （　　）

　　A. 连入 Internet 的 TCP/IP 程序

　　B. 连入 Internet 的 SNMP 程序

　　C. 浏览 Internet 上 Web 页面的服务器程序

　　D. 浏览 Internet 上 Web 页面的客户程序

76. ADSL 虚拟拨号入网，可获得_____。 （   ）

    A. 静态 IP 地址   B. 动态 IP 地址   C. 虚拟 IP 地址   D. 虚拟域名

77. 访问 Internet 的网上资源一般是通过以下哪一项？_____ （   ）

    A. 回收站   B. IE 浏览器   C. 网上邻居   D. 我的电脑

78. 当你使用 WWW 浏览页面时，你所看到的文件叫作_____文件。 （   ）

    A. DOS   B. Windows   C. 超文本   D. 二进制

79. 搜索引擎是_____。 （   ）

    A. 电子邮件服务   B. 浏览信息的软件

    C. 是为用户提供信息检索服务的系统   D. 是一种计算工具

80. 如果电子邮件到达时，你的电脑没有开机，那么电子邮件将_____。 （   ）

    A. 退回给发信人   B. 保存在服务商的主机上

    C. 过一会儿对方再重新发送   D. 永远不再发送

81. 以下不属于搜索引擎的是_____。 （   ）

    A. Word   B. 百度   C. 谷歌   D. 搜狗

82. 统一资源定位器的英文缩写为_____。 （   ）

    A. http   B. URI   C. FTP   D. USENET

83. 请指出下列哪一个选项的内容与检索工具无关。_____ （   ）

    A. Google   B. Yahoo   C. Sogou   D. Winzip8.0

84. 为了连入 Internet，以下_____是不必要的。 （   ）

    A. 一条电话线   B. 一个调制解调器

    C. 一个 Internet 账号   D. 一台打印机

85. 在百度搜索工具中，输入的关键词分别为：杭州西湖、"杭州西湖"，一个没有引号另一个带有引号，两种检索的结果有区别吗？_____ （   ）

    A. 没有区别

    B. 有区别，前者检索到的是含有"杭州"而不含有"西湖"的网页

    C. 有区别，后者检索到的是一定含有"杭州西湖"的网页

    D. 这是百度版本不同造成的

86. 任何计算机只要采用_____与 Internet 中的任何一台主机通信，就可以成为 Internet 的一部分。 （   ）

    A. 电话线   B. TCP 协议

    C. IP 协议   D. TCP/IP 协议

87. MSN 是一个_____。 （   ）

    A. 即时通信软件   B. 电子邮件系统

    C. 微软的浏览器   D. 游戏软件

88. 有 16 个 IP 地址，如果动态地分配它们，最多可以允许_____个用户以 IP 方式入网。 （   ）

    A. 1   B. 等于 16   C. 多于 16   D. 少于 16

89. E-mail 是指_____。　　　　　　　　　　　　　　　（　）

　　A. 浏览器　　　B. 聊天工具　　　C. 电子邮件　　　D. 电子政务

90. 下面关于调制解调器（Modem）的描述，正确的是_____。　（　）

　　A. 是一种在模拟信号和数字信号之间进行相互转换的设备

　　B. 是计算机网络中承担数据处理的计算机系统

　　C. 是起信号放大作用延长网络传输距离

　　D. 是可以将相同或不相同网络协议的网络连接在一起

91. 信息安全技术具体包括保密性、完整性、可用性和_____等几方面的含义。（　）

　　A. 信息加工　　　　　　　　　B. 安全立法

　　C. 真实性　　　　　　　　　　D. 密钥管理

92. Internet 提供的服务功能中，FTP 的中文含义是_____。　（　）

　　A. 远程登录　　　　　　　　　B. 文件传输

　　C. 数据库检索　　　　　　　　D. 网络公告板

93. 下面关于密码安全的话错误的是_____。　　　　　　　（　）

　　A. 密码强度是对您密码安全性给出的评级

　　B. 密码强度对用户来说是有用的

　　C. 密码的规律性越强，秘密强度就低

　　D. 密码的规律性越弱，密码强度就低

94. 目前，最常用的 Internet 上网软件，有网景公司的 Netscape Navigator，还有
　　Microsoft 的_____软件。　　　　　　　　　　　　　（　）

　　A. Access　　　　　　　　　　B. Word

　　C. Internet Explorer　　　　　　D. Excel

95. 下面关于计算机病毒的描述中正确的是_____。　　　　（　）

　　A. 一种在计算机系统运行过程中能够实现传染和侵害功能的程序

　　B. 一种在计算机系统运行过程中无用的程序

　　C. 计算机使用者容易得的病

　　D. 一种对人体有害的病毒

96. 接入 Internet 主要采用电话拨号方式，一般需要有计算机、普通电话、通信软
　　件和_____。　　　　　　　　　　　　　　　　　　（　）

　　A. 鼠标　　　　　　　　　　　B. CD-ROM

　　C. 调制解调器　　　　　　　　D. 扫描仪

97. 特洛伊木马是_____。　　　　　　　　　　　　　　　（　）

　　A. 一个游戏　　　　　　　　　B. 一段程序

　　C. 一张图片　　　　　　　　　D. 一个工具

98. Windows 2000 Advanced Server 提供最高达_____路的对称处理器支持。

　　　　　　　　　　　　　　　　　　　　　　　　　　　（　）

　　A. 2　　　　　B. 4　　　　　C. 8　　　　　D. 16

99. 防火墙的主要作用是_____。 （   ）

    A. 防止火灾在建筑物中蔓延

    B. 阻止计算机病毒

    C. 保护网络中的用户、数据和资源的安全

    D. 提高网络运行效率

100. ISDN 给用户 144 kb/s 的速率时，是采用_____接口。 （   ）

    A. 2D＋B   B. B＋D   C. 2D＋2B   D. 2B＋D

101. ISDN 中，每个 B 信道提供的速率为_____。 （   ）

    A. 64 kb/s   B. 128 kb/s   C. 2 Mb/s   D. 16 kb/s

标准答案：

1. B；2. B；3. D；4. C；5. D；6. D；7. B；8. B；9. A；10. D；11. C；12. B；13. D；14. D；15. B；
16. C；17. B；18. C；19. B；20. D；21. B；22. B；23. A；24. D；25. B；26. A；27. B；28. A；29. A；
30. B；31. D；32. C；33. D；34. D；35. A；36. A；37. D；38. B；39. A；40. B；41. A；42. A；43. D；
44. A；45. B；46. A；47. A；48. C；49. C；50. D；51. B；52. B；53. C；54. C；55. D；56. D；57. A；
58. B；59. C；60. C；61. A；62. D；63. C；64. C；65. C；66. A；67. D；68. C；69. C；70. D；71. A；
72. A；73. B；74. D；75. D；76. B；77. B；78. C；79. C；80. B；81. C；82. B；83. D；84. D；85. C；
86. D；87. A；88. B；89. C；90. A；91. C；92. B；93. D；94. C；95. A；96. C；97. B；98. B；99. C；
100. D；101. A。

7.3　多选题

1. 计算机网络的资源共享是_____。 （   ）

    A. 技术共享   B. 软件共享   C. 硬件共享   D. 信息共享

2. 以下为广域网的协议有_____。 （   ）

    A. PPP   B. X. 25   C. SLIP   D. Ethernetll

3. 计算机网络的特点是_____。 （   ）

    A. 资源共享   B. 均衡负载，互相协作

    C. 分布式处理   D. 提高计算机的可靠性

4. 网络层的内在功能包括_____。 （   ）

    A. 路由选择   B. 流量控制   C. 拥挤控制   D. 都不是

5. 网络由_____等组成。 （   ）

    A. 计算机   B. 网卡   C. 通信线路   D. 网络软件

6. 以下关于 MAC 地址的说法中正确的是_____。 （   ）

    A. MAC 地址的一部分字节是各个厂家从 IEEE 得来的

    B. MAC 地址一共有 6 个字节，他们从出厂时就被固化在网卡中

    C. MAC 地址也称物理地址，或通常所说的计算机的硬件地址

    D. 局域网中的计算机在判断所收到的广播帧是否为自己应该接收的方法是，判断帧的 MAC 地址是否与本机的硬件地址相同

7. 总线型拓扑结构的优点是_____。 （   ）

    A. 结构简单   B. 隔离容易

    C. 可靠性高   D. 网络响应速度快

8. 关于共享式以太网说法正确的是_____。 （   ）

    A. 需要进行冲突检测

    B. 仅能实现半双工流量控制

    C. 利用 CSMA/CD 介质访问机制

    D. 共享式以太网就是使用 10Base2/10Base5 的总线型网络

9. 星形拓扑结构的优点是_____。 （   ）

    A. 结构简单   B. 隔离容易

    C. 线路利用率高   D. 主节点负担轻

10. 电子商务是在供应商、客户、政府及各参与方之间利用计算机通信网络和信息技术(如 EDI、Web 技术、电子邮件等)进行的一种电子化、交互式的商务活动，包括_____等。 （   ）

    A. 网上交易   B. 虚拟企业   C. 智能检索   D. 网上广告

11. 计算机网络操作系统包括_____。 （   ）

    A. UNIX   B. Netware   C. Windows NT   D. DOS

12. 能完成 VLAN 之间数据传递的设备有_____。 （   ）

    A. 中继器   B. 三层交换器   C. 网桥   D. 路由器

13. 局域网常用的通信线路有_____。 （   ）

    A. 双绞线   B. 光缆   C. 同轴电缆   D. 微波

14. 信息安全技术手段包括_____。 （   ）

    A. 加密   B. 数字签名   C. 身份认证   D. 安全协议

15. 计算机局域网的特点是_____。 （   ）

    A. 覆盖的范围较小   B. 传输速率高

    C. 误码率低   D. 投入较大

16. 以下对交换机工作方式描述正确的是_____。 （   ）

    A. 可以使用半双工方式工作

    B. 可以使用全双工方式工作

    C. 使用全双工方式工作时不要进行回路和冲突检测

    D. 使用半双工方式工作时要进行回路和冲突检测

17. Internet 的接入方式有_____。 （   ）

    A. X. 25 接入   B. ISDN 接入   C. 拨号接入   D. ADSL 接入

18. ISDN 分为_____几种类型。 （   ）

    A. 2B+D   B. 30B+D   C. 4B+D   D. 30B+3D

19. VLAN 的主要作用有_____。 （   ）

    A. 保证网络安全   B. 抑制广播风暴

    C. 简化网络管理   D. 提高网络设计灵活性

20. 网络互联是指_____。 （　　）
    A. 局域网与局域网 　　　　　　 B. 主机系统与局域网
    C. 局域网与广域网的连接 　　　 D. 主机与主机

21. 以下说法错误的是_____。 （　　）
    A. 中继器是工作在物理层的设备
    B. 集线器和以太网交换机工作在数据链路层
    C. 路由器是工作在网络层的设备
    D. 网桥能隔离网络层广播

22. ADSL 的接入类型有_____。 （　　）
    A. 专线接入 　　　　　　　　　 B. 虚拟拨号接入
    C. 手机接入 　　　　　　　　　 D. X.25 接入

23. 计算机网络从逻辑功能上分为_____。 （　　）
    A. 通信子网 　　 B. 局域网 　　 C. 资源子网 　　 D. 对等网络

24. 以下属于 Internet 接入服务供应商的是_____。 （　　）
    A. 中国电信 　　 B. 中国联通 　　 C. 中国教育网 　　 D. 中国移动

25. Internet 的网络层含有四个重要的协议，分别为_____。 （　　）
    A. IP，ICMP 　　　　　　　　　 B. TCP，ARP
    C. UDP，RARP 　　　　　　　　 D. ARP，RARP

26. 将网页添加到链接栏有_____。 （　　）
    A. 将地址栏的网页图标拖到链接栏
    B. 将 Web 页中的超级链接拖到链接栏
    C. 将历史栏中的网页图标拖到链接栏
    D. 在收藏夹列表中将链接拖到"链接"文件夹中

27. 网络拓扑结构设计对通信子网的_____有着重大的影响。 （　　）
    A. 网络性能 　　　　　　　　　 B. 网络体系结构
    C. 网络系统的可靠性 　　　　　 D. 通信费用

28. 用户可对 IE 浏览器的主页进行设置，其方式有_____。 （　　）
    A. 使用当前页 　　　　　　　　 B. 使用默认页
    C. 使用空白页 　　　　　　　　 D. 直接录入网址

29. 以下网络位置中，可以在 Windows 7 里进行设置的是_____。 （　　）
    A. 家庭网络 　　 B. 小区网络 　　 C. 工作网络 　　 D. 公共网络

30. 局域网的基本特征是_____。 （　　）
    A. 有效范围较小 　　　　　　　 B. 传输速率较高
    C. 设备直接连入网中 　　　　　 D. 通过电话连接

31. IE 的主要功能有_____。 （　　）
    A. 浏览 Web 网页 　　　　　　　 B. 编辑网页
    C. 发送电子邮件 　　　　　　　 D. 搜索信息

32. 网络协议由_____组成。　　　　　　　　　　　　　　　　　（　　）

    A. 语义　　　　　　　B. 语法　　　　　　　C. 交换规则　　　　　D. 网卡

33. 常用的搜索引擎是_____。　　　　　　　　　　　　　　　　（　　）

    A. 百度　　　　　　　B. 谷歌　　　　　　　C. Yahoo　　　　　　　D. 中国电信

34. 调制解调器的组成包括_____。　　　　　　　　　　　　　　（　　）

    A. 基带处理　　　　　B. 调制解调器　　　　C. 信号放大　　　　　D. 均衡

35. E-mail 的优点是_____。　　　　　　　　　　　　　　　　　（　　）

    A. 一信多发　　　　　　　　　　　　　B. 邮寄多媒体

    C. 定时邮寄　　　　　　　　　　　　　D. 自动回复电子邮件

36. Windows NT 工作站支持_____操作系统。　　　　　　　　　（　　）

    A. MS-DOS　　　　　　　　　　　　　B. LAN Manger 2. X

    C. Windows 95　　　　　　　　　　　　D. OS/2

37. 用户可对 Outlook Express 的"发送"进行设置，主要内容有_____。（　　）

    A. 立即发送邮件　　　　　　　　　　　B. 回复时包含原邮件

    C. 发送新闻组　　　　　　　　　　　　D. 显示邮件

38. 用户"账号"包含_____等数据。　　　　　　　　　　　　　（　　）

    A. 名称　　　　　　　B. 密码　　　　　　　C. 用户权力　　　　　D. 访问权限

39. 用户"账号"可以登录域的多少可分为_____类。　　　　　　（　　）

    A. 全局账号　　　　　B. 私有账号　　　　　C. 公共账号　　　　　D. 局域网账号

40. Windows NT Server 4.0 中文版所支持的网络通信协议有_____。（　　）

    A. TCP/IP　　　　　　B. NWLINK　　　　　C. NETBEUI　　　　　D. DLC

41. IP 协议组包括_____协议。　　　　　　　　　　　　　　　　（　　）

    A. IP　　　　　　　　B. ICMP　　　　　　　C. ARP　　　　　　　D. RARP

42. IP 协议是 _____。　　　　　　　　　　　　　　　　　　　（　　）

    A. 网际层协议

    B. 和 TCP 协议一样，都是面向连接的协议

    C. 传输层协议

    D. 面向无连接的协议，可能会使数据丢失

43. 电子邮件系统中，用于电子邮件读取的协议包括_____。　　（　　）

    A. SMTP　　　　　　B. POP3　　　　　　　C. IMAP　　　　　　　D. SMTP

44. TCP/IP 协议族中定义的层次结构中包含_____。　　　　　　（　　）

    A. 网络层　　　　　　B. 应用层　　　　　　C. 传输层　　　　　　D. 物理层

标准答案：

1. BCD；2. ABC；3. ABCD；4. ABC；5. ABC；6. ABC；7. AC；8. ABC；9. AB；10. ABD；11. ABC；

12. BD；13. ABC；14. ABCD；15. ABC；16. ABD；17. BCD；18. AB；19. ABCD；20. AC；21. BD；

22. AB；23. AC；24. ABD；25. AD；26. ABD；27. ACD；28. ABCD；29. ACD；30. AB；31. ACD；

32. ABC；33. ABC；34. ABCD；35. ABCD；36. ABCD；37. AB；38. ABCD；39. AD；40. ABCD；

41. ABCD；42. AD；43. BC；44. ABC。

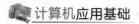

7.4 填空题

1. 按覆盖地理范围的大小，可以把计算机网络分为广域网、_____和局域网。

2. 计算机网络可定义为：在_____控制下和通信控制处理机组成的系统集合。

3. Internet 网所采用的协议是_____，其前身是_____。

4. 局域网的常用通信线路有同轴电缆、双绞线、_____。

5. 网络按传输的信道可分为：基带、_____。

6. 收发电子邮件，属于 ISO/OSI RM 中_____层的功能。

7. 局域网的应用范围极广，可用于_____、生产自动化、企事业单位的管理、银行业务处理。

8. 网卡又称为_____。

9. 在 TCP/IP 层次模型中与 OSI 参考模型第四层相对应的主要协议有_____和_____，其中后者提供无连接的不可靠传输服务。

10. 目前我国直接进行国际联网的互联网络有 Chinanet（公用网）、CSTnet（科技网）、GBnet（金桥网）和_____。

11. 总线型拓扑结构采用_____作为传输介质。

12. 常见的实用网络协议有_____、IPX/SPX 和_____。

13. 网络软件主要有_____、实现资源共享的软件、方便用户使用的各种工具软件。

14. 树形网络中，任意两个结点之间不产生_____，每条通路都支持双向传输。

15. 计算机网络系统由负责_____的通信子网和负责信息处理的_____子网组成。

16. 计算机中识别的是 IP 地址，为了方便人们记忆，才将 IP 地址用_____代替。

17. Windows 2000 Datacenter Server 支持 16 路对称多处理器系统，以及高达_____的物理内存。

18. 覆盖一个国家，地区或几个洲的计算机网络称为_____，在同一建筑或覆盖几公里内范围的网络称为_____，而介于两者之间的是_____。

19. 因特网为联网的每个网络和每台主机都分配一个数字和小数点表示的地址，它称为 IP 地址。其英文简称名字为_____。

20. 分组交换技术将交换的数据分割成一定大小的信息包_____进行传输。

21. 在 TCP/IP 层次模型的第三层（网络层）中包括的协议主要有 IP、ICMP、_____及_____。

22. DNS 指的是_____。

23. IP 地址采用分层结构，由网络地址和_____两部分组成。

24. 计算机网络系统由通信子网和_____子网组成。

25. 在主机域名中，WWW 指的是_____。

26. 域名系统采用分层命名方式，每一层叫做一个域，每个域用_____分开。

27. 计算机网络在逻辑功能上可以划分为_____子网和_____子网两个部分。

28. 常用的浏览器软件有 IE 和 Netscape Navigator 等；在浏览网页时，鼠标指针变成手形说明此处是一个链接，单击此处可以从一个页面链接到另一个_____。

29. DDN 是一种能以更高、更稳定的速率在_____信道上传输的网络。

30. 宽带通常是指通过给定的通信线路发送的_____。

31. 点击每条搜索结果后的"百度快照"，可查看该_____的快照内容。

32. ISDN 的一次群率接口，用户可用速率为_____。

33. 信道的宽度，即为传输信道的_____之差，单位为_____。

34. 如果你的计算机已接入 Internet，用户名为 Zhang，而连接的服务商主机域为 public. tpt. tj. cn，则你的 E-mail 地址应该是_____。

35. ADSL 专线接入方式中，用户可获分配固定的_____。

36. 调制解调器是同时具有调制和解调两种功能的设备，它是一种_____设备。

37. 发送邮件的服务器和接收邮件的服务器是_____。

38. FTP 是 Internet 的文件传输_____。

39. 计算机网络系统是非常复杂的系统，计算机之间相互通信涉及许多复杂的技术问题，为实现计算机网络通信，实现网络资源共享，计算机网络采用的是对解决复杂问题十分有效的_____的方法。

40. 典型的即时通信软件有：QQ、百度 HI、_____、MSN 等。

41. 1993 年底，我国提出建设网络"三金"工程分别是：_____、_____、_____。

42. 协议就是为实现网络中的数据交换而建立的_____或_____。

43. Outlook 除可发送邮件正文外，还可插入一些已经编辑好的文件和_____。

44. 一般来说，协议由_____、语法和_____三部分组成。

45. 网络层向传输层提供的服务包括_____、_____及其服务。

46. TCP/IP 协议成功地_____之间难以互联的问题，实现了异网互联通信。

47. 事实上，局域网_____是在_____的基础上发展起来的。

48. 快速以太网是指速度在_____以上的以太网，采用的是_____标准。

49. 网络互联的目的是实现更广泛的_____。

50. IP 地址是 Internet 中识别主机的唯一标识。为了便于记忆，在 Internet 中把 IP 地址分成_____组，每组_____位，组与组之间用_____分隔开。

51. Internet 的应用分为两大类，即_____、_____。

52. Internet 广泛使用的电子邮件传送协议是_____。

53. 一个计算机网络是由_____和通信子网构成的。

54. 信号一般有_____信号和_____信号两种表示方式。

标准答案:

1. 城域网;2. 协议;3. TCP/IP、ARPANET;4. 光缆;5. 数字;6. 应用;7. 办公自动化;8. 网络适配器;9. TCP、UDP;10. CERnet;11. 单根传输线;12. TCP/IP、NetBEUI;13. 网络操作系统;14. 回路;15. 信息传递、资源;16. 域名;17. 64GB;18. 广域网、局域网、城域网;19. IP;20. 分时;21. ARP、RARP;22. 域名系统;23. 主机地址;24. 资源;25. 万维网;26. 小数点;27. 资源、通信;28. 页面;29. 数字;30. 数据量;31. 网页;32. 2Mb/s;33. 最高频率与最低频率、Hz;34. Zhang@public.tpt.tj.cn;35. 静态 IP 地址;36. 信号交换;37. 邮件服务器;38. 协议;39. 分层解决问题;40. UC;41. 金桥工程、金关工程、金卡工程;42. 规则、标准;43. 可执行文件;44. 语义、交换规则;45. 网络地址、网络连接;46. 不同网络;47. LAN、广域网;48. 100Mb/s、IEEE802.3;49. 资源共享;50. 4、8、.;51. 通信、使用网络资源;52. SMTP;53. 资源子网;54. 模拟、数字。

Part Three

上机操作

第8章 文字录入

8.1 录入基础

良好的键盘录入习惯对于提高文字录入速度具有重要的作用，用户可利用"金山打字通"等专业的键盘练习软件矫正不良的录入姿势和习惯。推荐用户养成"盲打"的习惯，即眼睛不看键盘进行文字录入的一种录入方式。"盲打"可以有效提高录入速度。

随着拼音输入法的流行，基本上所有人都在使用音码输入法（如搜狗拼音输入法、微软拼音输入法、讯飞拼音输入法等）。音码输入法基于汉语拼音开发设计，具有简单易学、易上手等优点，但也存在高重码率的缺点，即在录入过程中，会出现一个拼音对应很多个汉字的情况。如果用户需要录入的汉字不是常用汉字，或者输入法未将该字靠前排列，就需要用户逐页查找，如"尤其"的"尤"字，因为该字在日常生活中并不经常用到，因此如果用户使用单字输入，就需要逐页查找（如图8.1所示），影响录入速度。因此，建议用户在使用拼

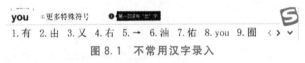

图 8.1 不常用汉字录入

音输入法录入文字时，尽量减少单字录入的方式，而采用以词语输入为主的方式录入，例如：管理（guanli）、计算机（jisuanji 或者 jsj）；同样也不建议用户整句话进行录入，因为一旦输入的一句话中有一个汉字错误，就需要进行手动选择更改错误，这个过程所要花费的时间远比以词语输入要长。

此外，掌握一些输入法切换的快捷键（组合键）对于用户快速切换输入法也能起到良好的辅助作用。在文字录入时，常用输入法的切换分为以下几种：

（1）Ctrl＋Shift：在操作系统中已安装的所有输入法之间进行循环切换。

（2）Ctrl＋Space：在系统默认的中文输入法和英文输入法之间进行切换。

（3）Shift（上挡键）：在使用键盘录入时，Shift 键有两个功能（以搜狗输入法为例）。

一是在录入汉字过程中需要录入英文时，除可以将输入法调整至英文状态后录入英文外，还可以按下 Shift 键，切换到英文输入模式，实现在不切换输入法的情况下直接录入英文（也可用鼠标单击输入界面上的"中"按钮，如图8.2框选部分所示；同理，再次点击"英"按钮即可切换回中文输入模式）。

二是在输入汉语拼音时按着 Shift 键，可以输入大写英文字母。

图 8.2 中文输入法中英输入状态快速切换

8.2 认识键盘

键盘是计算机中最常见，也是最重要的输入设备。通过键盘可以实现向计算机中输入字符、数字以及其他命令等。按照不同的功能，可将键盘分为 5 个区，分别为主键盘区、功能键区、状态指示区、数字键区(小键盘区)、编辑键区，如图 8.3 所示。

图 8.3　键盘的分区

1. 主键盘区

主键盘区是用户日常用得最多的区域，它包含字符键(如字母、数字、符号)和部分控制键符，如控制键(Ctrl)、上挡键(Shift)、换挡键(Alt)等。

2. 功能键区

功能键区位于键盘最上方，包括 F1 ～ F12 和 Esc、PrintScreen、ScrollLock、Pause/Break 键，这些键符有的可以单独使用，有的需要跟其他键符组合使用才能发挥作用。如 PrintScreen 可以复制整个屏幕画面，Alt＋PrintScreen 则可以复制当前对话框或窗口界面；又如 F2 可在资源管理器中快速让文件或文件夹名进入编辑状态(重命名)；Alt＋F4 可以关闭当前窗口等。

3. 状态指示区

状态指示区用于提示键盘当前的某种状态，如 CapsLock 指示灯亮起时，表示当前键盘的录入状态为大写模式，用户录入的有所字符均为大写形式，用户可以按键盘上的 CapsLock 键在大写和小写之间进行切换，CapsLock 指示灯也会随之即亮即熄；又如 NumLock 指示灯点亮时，表示数字键区(小键盘区)当前处于可录入状态，用户按键盘上的 NumLock 键可开启或关闭数字键区，对应的指示灯也会随之即亮即熄。

4. 数字键区

数字键区也称小键盘键区，主要用于数字的输入。可以通过 NumLock 键打开或关闭该键区。需要特别注意的是，数字键区在开启时，用户可以利用该键区快速录入数字，当该键区处于关闭状态时，数字录入失效，但该键区上的 2、4、6、8 四个键可实现光标的下、左、右、上方向的移动功能，与编辑键区的四个方向键功能一致。

5. 编辑键区

编辑键区位于主键盘区和数字键区之间，主要用于文档的快速编辑和浏览。

为准确快速录入文字，除了解文字录入基础、熟悉键盘分区外，还需掌握键盘上常用键的功能及使用方法，以下是键盘中常用的特殊键和快捷键（组合键）、编辑键等功能以及文字录入过程中常用符号的录入方法，如表8－1—表8－4所示。

表8－1　键盘中常用特殊键功能简介

键　名	名　称	功　能
Space	空格键	用于输入空格，使光标右移
Enter	回车键	用于操作的确认，或者在文字输入时换行
Esc	退出键	退出或取消操作
Shift	上挡键	用于输入双字符上面的字符，英文字母大小写输入的转换
Ctrl	控制键	一般不单独使用，与其他键组合使用
Alt	换挡键	
CapsLock	大写字母锁定键	按下大写字母锁定键时，输入的字符全为大写字母，在该状态下与 Shift 键组合可实现大小写字母的转换
Backspace	退格键	删除光标前的内容
Delete	删除键	删除对象，删除光标后的内容，属于逻辑删除
Tab	制表定位键	一般按下此键，光标将移动 8 个字符的距离
NumLock	数字键区锁定键	用于控制用小键盘输入数字
Insert	插入键	用于插入和改写状态的切换
PrintScreen	屏幕打印键	将整个屏幕内容复制到剪贴板

快捷键也叫组合键或热键，它通过某些特定的键符与 Ctrl、Shift、Alt 等功能键符等配合使用。利用快捷键可以达到提高速度的目的。

表8－2　常用快捷键及功能

快捷键	功　能
F2	对所选文件或文件夹进行重命名
F5	刷新当前窗口
Ctrl＋A	全选
Ctrl＋C	复制
Ctrl＋V	粘贴
Ctrl＋X	剪切
Ctrl＋Z	撤销
Ctrl＋Y	重复或恢复键入
Ctrl＋F	查找
Ctrl＋H	替换
Ctrl＋O	打开
Ctrl＋S	保存
Alt＋F4	关闭窗口

续表

快捷键	功 能
Alt+Tab	切换窗口
Shift+Delete	彻底删除文件或文件夹，属于物理删除
Shift+Space	全角和半角切换(全角字符占两个字节，半角字符占一个字节，主要针对标点符号)
Ctrl+Space	中英文输入法的切换
Ctrl+Shift	各种输入法之间的切换
Ctrl+Alt+Delete	启动任务管理器
Ctrl+Esc	打开"开始"菜单
Alt+PrintScreen	将当前窗口或对话框复制到剪贴板

表 8-3 常用编辑键及功能

键 名	功 能	键 名	功 能
←	光标左移一个字符	PageDown	向下翻页
→	光标右移一个字符	Home	将光标移至行首
↑	光标上移一行	End	将光标移至行尾
↓	光标下移一行	Ctrl+Home	将光标移至文档首部
PageUp	向上翻页	Ctrl+End	将光标移至文档尾部

表 8-4 常用符号的录入

常用符号	录入方法
，。、；	中文状态下直接按下符号键输入即可
："" ？《》	中文状态下按住 Shift 键的同时按下相关的符号键即可输入

8.3 认识鼠标

鼠标也称"鼠标器"，因外形酷似老鼠而得名，是计算机中最常用的输入设备之一(如图 8.4 所示)，鼠标的作用是代替键盘烦琐的指令输入，使用户操作计算机变得更加简便快捷。

8.3.1 鼠标的分类

1. 按工作原理

按工作原理的不同可将鼠标分为机械鼠标、光电鼠标和光机鼠标三种。

(1)机械鼠标：机械鼠标又名滚轮鼠标，主要由滚球、辊柱和光栅信号传感器组成。鼠标通过 PS/2 接口或串口与主机相连。它通过鼠标球的旋转驱动两个互相垂直的轴的转动来获得鼠标移动的位置。机械鼠标接口中一般使用四根线，分别是电源、地、

图 8.4 鼠标

时钟和数据。

(2)光电鼠标：光电鼠标也称"光学鼠标"，是通过发光二极管和光电二极管来检测鼠标对于表面的相对运动，可以为鼠标提供更好的分辨率和精度。

(3)光机鼠标：光机鼠标是光电和机械相结合的鼠标。其工作原理是紧贴着滚动橡胶球有两个互相垂直的传动轴，轴上有一个光栅轮，光栅轮的两边对应着有发光二极管和光敏三极管。当鼠标移动时，橡胶球带动两个传动轴旋转，而这时光栅轮也在旋转，光敏三极管在接收发光二极管发出的光时被光栅轮间断地阻挡，从而产生脉冲信号，通过鼠标内部的芯片处理之后被 CPU 接受。

2. 按接口类型

鼠标常用接口类型有 COM 接口、PS/2 接口、USB 接口和无线接口几种。

(1)COM 接口：COM 接口即为串行接口，是计算机中最早使用的接口类型，它是一种 9 针或 25 针的 D 形接口，其优点是适用范围和机型较多，几乎所有的计算机都能使用，但串口通信的数据传输率很低，且不支持热插拔。在 BTX 主板规范中已经取消了串行接口，目前串口鼠标已经十分少见。

(2)PS/2 接口：PS/2 接口是 1987 年 IBM 公司推出的一种基于 ATX 主板的 6 针圆形的鼠标和键盘标准接口，与 COM 接口相比，PS/2 接口的传输速率稍快一些，PS/2 接口曾被广泛使用，但因不支持热插拔，如今已基本被 USB 接口取代。

在连接 PS/2 接口时，鼠标和键盘插头不能交叉插入。一般情况下，鼠标的接口为绿色，键盘的接口为紫色，也可以利用接口旁边的提示图案加以区分(如图 8.5 所示)。

图 8.5 PS/2 接口

(3)USB 接口：USB 是英文 Universal Serial Bus 的缩写，即"通用串行总线"。2013 年前常见的 USB 接口分为 USB1.1 及 USB2.0，其最大数据传输速率分别是 12 Mb/s 和 480 Mb/s。USB 是一种新型的鼠标接口，其优点是数据传输率高，能够完全满足各种鼠标在刷新率和分辨率方面的要求，而且支持热插拔。

(4)无线鼠标：无线鼠标是指无线缆直接连接到主机的鼠标，它采用无线技术与计算机通信，从而省却电线的束缚。通常采用无线通信方式，包括蓝牙、Wi-Fi(IEEE 802.11)、Infrared(IrDA)、ZigBee(IEEE 802.15.4)等多个无线技术标准。

8.3.2 鼠标的操作

鼠标的基本操作有 5 种：单击、双击、右击、指向、拖动。基本操作及功能如表 8-5 所示。

表 8 - 5　鼠标的基本操作及主要功能

基本操作	操作方法	功　能
单击	按下鼠标左键一次	用于命令确认或选中某个对象，以及光标定位等操作
双击	连续按下鼠标左键两次	打开文件、文件夹等，或在 Word 中选中某个词语
右击	按下鼠标右键一次	打开快捷菜单
指向	移动鼠标到某个特定的位置	用于显示鼠标指针所在的位置
拖动	按住鼠标左键不放的同时移动鼠标	将选中的对象移动到指定的位置

8.4　录入练习

说明：请在 10 分钟内完成以下每例题目中的文字录入。

【例 1】　计算机和人对弈问题。计算机之所以能和人对弈是因为有人将对弈的策略事先已经存入计算机。由于对弈的过程是在一定规则下随机进行的，所以，为使计算机能灵活对弈就必须对对弈过程中所有可能发生的情况以及相应的对策都考虑周全，并且，一个"好"的棋手在对弈时不仅要看棋盘当时的状态，还应能预测棋局发展的趋势，甚至最后结局。因此在对弈问题中，计算机操作的对象是对弈过程中可能出现的棋盘状态，称为格局。例如井字棋的一个格局，而格局之间的关系是由比赛规则决定的。通常，这个关系不是线性的。因为从一个格局可以派生出几个格局。

【例 2】　计算机网络是计算机技术与通信技术紧密结合的产物，网络技术对信息产业的发展有着深远的影响。为了帮助读者对计算机网络有一个全面、准确的认识，本书在讨论网络形成与发展历史的基础上，对网络定义、分类与拓扑构型等问题进行了系统的讨论，并以典型的计算机网络与数据通信服务为例，对网络在企业、机关信息管理与个人信息服务中的各种应用，以及网络应用所带来的社会问题进行了全面的探讨。二十世纪的关键技术是信息技术。信息技术涉及信息的收集、存储、处理、传输与利用。二十世纪信息技术的发展主要表现在以下几个方面的广泛的发展。

【例 3】　按照什么方法去设计模式和子模式呢？这涉及怎样理解并表达数据间的联系。目前采用的有三种模型：网状模型、层次模型和关系模型。相应地就有网状型数据库、层次型数据库、关系型数据库。其中，应用最普遍的是关系型数据库。关系型数据模型用"二维表格"描述数据间的联系，但不能称为"表格模型"。"树形"一词在操作系统里经常遇到，如文件的树形目录等，在其他领域也有用到，但在数据库领域里不是一种数据模型。虽然有"分布式数据库"这个名词，但它指的是计算机网络环境中建立的一种数据库，数据分别放在若干个服务器上，统一管理。

【例 4】　对于计算机，你知道的有哪些呢？计算机俗称"电脑"，是现代一种用于高速计算的电子计算机器，能进行数值计算与逻辑计算，具有存储记忆功能。能够按照程序运行，自动、高速处理海量数据的现代化智能电子设备。由硬件系统和软件系统所组成，没有安装任何软件的计算机称为"裸机"。可分为：超级计算机、工业控制计算机、网络计算机、个人计算机、嵌入式计算机五类，较先进的计算机有生物计算机、光子计算机、量子计算机等。是二十世纪最先进的科学技术发明之一，对人类的生产活动和社会活动产生极其重要的影响，并以强大的生命力飞速发展。

【例5】　然而，更多的非数值计算问题无法用数学方程加以描述。例如：图书馆的书目检索系统的自动化问题。当你想借阅一本参考书但不知道书库中是否有的时候；或者，当你想找某一方面的参考书而不知道图书馆内有哪些这方面的书时，你都需要到图书馆去查阅图书目录卡片。在图书馆内有各种名目的卡片：有按书名编排的、有按作者编排的，还有按分类编排的，等等。若利用计算机实现自动检索，则计算机处理的对象便是这些目录卡片上的书目信息。列在一张卡片上的一本书的书目信息可以由登录号、书名、作者名、分类号、出版单位和出版时间等若干项目所组成。

【例6】　我国科技抗疫实践得到《自然》杂志高度评价："在中国信息化、数字化驱动健康医疗领域的科技创新与模式变革下，中国学者通过信息与医学交叉合作，在'科技抗疫'及'慢性病远程防治'中取得一系列世界瞩目的研究成果。"10月7日，国际学术期刊《自然》刊发文章，高度评价中国在数字医疗及健康医疗领域科技创新与模式变革取得的成绩。中国在智能医学领域的快速发展，离不开中国在健康医疗领域信息化基础设施的投入以及信息交叉学科领域的人才培养。不久的将来，中国在数字化医疗领域所取得的成果速度和突破方面将在全球领域内更具竞争力。

【例7】　如果你的年龄是十八岁以上，那么你可能即将作出你生命中重要的两项决定，这两项决定将深深地改变你的一生。它们决定你的幸福、你的收入、你的健康。可能有深远的影响；这两项决定也许造就你，也可能毁灭你。它们是什么？第一：你将如何谋生？你将做一名农夫、邮差、化学家、森林管理员、速记员、兽医、大学教授，或是你想要摆一个牛肉饼摊子？第二：你将选择做你的孩子的父亲或母亲？通常这都像赌博。哈里在他的《透视的力量》一书中说："每位小男孩在选择如何度过一个假期时，都是赌徒。他必须以他的日子作赌注。"那么你怎样选择明智。

【例8】　"数据库"是一个单位或是一个应用领域的通用数据处理系统，它存储的是属于企事业部门、团体和个人的有关数据的集合。数据库中的数据是从全局观点出发而建立的，按一定的数据模型进行组织、描述和存储。其结构基于数据间的自然联系，从而可提供一切必要的存取路径，且数据不再针对某一应用，而是面向全组织，具有整体的结构化特征。其数据是为众多用户所共享信息而建立的，摆脱了具体程序的限制。不同的用户可以按各自的用法使用数据库中的数据；多个用户可以同时共享数据库中的数据资源，即不同的用户可以同时存取数据库中的同一个数据。

【例9】　随着本届亚洲杯赛争夺第三名比赛的终场哨响，中国队再次负于老对手韩国队，仅获得第四名。但是用"不以成败论英雄"来概括此间媒体对中国队的评价是再恰当不过了。有媒体甚至现在就开始展望中国队的前景："中国队在亚洲杯赛的表现说明，他们已经具备了更多的国际比赛的经验，很有希望获得参加下届世界杯的资格。"带着诸多疑问，记者来到《贝尔格莱德体育报》编辑部，与足球版的编辑们"神侃"了近两个小时。出乎记者的意料，这些足球圈内的人对中国队及联赛情况的了解几乎到了

"如数家珍"的程度。对南斯拉夫教练们在中国的状况更是了解。

【例10】 随着计算机技术与工业的迅速发展，计算机日益广泛地应用于企业管理，这对计算机数据管理提出了更高的要求。首先，要求数据作为企业组织的公共资源而集中管理控制，为企业的各种用户共享，因此应该大量地削去数据冗余，节省存储空间。其次，当数据变更时，能节省对多个数据副本的多次变更操作，从而可以大大缩小计算机时间的开销，且更为重要的是不会因遗漏某些副本的变更而使系统给出一些不一致的数据。再次，还要求数据具有更高的独立性，不但具有物理独立性，而且具有逻辑独立性，当数据逻辑改变时，不影响那些不要求这种改变的用户程序。

【例11】 据英国《新科学家》杂志网站11月15日报道，IBM公司宣称，其已经研制出一台能运行127个量子比特的量子计算机"鹰"，这是迄今全球最大的超导量子计算机。据悉，该公司计划2年后推出超过1000个量子比特的计算机。量子比特是量子计算机最基本的信息单元，不同于电子计算机只能是0或1，量子比特可以同时是0和1，所以其计算性能更强大，而且增加量子比特数可使量子计算机的性能呈指数级提升。目前，全球各地有多个科研团队正各出奇招，包括使用超导体和纠缠光子等研制实用的量子计算机，但目前还不清楚哪种方法最终会脱颖而出，我们拭目以待。

【例12】 为了编写出一个"好"的程序，必须分析待处理的对象的特性以及各处理对象之间存在的关系。这就是"数据结构"这门学科形成和发展的背景。一般来说，用计算机解决一个具体问题时，大致需要经过下列几个步骤：首先要从具体问题抽象出一个适当的数学模型，然后设计一个解决此数学模型的算法，最后编写出程序、进行测试、调整直至得到最终解答。寻求数学模型的实质是分析问题，从中提取操作的对象，并找出这些操作对象之间含有的关系，然后用数学的语言加以描述。例如，求解梁架结构中应力的数学模型为线性方程组；预报人口增长情况是微分方程。

【例13】 "海内存知己，天涯若比邻"。在秘鲁，西班牙语"老乡"一词专指中国后裔，中国广东话"吃饭"一词则为中餐厅的统称。中秘两国的民族性也必然存在某种相通之处，具有始终保持开拓的热情即是其中之一。中华民族同样具有保持开拓精神和奋进的勇气，在农业、医学、建筑、历法等方面保持着领先的地位，引领着世界的发展。不得不说，中国人民所具有的这种开拓进取、顽强奋进的精神与秘鲁人民保持开拓热情的精神具有很强的共通点。与此同时，在中华文化中，与"真正的幸福在于始终保持开拓的热情"这种激励之词具有共通之处的名言警句比比皆是。

【例14】 要处理数据。首先必须以便于处理的某种方式收集数据，并将记录在纸介文件上的数据转换成计算机可以处理的形式，将收集的数据进行适当的构造，则称为数据组织。数据的组织分为逻辑组织和物理组织两种：数据的逻辑组织是用户（或应用程序）所使用的数据结构形式；其物理组织是数据在物理存储设备上的结构形式，两者之间可以相对独立。为了备用，需要将数据归类存入文件。显然，应该是其价值超过存储代价的数据，才值得存储。为了向用户提供信息，存储的数据要能够方便地被选择和提取，这叫作检索。下面我们将简述几种电子数据库的处理技术。

【例15】 从八十年代中期开始，网络互联的有关标准、设备和软件迅速发展，实现了更大范围内的资源共享，而且共享的重点也逐步转向信息资源，网络中出现专门提供某个领域大规模资源的服务器。不少国家建设起全国范围的互联网，例如：我国的 CHINANET，我国教育领域的中国教育科研网 CERNET。在全球范围内则出现了规模最大的国际互联网，即因特网(Internet)。随着计算机网络特别是互联网的迅速发展，人们越来越认识到，网络已不是单个计算机的附属物，而是变成巨大的信息资源库，计算机则变成网络中开发利用信息资源的工具，逐步进入信息化，信息的重要作用日益突出。

【例 16】 以色列这个国家是犹太人创造的一个奇迹。世界上那么多民族在灾难中消亡了，犹太人却穿越历史的苦难，亡国近几千年后又在故土上复国。其背后，固然有大国利益争夺和直接介入种种原因，但主要的，还是犹太人依仗代代相传的宗教和民族传统凝聚力，继承了曾经创造《圣经》的民族潜力，才能借助外力实现千年复国梦。犹太民族传统对社会影响最大的莫过于民主政体。小小的以色列有着世界上最独特的政体，它有最古老的议会，有繁多的政党，其政体融合着古老的宗教和现代的民主。不过，号称"中东民主橱窗"的以色列，至今却还没有一部完整的宪法。

【例 17】 自从第一台计算机问世以来，计算机产业的飞速发展已经远远超出人们对它的预料，在某些生产线上，甚至几秒钟就能生产出一台微型计算机，产量猛增，价格低廉，这就使得它的应用范围迅速扩展。如今，计算机已经深入到人类社会的各个领域。计算机的应用已经不再局限于科学计算，而更多地应用于控制、管理及数据处理等非数值计算的处理工作。与此相应，计算机加工处理的对象由纯粹的数值发展到字符、表格和图像等各种具有一定结构的数据，这就给程序设计带来了一些新的问题。为了编写出一个"好"的程序。必须分析待处理的对象的特性和它们关系。

第9章 文件操作

9.1 基本概念

1. 文件

文件是一组相关信息的集合，是计算机中组织和存储信息的基本单位，这些信息可以是程序、数据、文档、图画、影像或声音等。计算机通过文件来区分不同的信息集合。每个文件都有一个文件名，文件名是存取文件的依据，操作系统对文件以文件名的方式在存储介质上进行存储。计算机中的文件类型由扩展名决定，不同类型的文件有不同的图标，在 Windows 7 操作系统中，用户可通过不同的图标来区分不同类型的文件。

2. 文件夹和目录

文件夹是 Windows 7 中保存文件的最基本单位，是一个可以存放文件的虚拟容器。文件夹中既可以存放文件，也可以存放文件夹。在 Windows 操作系统中，我们通常将被包含的文件夹称为子文件夹，子文件夹中也可以包含下一级子文件夹，这样就形成一个树形文件夹结构。Windows 操作系统正是采用树形结构实现对文件的管理。通常情况下，我们也称文件夹为目录。在树形结构中，上级文件夹称为父文件夹，也称为父目录；下级文件夹称为子文件夹，也称为子目录。文件夹的这种"父子"关系是相对的而不是绝对的，如果将互为"父子"关系的文件夹的层级进行对调，则两个文件夹的关系也会发生对应的变化。

严格意义上讲，文件夹和目录是两个不同的概念，文件夹仅是用于存放文件或文件夹的虚拟容器，可以认为是一个虚拟的事物或东西；而目录则更偏向于它们之间的层级结构或关系，可以用图书中的"目录"理解和认识。

3. 树形结构（父目录和子目录）

计算机系统中存储着大量的数据，为了方便对数据的管理，就需要建立一套对数据存储或组织的管理方式，即数据结构。在计算机系统中，我们常见的对文件或文件夹的管理方式即是采用多级树形目录结构对文件或者文件夹进行层级管理，如图 9.1 所示。

在计算机中，各磁盘分区的盘符

图 9.1 树形目录结构

名称为该磁盘分区的根目录，是计算机在建立文件系统时创建的。根目录是逻辑驱动器上最顶级的目录，它没有父目录，用于存储子目录或文件。

4. 路径

路径是指文件在计算机中存储时形成的文件夹的线路，也即用户查找某个文件或文件夹时所经历的线路。完整的路径包括盘符、多级文件夹、文件名。其格式为：盘符 \ 一级文件夹名 \ 二级文件夹名 \ …… \ 文件名。例如：C：\Users \Administrator \Desktop \123. txt。

在 Windows 操作系统中，文件的路径分为绝对路径和相对路径两种。从根目录（盘符名）开始的路径叫做绝对路径，从当前目录（非根目录）开始的路径叫做相对路径。

9.2 基本操作

在 Windows 7 操作系统中，文件或文件夹操作主要包括新建、复制、移动、删除、重命名五种类型，其中复制、移动、删除、重命名等操作需要首先选中被执行的对象（文件或文件夹）。文件或文件夹的选择的操作方法如表 9－1 所示。

表 9－1 文件或文件夹的选择

选择类别		操作方法
单个对象		用鼠标单击目标对象
连续多个对象		方法一：按住鼠标左键进行框选。 方法二：先选中第一个对象，按住 Shift 键，再单击最后一个对象
多个不连续对象		按住 Ctrl 键，依次单击需要选取的对象
全选		全选是一种特殊的连续多个对象的选择，其操作方法如下： 方法一：使用"连续多个对象"的选择方式。 方法二：按组合键 Ctrl＋A。 方法三："编辑"→"全选"
取消选择	全部	单击空白处
	部分	按住 Ctrl 键，依次单击需要取消选中的对象

9.2.1 新建文件或文件夹

"新建"操作是指在文件夹中建立一个新的对象（文件或文件夹），根据新建对象不同，新建操作又可分为新建文件和新建文件夹，两者操作方法基本相同。

1. 新建文件

如用户需要新建一个文件名为"123"的文本文档，其操作方法如下：

方法一：右击窗口空白处→在弹出的快捷菜单中选择"新建"命令→在弹出的子菜单中选择"文本文档"子命令→在文件名称框中输入文件名"123"（不要选择". txt"）→单击窗口空白处或按下 Enter 键确认输入，如图 9.2 所示。

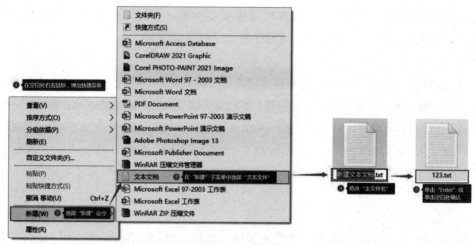

图 9.2　新建文件

方法二：单击"文件"菜单→在弹出的下拉菜单中选择"新建"命令→在弹出的子菜单中选择"文本文档"子命令→在文件名称框中输入文件名"123"→按下 Enter 键或单击窗口空白处确认输入，如图 9.3 所示。

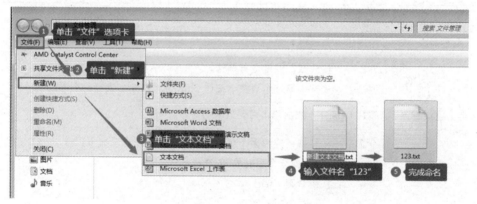

图 9.3　新建文件

2. 新建文件夹

新建文件夹是在指定的文件夹下新建一个文件夹的操作过程，其操作方法与新建文件类似。

方法一：右击窗口空白处→在弹出的快捷菜单中选择"新建"命令→在弹出的子菜单中选择"文件夹"子命令→在生成的文件夹名称框中输入需要的文件夹名称→按下Enter 键或单击窗口空白处确认输入。

方法二：单击"文件"菜单→在弹出的菜单中选择"新建"命令→在弹出的子菜单中选择"文件夹"子命令→在生成的文件夹名称框中输入需要的文件夹名称→按下 Enter 键或单击窗口空白处确认输入。

3. 实操练习

（1）在桌面分别新建文件：A1. docx、C1. xlsx、D1. pptx、H1. txt，并在"H1. txt"中输入任意内容。

（2）在本地磁盘 E 中建立文件：TUS1.txt、F1.dat、F2.dat，并新建"文件管理"和"基本操作"两个文件夹。

（3）在"文件管理"文件夹下创建文件"TUS2.txt"，创建子文件夹"CZLX"和"CZLX1"，并在文件夹"CZLX1"下建立子文件夹"CZLX11"。

（4）在"基本操作"文件夹下建立子文件夹"TSX"和"ZJD"，在文件夹"TSX"下建立文件"C2.xlsx"和"D2.pptx"。

（5）在"文件管理"文件夹下建立文件"NTET.wps"，内容与桌面文件"H1.txt"相同。

9.2.2　复制文件或文件夹

1. 复制概述

复制的英文为 Copy（音译为"拷贝"），是指在计算机的某个磁盘分区或文件夹下建立一个与被复制对象内容相同的文件或文件夹副本。

在 Windows 操作系统中，"复制"与"粘贴"构成一组完整的操作，我们可以利用计算机的工作原理来理解"复制"和"粘贴"的过程，利用"剪贴板"作为过渡空间将被复制对象建立一个副本放到指定的目标位置：即用户执行"复制"操作后，操作系统将被"复制"的内容建立一个副本放入到内存的剪贴板中，用户执行"粘贴"操作后，系统再将剪贴板中的内容生成一个副本并放到指定的位置。

当"复制"和"粘贴"操作完成后，会在目标位置生成一个与源位置内容完全相同的文件或文件夹，其工作原理如图 9.4 所示。

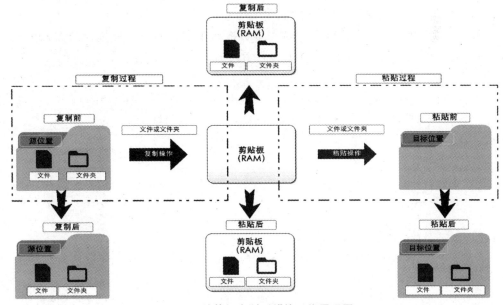

图 9.4　计算机中"复制"的工作原理图

2. 复制操作

复制对象的方法有如下几种：

方法一：选中复制对象→单击"编辑"菜单→在弹出的菜单中选择"复制"命令，如图 9.5 所示。

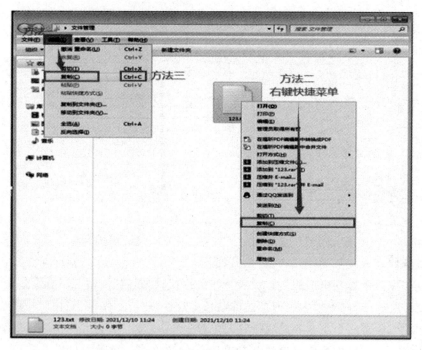

图 9.5　复制文件或文件夹的操作方法

方法二：右击复制对象→在弹出的快捷菜单中选择"复制"命令。

方法三：选中复制对象→按组合键：Ctrl＋C。

除以上三种方法外，用户还可以使用鼠标拖动或 Ctrl 键＋鼠标拖动的方式实现快速复制并粘贴文件或文件夹的功能。其操作方法如表 9-2 所示。

表 9-2　鼠键组合实现复制

源文件夹和目标文件夹位置关系	操作方法
同一磁盘分区	Ctrl＋鼠标拖动
不同磁盘分区	鼠标拖动

3. 粘贴操作

复制操作完成后，复制的内容进入剪贴板中，等待用户将剪贴板的内容粘贴到目标文件夹中，操作方法如下。

方法一：打开目标文件夹→单击"编辑"菜单→在弹出的菜单中选择"粘贴"命令，如图 9.6 所示。

方法二：右击目标文件夹→在弹出的快捷菜单中选择"粘贴"命令。

方法三：按组合键：Ctrl＋V。

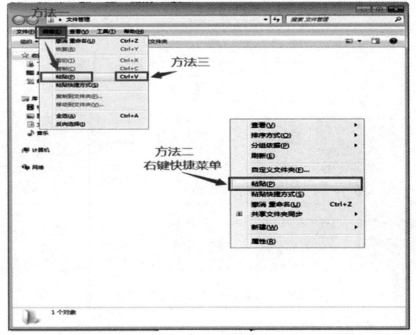

图 9.6　粘贴操作

4. 实操练习

(1)将桌面上的文件"A1.docx"和"H1.txt"复制到"E：\ 文件管理 \ CZLX"文件夹中。

(2)将 E 盘中的文件"TUS1.txt"复制到"E：\ 文件管理"文件夹中。

(3)将 E 盘"基本操作"文件夹下的子文件夹"ZJD"拷贝到"文件管理"文件夹中。

(4)将 E 盘中第一个字符为 F 且扩展名为 dat 的文件拷贝到"E：\ 文件管理 \ CZLX1"中。

(5)在本地磁盘 E 盘下的"基本操作"文件夹中已有"TSX"子文件夹存在，将本地磁盘 E 盘下的"F1.dat"文件以新的文件名"F1.hlp"拷贝到"TSX"子文件夹下。

9.2.3　移动文件或文件夹

1. 移动的基本概念

移动是指将文件或文件夹从源位置搬移至目标位置，当"移动"操作完成后，源位置的目标对象将被移动到目标位置。该操作如同在日常生活中将某个物品搬到其他地方的道理一样，当搬移动作完成后，源位置的物品就移动到了新的位置，不会再在源位置出现。这也是"移动"与"复制"最本质的区别。

利用计算机工作原理来解释即是：当用户执行"剪切"操作后，目标文件或文件夹将会被移动到剪贴板中(如文字内容)，当用户执行"粘贴"操作时，系统会将该对象生成一个副本，然后复制到目标位置，以便用户进行多次"粘贴"操作，也即"剪切"一次，可"粘贴"多次，如图 9.7 所示。

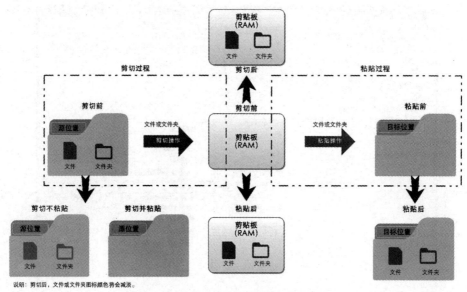

说明：剪切后，文件或文件夹图标颜色将会减淡。

图 9.7　计算机中"移动"的工作原理图

2. 移动操作方法

在移动文件或文件夹时，首先必须选中需要移动的文件或文件夹。

方法一：选中移动对象→单击"编辑"菜单→在弹出的菜单中选择"剪切"命令。

方法二：右击移动对象→在弹出的快捷菜单中选择"剪切"命令。

方法三：选中移动对象→按组合键：Ctrl+X。

需要特别注意的是，在对文件执行剪切操作时，被剪切对象并不会被移动到剪贴板中，而只是文件图标颜色减淡，若用户未执行"粘贴"操作，则被剪切对象依然保留在源位置，不会消失；当用户执行下一个"非粘贴"操作后，图标颜色又变回原来的颜色。"粘贴"操作与"复制"操作中的"粘贴"操作一致。

3. 实操练习

(1)将桌面"D1.pptx"文件移动到本地磁盘 E 盘"文件管理"文件夹下的子文件夹"CZLX"中。

(2)将本地磁盘 E 盘中的"TUS1.txt"文件移动到"本地磁盘 E：\ 文件管理 \ CZLX1"中。

(3)在本地磁盘 E 盘中已有"基本操作"文件夹存在，将该文件夹下的"TSX"子文件夹下的第二个字符为"2"，且扩展名为".xlsx"的文件移动到"文件管理"文件夹下。

(4)在本地磁盘 E 盘下的"文件管理"文件夹中已有子文件夹"CZLX"存在，将本地磁盘 E 盘下的"F2.dat"文件以新的文件名"F2.hlp"移动到"CZLX"子文件夹下。

9.2.4　删除文件或文件夹

1. 基本概念

删除是指将指定的对象(文件或文件夹)放入回收站或不经过回收站直接删掉的操作。在 Windows 操作系统中，根据被删除对象是否经过回收站可以将其分为逻辑删除和物理删除两种，其实现的效果不同，操作方法也有所区别。

逻辑删除是指将被删除对象放到回收站的操作，即用户执行完删除操作后，被删除对象会被放到回收站中。用户可在回收站中对被删除的对象进行还原（可还原到源位置或其他位置）。而物理删除则是将被删除对象直接从存储器中删除，不经过回收站。使用物理删除方式删除的对象须使用数据恢复软件恢复，用户无法直接还原。

2. 逻辑删除

逻辑删除文件或文件夹的方法主要有以下几种：

方法一：选中目标文件或文件夹→单击"文件"菜单→在弹出的菜单中选择"删除"命令。

方法二：右击目标文件或文件夹→在弹出的下拉菜单中选择"删除"命令。

方法三：选中目标文件或文件夹→按下 Delete 键。

3. 物理删除

方法一：按着 Shift 键不放，右击目标对象→在弹出的快捷菜单中选择"删除"命令。

方法二：选中目标对象→按组合键：Shift＋Delete。

4. 实操练习

(1)删除本地磁盘 E 下的"F1.dat"文件。

(2)删除本地磁盘 E 下"基本操作"文件夹下的"ZJD"子文件夹。

(3)删除本地磁盘 E 下"文件管理"文件夹下的"ZJD"子文件夹。

(4)在本地磁盘 E 下"文件管理"文件夹下已有"CZLX"子文件夹存在，将"CZLX"子文件夹下扩展名为".txt"的文件删除。

9.2.5 重命名文件或文件夹

1. 文件和文件夹命名规则

文件名是文件存在的标识，Windows 操作系统根据文件名来实现对文件的控制和管理。为了方便区分不同文件，需要给每个文件指定一个名称。不同的操作系统对文件命名的规则略有不同。Windows 操作系统实行对文件按名存取操作，同一文件夹下不允许两个文件的名称相同。Windows 操作系统支持长文件名，其命名规则如下：

(1)文件名最长可以使用 255 个字符。

(2)文件的类型由扩展名决定，文件名可以有多个扩展名，但文件类型由最后一个扩展名决定。

(3)文件名中允许使用空格，但不能使用具有特定意义的字符，如图 9.8 所示。

(4)在 Windows 操作系统中，文件名不区分字母大小写，仅在显示时存在差异。

完整的文件名包括"主文件名"和"扩展名"，两者用"."(小数点)进行分隔。其中主文件名用于区分不同名称的文件，扩展名用于区分不同类型文件。

用户可根据需要对主文件名或扩展名进行更改。在修改文件扩展名时，系统会弹出"重命名"对话框，提示修改扩展名可能存在的风险(如图 9.9 所示)。

计算机应用基础

图 9.8　文件(文件夹)命名禁用字符

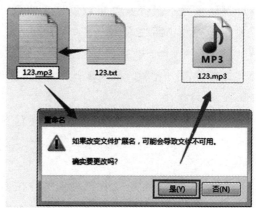

图 9.9　更改文件扩展名时的提示

在无特殊需要的情况下，建议用户不要修改或者删除文件扩展名，否则可能导致打开该文件的应用程序错误，即文件无法打开。此外，相同类型的文件可以转换成不同的格式(如 avi 格式可转换成 mp4 格式)，但需要借助第三方软件(如格式工厂)来完成。

2. 显示/隐藏文件扩展名

为使文件名显示更为简洁，Windows 7 操作系统默认情况下不显示常用文件扩展名。用户可按如下操作显示/隐藏文件扩展名。

方法 1：打开磁盘分区或文件夹→单击工具栏中的"组织"命令→在弹出的下拉菜单中选择"文件夹和搜索选项"命令→在弹出的"文件夹选项"对话框中切换至"查看"标签→在"高级设置"选项组中找到"隐藏已知文件类型的扩展名"复选项→取消该复选项的选择(即单击鼠标去掉复选框中的"√")→单击"确定"按钮，即可显示文件扩展名，如图 9.10 所示。反之，勾选该复选框则会隐藏常见文件的扩展名。

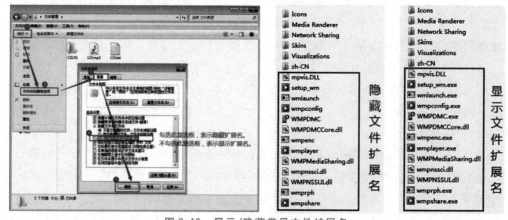

图 9.10　显示/隐藏常见文件扩展名

方法 2：打开磁盘分区或文件夹→单击"工具"选项卡→在弹出的菜单中选择"文件夹和搜索选项"命令，也可弹出"文件夹选项"对话框，之后按方法一的操作步骤即可显示/隐藏文件扩展名。

3. 重命名

重命名文件是更改文件"主文件名"或"扩展名"的一种操作；重命名文件夹是更改文件夹名称的一种操作。重命名文件主文件名的方法如下（重命名文件夹可参照重命名文件的方法进行操作），如图 9.11 所示。

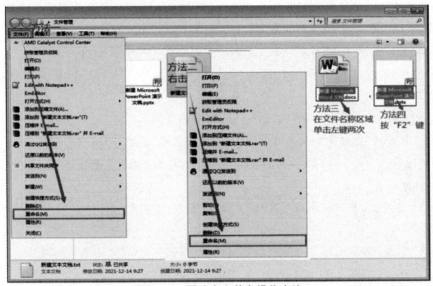

图 9.11　更改主文件名操作方法

　　方法一：选中对象→单击"文件"菜单→在弹出的菜单中选择"重命名"命令（此时文件/文件夹名称处于可编辑状态）→输入新的文件或文件夹名称→按下 Enter 键或单击窗口空白处即可。

　　方法二：右击对象→在弹出的快捷菜单中选择"重命名"命令→输入新名称→按下 Enter 键或单击窗口空白处。

　　方法三：选中对象→在对象名称框上单击鼠标→输入新名称→按下 Enter 键或单击窗口空白处。

　　方法四：选中对象→按下 F2 功能键→输入新名称→按下 Enter 键或单击窗口空白处。

4. 实操练习

(1)将本地磁盘 E 盘下的"基本操作"文件夹改名为"JBCZ"。

(2)在本地磁盘 E 盘下"文件管理"文件夹下已有"CZLX"子文件夹存在，将"CZLX"子文件夹下的"A1.docx"文件改名为"WD01.docx"。

(3)将本地磁盘 E 盘下的"文件管理"文件夹下的"TUS1.txt"文件以新的文件名"C1.hlp"拷贝到"CZLX"子文件夹下。

(4)将本地磁盘 E 盘下的"文件管理"文件夹下的"NTET.wps"文件以新的文件名"H2.txt"移动到"CZLX"子文件夹下。

9.3 综合练习

▶实训操作 1

(1)在 C 盘根目录下新建一个以自己学号命名的文件夹，并在该文件夹中新建子文件夹"KW01""KW02"和"KW03"。

(2)在"KW01"文件夹中新建一个名为"KWXY"的文本文件，在"KW03"文件夹中新建一个名为"PIC.jpg"的文件。

(3)将"KW01"文件夹中的"KWXY.txt"文件更名为"DKW.exe"。

(4)将"KW03"文件夹中"PIC.jpg"文件以新文件名"NOTE.hlp"复制到文件夹"KW02"中。

(5)将"KW03"文件夹中的"PIC.jpg"文件删除。

(6)将"KW01"文件夹中名为"DKW.exe"的文件移动到"KW03"文件夹中。

(7)将以自己学号命名的文件夹中第四个字符为"2"的文件夹复制到"KW03"文件夹中。

▶实训操作 2

(1)将"实训2\Windows 7\素材"文件夹下"NAOM"文件夹中的"TRAVER.dbf"文件删除。

(2)将"实训2\Windows 7\素材"文件夹下"HQWEW"文件夹中的"LOCK.for"文件复制到同一文件夹中，文件名改为"USER.for"。

(3)为"实训2\Windows 7\素材"文件夹下"WALL"文件夹中"PBOB.bas"文件建立名为"KPB"的快捷方式，并存放在考生文件夹下。

(4)将"实训2\Windows 7\素材"文件夹下"WETHEAR"文件夹中"PIRACY.txt"文件移动到考生文件夹中，并改名为"MICROSO.txt"。

(5)在"实训2\Windows 7\素材"文件夹下"JIBEN"文件夹中创建名为"A2TNBQ"的文件夹，并设置属性为隐藏。

▶实训操作 3

(1)将"实训3\Windows 7\素材"文件夹下"SUCCESS"文件夹中的文件"ATEND.doc"设置为隐藏属性。

(2)将"实训3\Windows 7\素材"文件夹下"PAINT"文件夹中的文件"USER.txt"移动到考生文件夹下"JINK"文件夹中，并改名为"TALK.txt"。

(3)在"实训3\Windows 7\素材"文件夹下"TJTV"文件夹中建立一个新文件夹"KUNT"。

(4)将"实训3\Windows 7\素材"文件夹下"REMOTE"文件夹中的文件"BBS.for"复制到考生文件夹下"LOCAL"文件夹中。

(5)将"实训3\Windows 7\素材"文件夹下"MAULYH"文件夹中的文件夹"BADBOY"删除。

▶实训操作 4

(1)在"实训4\Windows 7\素材"文件夹下新建名为"BOOT.txt"的空文件。

(2)将"实训4\Windows 7\素材"文件夹下"GANG"文件夹复制到考生文件夹下的"UNIT"文件夹中。

(3)将"实训4\Windows 7\素材"文件夹下"BAOBY"文件夹设置"隐藏"属性。

(4)搜索"实训4\Windows 7\素材"文件夹中的"URBG"文件夹，然后将其删除。

(5)为"实训4\Windows 7\素材"文件夹下"WE1"文件夹建立名为"RWE1"的快捷方式，并存放在考生文件夹下的"GANG"文件夹中。

▶实训操作5

(1)将考生文件夹下"SINK"文件夹中的文件夹"GUN"复制到考生文件夹下的"PHILIPS"文件夹中，并更名为"BATTER"。

(2)将考生文件夹下"SUICE"文件夹中的文件夹"YELLOW"的隐藏属性撤销。

(3)在考生文件夹下"MINK"文件夹中建立一个名为"WOOR"的新文件夹。

(4)将考生文件夹下"POUNDER"文件夹中的文件"NIKE.pas"移动到考生文件夹下"NIXON"文件夹中。

(5)将考生文件夹下"BLUE"文件夹中的文件"SOUPE.for"删除。

▶实训操作6

(1)在"TEST"目录下分别建立"DENGA"和"DENGB"两个子目录。

(2)将"TEST"目录下"IBM"子目录中的文件"MIN.wps"设置成只读属性。

(3)将"TEST"目录下文件"TV.txt"移动到"TEST"目录下"REN"子目录中，并将该文件重命名为"YUN.txt"。

(4)将"TEST"目录下"TIMES"子目录中的文件夹"NEW"复制到"TEST"目录下的"TT"子目录中。

(5)为"TEST"目录下"CHAIR"子目录建立名为"RECHA"的快捷方式，存放在"TEST"目录下的"FIT"子目录中。

▶实训操作7

(1)在"TEST"目录下分别建立"AA2"和"AA3"两个子目录。

(2)将"TEST"目录下的"MIN.wps"文件设置成只读属性并取消存档属性。

(3)将"TEST"目录下的文件"SHOU.txt"移动到"TEST"目录下的"MOVE"子目录中，并将该文件重命名为"YAN.txt"。

(4)为"TEST"目录中的"CHAIR"子目录下的"BANG.dbf"建立名为"BANG"的快捷方式，存放在"TEST"目录下。

(5)将"TEST"目录下的"TIMES"子目录复制到"TEST"目录下的"TT"子目录中。

▶实训操作8

(1)在考生文件夹下分别建立"HUA"和"HUB"两个文件夹。

(2)将考生文件夹下"XIAO\GGG"文件夹中的文件"DOCUMENTS.doc"设置成只读属性。

(3)将考生文件夹下"BDF\CDA"文件夹中的文件"AWAY.dbf"移动到考生文件夹下"WAIT"文件夹中。

(4)将考生文件夹下"DEL \ TV"文件夹中的文件夹"WAVE"复制到考生文件夹下。

(5)为考生文件夹下"SCREEN"文件夹中的"PENCEL. bat"文件建立名为"BAT"的快捷方式，存放在考生文件夹下。

➤实训操作 9

(1)将"TEST \ LI \ QIAN"下的子目录"YANG"复制到"TEST \ WANG"子目录中。

(2)将"TEST"目录下"TIAN"子目录中的"ARJ. EXP"文件设置成只读属性。

(3)在"TEST"目录下"ZHAO"子目录中建立一个名为"GIRL"的新子目录。

(4)将"TEST \ SHEN \ KANG"子目录中的"BIAN. ARJ"文件移动到"TEST \ HAN"子目录中，并改名为"QULIU. ARJ"。

(5)将"TEST"目录下的"FANG"子目录删除。

➤实训操作 10

(1)在考生文件夹下新建文件夹"USER1"；在考生文件夹下的"A"文件夹中新建文件夹"USER2"。

(2)将考生文件夹下的"B"文件夹复制到考生文件夹下的"A"文件夹中；将考生文件夹下的"B"文件夹中的文件夹"BBB"复制到考生文件夹中。

(3)删除考生文件夹中的"BUG. docx"文件；删除考生文件夹下"A"文件夹中的"CAT. docx"文件；删除"C"文件夹下的"CCC"文件夹中的"DOG. docx"文件。

(4)将考生文件夹下的"OLD1. docx"文件改名为"NEW1. docx"；将考生文件夹下的"A"文件夹中的"OLD1. docx"文件改名为"NEW2. docx"。

➤实训操作 11

(1)在考生文件夹下新建文件夹"2USER1"；在考生文件夹下的"A"文件夹中新建文件夹"2USER2"。

(2)将考生文件夹下的"AFILE. docx"文件复制到考生文件夹下的"B"文件夹中；将考生文件夹下的"B"文件夹中的"BFILE. docx"文件分别复制到考生文件夹和考生文件夹下的"A"文件夹中。

(3)删除考生文件夹下的"C"文件夹；删除考生文件夹下的"A"文件夹中的"CCC"文件夹。

(4)将考生文件夹下的"FOLD"文件夹改名为"FOX"；将考生文件夹下的"A"文件夹中的"SEE"文件夹改名为"SUN"。

➤实训操作 12

(1)在考生文件夹下新建文件夹"3USER1"；在考生文件夹下的"A"文件夹中新建文件夹"3USER2"。

(2)将考生文件夹下的"AFILE. docx"文件以新的文件名"AFILE. hlp"复制到考生文件夹下的"B"文件夹中。

(3)删除考生文件夹中的第一个字符为"B"的文件。

(4)删除"C"文件夹下的"CCC"文件夹。

▶实训操作 13

(1)在考生文件夹下新建文件夹"4USER1";在考生文件夹下的"A"文件夹下新建文件夹"4USER2"。

(2)将考生文件夹下的"B"文件夹复制到考生文件夹下的"A"文件夹中;将考生文件夹下的"B"文件夹中的"BBB"文件夹复制至考生文件夹中。

(3)删除考生文件夹下的"C"文件夹;删除考生文件夹下的"A"文件夹中的"CCC"文件夹。

(4)将考生文件夹下的"OLD1.docx"文件改名为"NEW1.txt";将考生文件夹下的"A"文件夹中的"OLD2.docx"文件改名为"NEW2.hlp"。

▶实训操作 14

(1)在考生文件夹中,新建文件"Zjnu.docx",并将其属性设置为只读、隐藏。

(2)将考生文件夹下的"B"文件夹中的文件"XZ.pptx"剪切到考生文件夹下。

(3)将考生文件夹下的"C"文件夹中的文件"ABC.docx"的扩展名改为"txt",并将其复制到考生文件夹下。

(4)将考生文件夹下的"D"文件夹中的文件"XYZ.mdb"删除。

▶实训操作 15

(1)在考生文件夹中,新建文件"MN.prg",并将其属性设置为只读、隐藏。

(2)将考生文件夹下的"THHH"子文件夹中的文件"FRUT.txt"剪切到考生文件夹下。

(3)将考生文件夹下的"TCKI"子文件夹中的文件"LIBY6.hlp"的扩展名改为"wps",并将其复制至考生文件夹下。

(4)将考生文件夹下的"TKK"子文件夹下的"TCK"子文件夹下的文件"SLRY.mndb"删除。

(5)将考生文件夹下扩展名为".hlp"的文件移动到"THHH"子文件夹中。

▶实训操作 16

(1)在考生文件夹下新建文件夹"7USER1";在考生文件夹下的"TFOX"子文件夹中新建子文件夹"7USER2"。

(2)将考生文件夹下的"AFILE.docx"文件复制到考生文件夹下的"TK11"子文件夹中;将考生文件夹下的"TK12"子文件夹中的"BFILE.wps"文件分别复制到考生文件夹和考生文件夹下的"TK11"子文件夹中。

(3)删除考生文件夹下的"TK12"文件夹;删除考生文件夹下"TK11"子文件夹中的"TUSE1"子文件夹。

(4)将考生文件夹下的"FOLD"子文件夹改名为"FOX7";将考生文件夹下的"TK11"文件夹中的"SEE"文件夹改名为"SUN7"。

(5)将考生文件夹下文件名最后一个字符为"2"的文件复制到"TFOX"子文件夹中。

▶实训操作 17

(1)在"TEST"目录下新建子目录"SER1";在"TEST"目录下的子目录"TR1"中新

建子目录"SER2"。

(2)将"TEST"目录下的"AFILE8. docx"文件移动到"TEST"目录下的"TR1"子文件夹中。

(3)将"TEST"目录下的"TR11"子目录中的"BFILE8. docx"文件剪切到"SER1"子目录中。

(4)删除"TEST"目录下的"TCK11"子目录。

(5)将"TEST"目录下的"FOLD"文件夹改名为"FOX8"。

(6)将"TEST"目录下的"TR11"子目录中的"TES2. WPS"文件改名为"TES2. txt"。

▶实训操作 18

(1)在"TEST"目录下的"TUK"子目录下新建子目录"TUK11"。

(2)将"TEST"目录下的"AFI. txt"文件分别拷贝到"TEST"目录下的"TDK"子目录和"TMK"子目录中。

(3)删除"TEST"目录下"TMK"子目录下的文件名最后一个字符为"2",且扩展名为"hlp"的文件。

(4)将"TEST"目录下"BFILE. bdf"文件改名为"BFILE. wps"。

▶实训操作 19

(1)在考生文件夹下已有"TJS1"子文件夹存在,在该子文件夹下建立新子文件夹"TJS11"。

(2)在考生当前文件夹下已有"TJS2"子文件夹存在,将"TJS2"子文件夹下的"B1. TXT"文件以新的文件名"B1. HLP"复制到"TJS1"子文件夹。

(3)在考生当前文件夹下已有"TJS3"子文件夹存在,删除该子文件夹。

(4)在考生当前文件夹下已有"TJS4"子文件夹存在,删除该"TJS4"子文件夹下的扩展名为". HLP"的所有文件。

▶实训操作 20

(1)将考生文件夹下"QUEN"文件夹中的"XINGMING. TXT"文件移动到考生文件夹下"WANG"文件夹中,并改名为"SUL. DOC"。

(2)在考生文件夹下创建文件夹"NEWS",并设置属性为只读。

(3)将考生文件夹下"WATER"文件夹中的"BAT. BAS"文件复制到考生文件夹下"SEE"文件夹中。

(4)将考生文件夹下"KING"文件夹中的"THINK. hlp"文件删除。

(5)为考生文件夹下"DENG"文件夹中的"ME. XLS"文件建立名为"MEKU"的快捷方式。

第 10 章　Word 2010 文档处理

10.1　文档处理概述

Microsoft Word 2010 是美国微软公司开发的办公套装软件 Microsoft Office 的组件之一，主要用于文字信息处理。使用 Word 2010 能方便对文档进行录入、编辑和排版，它强大的文字处理功能，可以让我们创建出各种图文并茂的办公文档，如信函、海报、贺卡、简历、行政公文、合同等。Word 2010 默认的文件扩展名为 docx。

10.1.1　Word 2010 的主要功能

Word 2010 的主要功能包括如下几个方面：

(1)文件管理功能：包括文件的创建、打开、保存、打印、打印预览、删除等操作。

(2)编辑功能：包括输入、移动、复制、删除、查找和替换、撤销和恢复等操作。

(3)排版功能：包括页面格式、字符外观、段落格式、页眉和页脚、页码和分页等。

(4)表格处理功能：包括表格的创建、编辑、格式设置、转换、生成图表等操作。

(5)图形处理功能：包括图形的插入、处理、设置、绘制等操作。

10.1.2　Word 2010 的工作界面

Word 2010 的工作界面如图 10.1 所示。

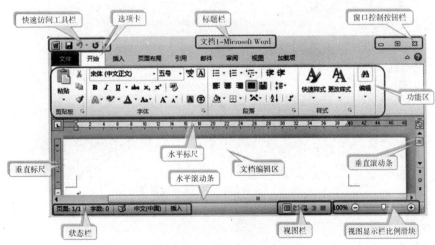

图 10.1　Word 2010 的工作界面

10.1.3 Word 2010 的启动与退出

1. 启动

启动 Word 的本质是将 Word 应用程序从外存中读入内存并通过显示器将工作界面显示出来的过程。启动 Word 2010 的方法有如下几种。

方法一：双击桌面 Word 2010 的快捷图标，如图 10.2 所示。

方法二：单击"开始"菜单→在弹出的菜单中选择"所有程序"→"Microsoft Office"→"Microsoft Word 2010"命令，如图 10.2 所示。

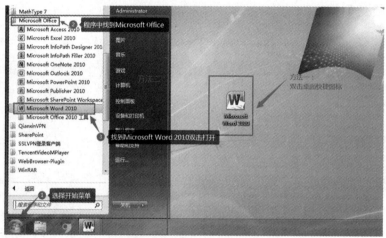

图 10.2　启动 Word 2010

方法三：右击桌面空白处→在弹出的快捷菜单中选择"新建"→"Microsoft Word 文档"命令，如图 10.3 所示。

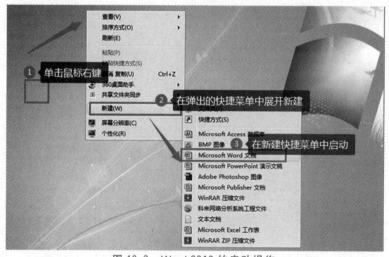

图 10.3　Word 2010 的启动操作

2. 退出

退出 Word 的方法有如下几种。

方法 1：单击"文件"选项卡→在弹出的菜单中选择"退出"命令。

方法 2：右击标题栏空白处→在弹出的快捷菜单中选择"关闭"命令。

方法 3：单击标题栏最右端的"关闭"按钮。

方法 4：单击标题栏最左端的控制菜单图标，在弹出的快捷菜单中选择"关闭"命令，或者双击控制菜单图标。

方法 5：按组合键：Alt＋F4。

10.1.5　Word 2010 的功能区

Word 2010 的功能区采用了全新的设计理念，它以选项卡的方式对命令进行分组和显示。功能区可根据屏幕大小更改控件的排列以适应屏幕大小。

1."开始"选项卡

"开始"选项卡主要包括剪贴板、字体、段落、样式和编辑等 5 个功能组，主要用于文字编辑和文字、段落的格式设置，是用户最常用的功能区，如图 10.4 所示。

图 10.4　Word 2010"开始"选项卡

2."插入"选项卡

"插入"选项卡包括页、表格、插图、链接、页眉和页脚、文本与符号等 7 个功能组，主要用于在 Word 文档中插入各种元素，如图 10.5 所示。

图 10.5　Word 2010"插入"选项卡

3."页面布局"选项卡

"页面布局"选项卡包括主题、页面设置、稿纸、页面背景、段落和排列等 6 个功能组，主要用于设置 Word 文档的页面外观，如图 10.6 所示。

图 10.6　Word 2010"页面布局"选项卡

4."引用"选项卡

"引用"选项卡包括目录、脚注、引文与书目、题注、索引和引文目录等 6 个功能组，主要用于在 Word 文档中插入目录、脚注、尾注、题注、索引等内容，如图 10.7 所示。

图 10.7　Word 2010"引用"选项卡

5．"邮件"选项卡

"邮件"选项卡包括创建、开始邮件合并、编写和插入域、预览结果与完成等 5 个功能组，主要用于在 Word 文档中进行邮件合并操作，如图 10.8 所示。

图 10.8　Word 2010"邮件"选项卡

6．"审阅"选项卡

"审阅"选项卡包括校对、语言、中文简繁转换、批注、修订、更改、比较和保护等 8 个功能组，主要用于对 Word 文档进行校对和修订等操作，适用于多人协作处理的长文档，如图 10.9 所示。

图 10.9　Word 2010"审阅"选项卡

7．"视图"选项卡

"视图"选项卡包括文档视图、显示、显示比例、窗口和宏等 5 个功能组，主要用于设置 Word 文档的视图显示方式，方便用户操作，如图 10.10 所示。

图 10.10　Word 2010"视图"选项卡

Word 2010 为用户提供了多种视图模式，包括页面视图、阅读版式视图、Web 版式视图、大纲视图和草稿等五种视图模式。

（1）页面视图：页面视图可以显示 Word 文档的打印结果外观，包括页眉、页脚、图形对象、分栏设置、页面边距等元素，是最接近打印结果的视图。

（2）阅读版式视图：阅读版式视图以图书的分栏样式显示 Word 文档，"文件"选项卡、功能区等窗口元素被隐藏起来。在阅读版式视图中，用户还可以单击"工具"按钮选择各种阅读工具。

（3）Web 版式视图：Web 版式视图以网页的形式显示文档，适用于发送电子邮件和创建网页。

（4）大纲视图：大纲视图主要用于设置 Word 文档标题的层级结构，并可以方便地折叠和展开各种层级的文档。大纲视图广泛用于长文档的快速浏览和设置。

（5）草图：草稿视图取消了页面边距、分栏、页眉页脚和图片等元素，仅显示标题和正文，是最节省计算机系统硬件资源的视图方式。现在计算机系统的硬件配置都比较高，基本上不存在由于硬件配置偏低而使 Word 2010 运行遇到障碍的问题。

10.2　文档编辑

文档编辑是对各种编辑对象进行录入、插入及调整、修改等的操作的总称，如字符、数字、符号等的输入、修改，文本框、图片、图形、表格、页眉页脚等对象的插入及调整等操作。

10.2.1　文本录入

文本录入不仅指文字录入，还包括字符、符号、数字等内容的录入。在 Word 文档的文本编辑区中，有一个不停闪烁的形如"｜"的光标，光标所在位置称为"插入点"，用户录入的内容即放到光标所在位置。当用户将内容录入到编辑区后，光标会自动后移。

Word 具有自动换行功能，当录入的内容超过一行时，不需要按 Enter 键，Word 即会自动将光标跳转到下一行。只有当用户需要对文档分段时，才需要手动按下 Enter 键，此时 Word 会自动在当前插入点插入一个形如 ↵ 的符号（段落标识符），然后将光标跳转到下一行，它表示上一个段落的结束，下一个段落的开始。

Word 提供了两种录入模式，即插入模式和改写模式，用户可通过 Insert 键在两种模式间进行切换。插入模式：在插入点插入新的内容后，插入点后的内容会自动后移，以腾出空间放置新的内容；修改模式：在插入点插入新的内容后，新内容会将插入点后的内容进行等量覆盖。

在 Word 文档中可输入汉字和英文字符。输入汉字时，可使用组合键 Ctrl＋Space 将输入法切换到系统默认的中文输入法；如果用户安装了多种输入法，则可使用组合键 Ctrl＋Shift 切换到要使用的输入法。输入英文字符时，用户可以使用组合键 Shift＋F3 切换英文单词的显示样式：首字母大写、全部大写或全部小写。

用户在录入文本时，需要注意以下几个概念：

（1）空格（Space）。空格在文档中占的宽度不但与字体和字号大小有关，也与半角或全角输入方式有关，半角方式下空格占用半个汉字的宽度，而全角方式下则占用一个汉字的宽度。

（2）回车符（Enter）。在使用 Word 进行文档编辑时，回车符的作用一是确认某些操作，二是起到分段的作用。默认情况下，段落标识符会显示在每个段落的末尾，用户可将段落标识符隐藏以使文档显示更为简洁。显示或隐藏段落标识符的操作方法：单击"文件"选项卡→在弹出的菜单中选择"选项"命令→在弹出的"Word 选项"对话框中选择"显示"选项组，取消勾选"段落标记"复选框。

（3）换行符。用户在编辑文档时，若需要另起一行（非另起一段），可以通过插入换行符强制换行。插入换行符的方法：使用组合键 Shift＋Enter，或单击"页面布局"选项卡→

"页面设置"功能组→"分隔符"命令→在弹出的下拉命令列表中选择"自动换行"命令。

（4）段落的合并与拆分。在 Word 文档中，段落之间用段落标识符分隔，如图 10.11 所示。段落的合并实际上是删除段落之间的段落标识符；段落的拆分则是在需要拆分的地方插入段落标识符。需要注意的是，段落的格式具有继承性，即当上一个段落结束后，下一个段落会自动延续上一个段落的字体及段落格式。

（5）拼写检查。Word 具有对文本的拼写或语法错误进行自动检查的功能，并以不同颜色的波浪线来标识文档可能存在的拼写或语法错误（红色波浪线表示拼写错误，绿色波浪线表示语法错误），如图 10.11 所示。这些波浪线标识仅仅是一种提示，不一定真的存在错误。

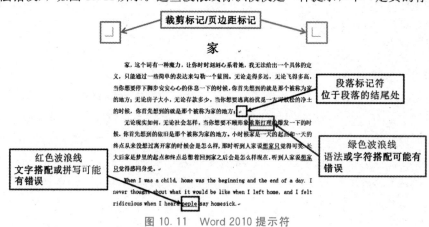

图 10.11　Word 2010 提示符

10.2.2　插入对象

用户可利用"插入"选项卡插入页面、表格、插图、链接、页眉和页脚、文本和符号等，如 Word 剪贴画库中的剪贴画、绘图工具栏中的自选图形、各种类型的图形文件及艺术字等。例如插入插图的操作方法：定位插入点→单击"插入"选项卡→在"插图"组中选择需要插入的对象。

1. 插入页眉或页脚

页眉或页脚是显示在页面顶部或底部的内容。页眉和页脚只有在页面视图和打印预览方式下才能看到。插入页眉的方法：单击"插入"选项卡→"页眉和页脚"组→点击"页眉"命令的下拉按钮，在弹出的下拉选项中选择"编辑页眉"命令，即可进入页眉的编辑状态，如图 10.12 所示。

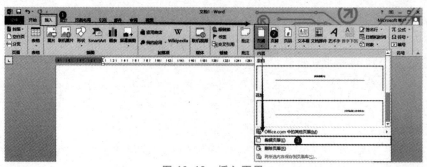

图 10.12　插入页眉

2. 设置页码

单击"插入"选项卡→"页眉和页脚"组→单击"页码"命令的下拉按钮，在弹出的下拉选项中选择页码插入位置、样式，选择"设置页码格式"命令，可进入"页码格式"对话框对编号格式和起始页码等内容进行设置，如图 10.13 所示。

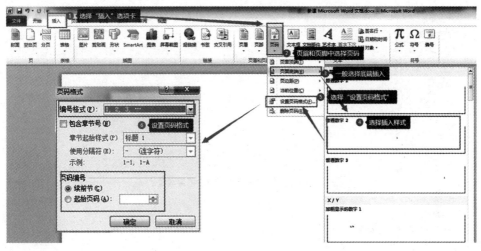

图 10.13 设置页码

3. 插入艺术字

艺术字是指将文字经过填充颜色、变形处理得到的艺术化的文字。用户可以通过插入艺术字功能创建出漂亮的文字，并将其作为一个对象插入到文档中。Word 2010将艺术字作为一种可编辑的文本插入。

(1)插入艺术字：单击"插入"选项卡→"文本"组→单击"艺术字"下拉按钮→在弹出的下拉列表中选择喜欢的样式，如图 10.14 所示。

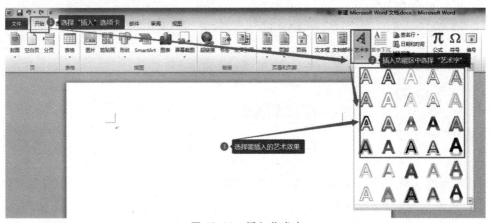

图 10.14 插入艺术字

(2)编辑艺术字：选中已插入的艺术字→单击"文件"选项卡→单击"字体"组右下角的箭头，即可对艺术字的字体和格式进行设置，如图 10.15 所示。格式设置完成后，使用鼠标将艺术字拖动到合适位置即可。

图 10.15　艺术字体和格式设置

10.2.3　复制与移动

1.复制操作

在 Word 文档中，复制对象的方法有如下几种。

方法 1：选中要复制的对象→按 Ctrl＋C→将光标移到需要粘贴的位置→按 Ctrl＋V。

方法 2：选中要复制的对象→选择"开始"选项卡→"剪贴板"组→单击"复制"按钮→将光标移到需要粘贴的位置→单击"粘贴"按钮，如图 10.16 所示。

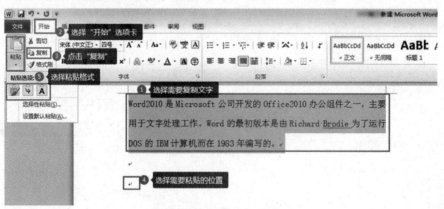

图 10.16　复制对象（文本）

在粘贴文本对象时，Word 为用户提供了"保留源格式""合并格式"和"只保留文本"三种粘贴方式，用户可根据需要灵活选择。

方法 3：选中要复制的对象，按住 Ctrl 键的同时按住鼠标左键，使插入点成虚线，鼠标箭头尾部同时出现一个带有加号的小虚线框，拖动虚线插入点并移到需要复制的新位置，释放鼠标即可。

2.移动文本

在 Word 文档中，移动对象的方法有如下几种：

方法1：选中要移动的对象→按Ctrl＋X→将光标移到需要粘贴的位置→按Ctrl＋V。

方法2：选中要移动的对象→选择"开始"选项卡→"剪贴板"组→单击"剪切"按钮→将光标移到需要粘贴的位置→单击"粘贴"按钮。

方法3：选中要移动的文本，按住鼠标左键，使插入点成虚线，鼠标箭头尾部同时出现一个小虚线框，拖动虚线插入点并移到需要移到的新位置，释放鼠标即可。

10.2.4 查找与替换

1. 查找文本

Word的查找功能不仅可以查找文档中某一指定的文本，而且还可以查找特殊符号（如段落标记、制表符等），其操作方法如下。

方法1：选中文本→选择"开始"选项卡→"编辑"组→单击"替换"按钮，打开"查找和替换"对话框→点击"查找"选项卡。

方法2：选择"开始"选项卡→"编辑"组→单击"查找"按钮或用组合键"Ctrl＋F"打开导航窗格，在导航窗格搜索框中输入要查找的关键字，此时系统将自动在选中的文本中进行查找，并高亮显示找到的文本，如图10.17所示。

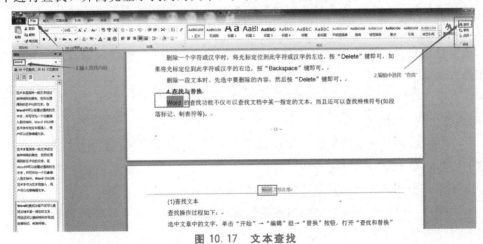

图 10.17 文本查找

2. 高级查找

在"开始"选项卡下的"编辑"功能组中单击"高级查找"按钮，可弹出"查找和替换"对话框，单击"更多"按钮，即会出现"搜索选项"选项组，如图10.18所示。

该对话框中几个选项的功能如下：

(1)查找内容：在"查找内容"文本框中键入要查找的文本。单击文本框右侧的下拉列表按钮会列出最近4次查找过的文本供选用。

(2)搜索：有全部、向上、向下3个选项。全部表示从插入点开始向文档末尾查找，到达文档末尾后再从文档开头查找到插入点处；向上表示从插入点开始向文档开头处查找；向下表示从插入点向文档末尾处查找。

(3)区分大小写和全字匹配：用于查找英文单词。

(4)使用通配符：用于在要查找的文本中键入通配符实现模糊查找。

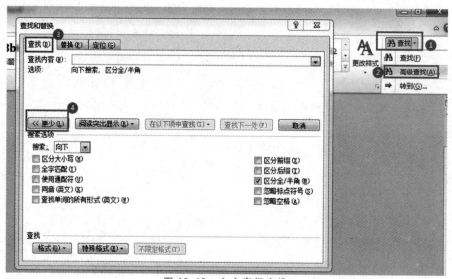

图 10.18　文本高级查找

(5)区分全/半角：可区分全角或半角的英文字符和数字，否则不予区分。

3. 文本替换

替换是用户在编辑文档时经常使用到的功能，它可以实现批量修改相同的内容，其操作方法如下：

①选中文本，单击"开始"选项卡→"编辑"组→单击"替换"按钮，打开"查找和替换"对话框。

②在"查找内容"文本框中输入需要替换的文本，在"替换为"文本框中输入需要替换成的内容，单击"全部替换"按钮。

③提示是否搜索文档的其余部分，选择"否"。

替换操作不但可以将查找到的内容替换为指定的内容，也可以替换为指定的格式。替换的操作方法如图 10.19 所示。

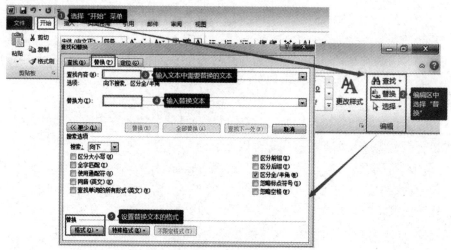

图 10.19　文本替换

4. 通配符

通配符是一种特殊字符，常用于模糊查询，常用的通配符有问号(?)和星号(＊)。

①通配符"?"：代表 1 个任意字符。如用户需要查找含有"瓜"的双字词语，则可以用"? 瓜"表示，搜索的结果只会出现任意一个字符＋"瓜"的两字词语，如南瓜、西瓜、冬瓜、蜜瓜、木瓜。

②通配符"＊"：代表任意多个(包括 1 个)任意字符，如用户需要查找含有"瓜"的词语(不考虑"瓜"字前面有多少个字符)，则可以用"＊瓜"来表示，搜索的结果就会出现所有含"瓜"词语，如南瓜、西瓜、冬瓜、哈密瓜、酸木瓜。

10.3 文字格式设置

文字格式包括字体、字形、颜色、大小、字符间距和动态效果等。默认情况下，在新建文档中输入文本时，文本以正文样式显示。文字格式设置界面如图 10.20 所示。

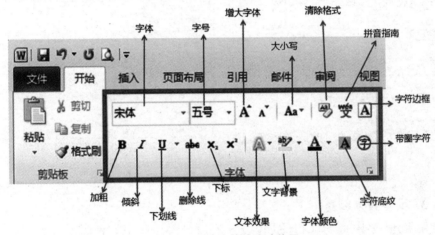

图 10.20 字体格式功能区

设置字体格式的方法有如下几种：

方法 1：选中需要设置格式的文本→单击"开始"选项卡下"字体"功能组右下角的箭头→在弹出的"字体"对话框中对被选中的文本设置相应的字体格式。

方法 2：右击需要设置格式的文本→在弹出的快捷菜单中选择"字体"命令→在弹出的"字体"对话框中对被选中的文本设置相应的字体格式。

方法 3：选中需要设置格式的文本→按组合键：Ctrl＋D→在弹出的"字体"对话框中对被选中的文本设置相应的字体格式。

10.3.1 基本字体格式设置

"字体"对话框的基本设置包括字体、字形、字号、字体颜色、下划线线型、下划线颜色、着重号、效果等。Word 2010 字体对话框如图 10.21 所示。

10.3.2 "字体"的高级设置

在 Word 2010 中，用户可对文本字符间距、字符缩放以及字符位置等进行调整，如图 10.22 所示。

(1)"缩放"下拉列表框：可以在其中输入任意一个值来设置字符缩放的比例，但字符只能在水平方向上进行缩小或放大。

(2)"间距"下拉列表框：从中可以选择"标准""加宽""紧缩"选项，"标准"是 Word 中的默认选项，磅值控制其间距。

(3)"位置"下拉列表框：从中可以选择"标准""提升""降低"选项来设置字符的位置，磅值控制其高低。

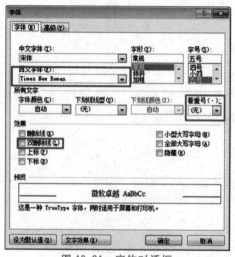

图 10.21　字体对话框

图 10.22　字体高级设置话框

10.3.3　文字效果设置

在使用 Word 2010 编辑文档的过程中，有时需要给文字设置阴影、空心等效果，以突出需要重点关注的文字。设置空心字的方法如下：选择目标文本→按 Ctrl＋D→在弹出的"字体"对话框中单击"文字效果"按钮→在"设置文本效果格式"对话框中分别设置文本填充为"无填充"，文本边框设置为单实线，如图 10.23 所示。

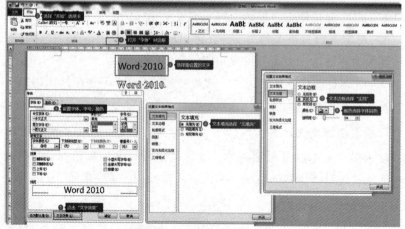

图 10.23　空心字效果设置

10.3.4 格式刷

格式刷是 Word 2010 提供的一种帮助用户快速应用字体和段落格式的工具。用户在使用格式刷工具时，需要区分单击格式刷和双击格式刷的区别。单击格式刷仅可将选中的文本格式应用到其他地方一次，而双击格式刷则可以将选中的文本格式应用到其他地方多次。格式刷的使用方法如下：选中需要复制格式的文本→单击或双击"剪贴板"功能组中的"格式刷"按钮（此时光标会变成一个带刷子的大写的"I"的形状）→单击需要应用所选文本格式的其他文本，即可将备选文本的格式应用到当前选中的文本上。

此外，用户也可以使用组合键 Ctrl＋Shift＋C 复制文本格式，然后使用组合键 Ctrl＋Shift＋V 将复制的文本格式应用到其他文本。

10.4 段落格式设置

段落是文档的基本组成单位。Word 2010 具有自动分行的工作，没有自动分段的功能，用户需要手动分段，可在需要分段的地方按下 Enter 键插入段落标识符实现分段。同理，如果用户将某处的段落标识符删除，则与该段落标识符紧邻的两个段落会变成一个段落。（这也就是我们所说的段落的拆分与合并的操作方法。）在 Word 文档中，段落标识符位于段落的末尾，它表示上一个段落的结束，下一个段落的开始。

在 Word 文档中，段落的格式虽然具有继承性，但每个段落的格式又是独立的，因此用户可以对某一段或者几段文本设置字体、段落及边框、底纹等格式。段落格式设置常用功能如图 10.24 所示。

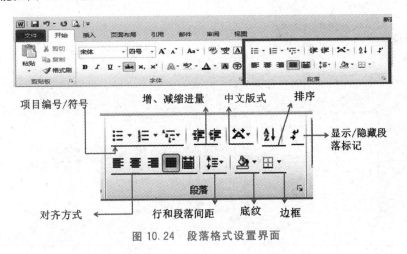

图 10.24 段落格式设置界面

10.4.1 对齐方式

对齐方式是段落内容在文档的左右边界之间的横向排列方式。Word 共有 5 种水平对齐方式：左对齐、右对齐、居中对齐、两端对齐和分散对齐，如图 10.25 所示。

左对齐：文本靠左边排列，段落左边对齐。

居中对齐：文本靠右边排列，段落右边对齐。

右对齐：文本由中间向两边分布，始终保持文本处在行的中间。

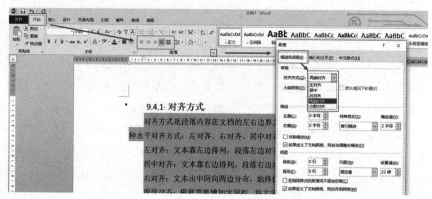

图 10.25　段落对齐方式设置

　　两端对齐：根据需要增加字间距，将文字左右两端同时对齐，这样可以在页面左右两侧形成整齐的外观。

　　分散对齐：根据需要增加字间距，使段落两端同时对齐，这样可以创建外观整齐的文档。

10.4.2　大纲级别

　　大纲级别是用于为文档中的段落指定等级结构的段落格式，当用户指定了段落的大纲级别后，就可以在大纲视图或文档结构图中处理文档了。Word 2010 为用户提供了 10 个级别，包括 1 级至 9 级标题和正文文本。其中正文文本是所有段落的默认级别，如图 10.26 所示。

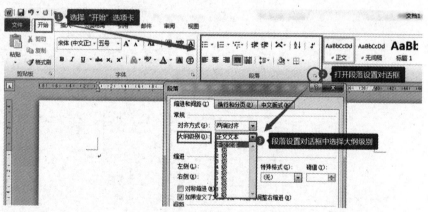

图 10.26　段落的大纲级别

10.4.3　段落缩进

　　缩进是指文本与页面边界之间的距离。Word 2010 为用户提供了左缩进、右缩进及特殊缩进(首行缩进及悬挂缩进)几种缩进方式。用户既可以在"段落"对话框中设置缩进形式及缩进量，也可以利用水平标尺自由调整缩进(如需实时显示缩进的值，需要在拖动缩进滑块时按着 Alt 键)。在 Word 2010 中，默认的缩进的度量单位为字符，用户也可以根据需要更改缩进度量单位(如厘米、磅等)，如图 10.27 所示。

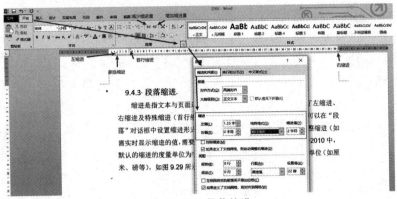

图 10.27　段落缩进

10.4.4　段落的间距

段落间距分为段间距和行间距两种，其中段间距是指相邻两个段落之间的距离，行间距是指段落中相邻两行之间的距离。

段间距分为段前和段后两种间距，其默认的单位为"行"，用户也可根据需要修改度量单位。默认情况下，段间距为 0 行。

Word 2010 为用户提供了单倍行距、1.5 倍行距、2 倍行距、多倍行距、最小值、固定值等几种行距模式，用户可以根据需要选择设定的行距，也可根据需要自定义行距值。如用户需要以"行"为单位设置行距，可选择"多倍行距"模式，然后在其后的数值调节框中输入需要的行数；如果用户需要以"磅"为单位设置行距，则可选择"固定值"模式，然后在其后的数值调节框中输入需要的磅值。默认情况下，文本的行距为单倍行距，如图 10.28 所示。

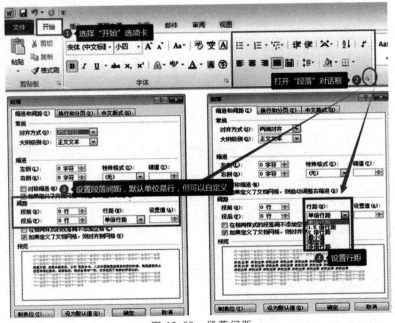

图 10.28　段落间距

10.4.5 项目符号和编号

项目符号和编号是在指定的段落文本前添加符号或一组有规律变化字符的文本排版方式，它可以使文档条理清楚、重点突出，提高文档的可读性。默认情况下，Word会自动监测用户输入的文本段首是否包含系统自带的项目符号或编号，当用户结束一段文本录入，切换到下一段落时，Word会自动为后续的段落添加项目符号或编号，同时改变部分文本排版方式。用户可以手动关闭 Word 自动添加项目编号的功能："文件"选项卡→"选项"命令→在弹出的"选项"对话框中选择"校对"命令，单击"自动更正选项"按钮→在弹出的"自动更正"对话框中切换到"键入时自动套用格式"选项卡→在"键入时自动应用"选项组中取消"自动项目符号列表"和"自动编号列表"前的复选框勾选，Word 将不会自动添加项目符号或编号。

设置项目符号和编号常用方法如下：

①键入文本时自动创建项目符号与段落编号。

②使用"开始"选项卡中"段落"组设置项目符号与段落编号，如图 10.29 所示。

③使用右键快捷菜单设置项目符号与段落编号。

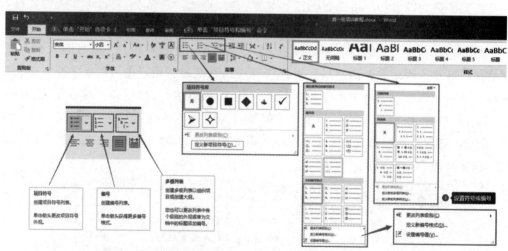

图 10.29 项目符号和编号

在 Word 中提供了 13 种项目符号（编号）模板，用户也可以自定义模板。

自定义项目符号的方法如下：打开"项目符号和编号"对话框→单击"定义新项目符号"按钮→在打开的"定义新项目符号"对话框中单击"符号"按钮→在弹出的"符号"对话框中选择需要的项目符号→单击"确定"命令按钮，即可自定义项目符号，如图10.30 所示。

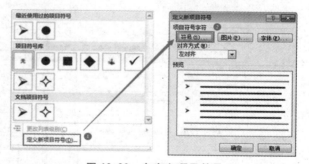

图 10.30 自定义项目符号

自定义编号的方法如图 10.31 所示。

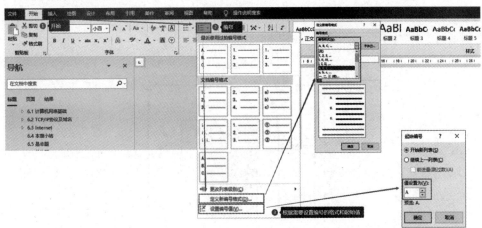

图 10.31　自定义编号

10.4.6　标题样式

当 Word 中出现大量不同级别的标题时，用户可以使用标题样式快速设置标题格式。操作方法如下：

单击"开始"选项卡→单击"样式"功能组右下角的箭头→单击弹出的"样式"浮动工具栏最下方的"管理样式"按钮→在"管理样式"对话框中进行设置→"确定"，如图 10.32 所示。也可使用组合键 Alt+Ctrl+Shift+S 打开"样式"浮动工具栏。

图 10.32　标题样式显示

10.5　页面格式设置

Word 2010 默认的纸张大小为 A4。用户若需要使用其他大小的纸张，可在"页面设置"对话框中的"纸张"选项卡中选择。

纸张大小及页边距确定了用户在编辑文档时的可用文本区域。文本区域的宽度等于纸张的宽度减去左、右页边距，文本区域的高度等于纸张的高度减去上、下页边距。页面布局示意图如图10.33所示。

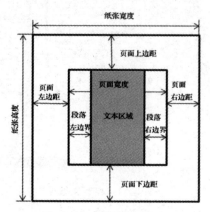

图 10.33　页面布局示意

10.5.1　页边距、装订线和纸张方向设置

设置页边距的方法如下："页面布局"选项卡→"页面设置"功能组→点击"页面设置"按钮，打开"页面设置"对话框。在"页边距"选项卡中可分别设置上、下、左、右页边距，装订线及纸张方向等，如图10.34所示。

图 10.34　页面设置

10.5.2　纸张大小设置

设置页边距的方法："页面布局"选项卡→"页面设置"功能组→点击"页面设置"按钮，打开"页面设置"对话框→在"纸张"选项卡中可设置纸张大小，如图10.35所示。

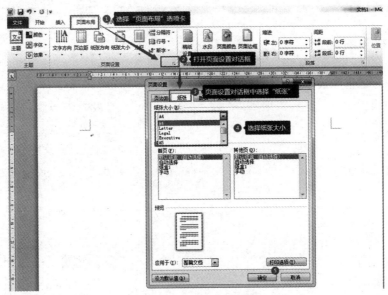

图 10.35　纸张大小设置

10.5.3　分栏排版设置

分栏是将文章分为多列形式的一种排版方式，常用于论文、报刊的排版。默认情况下，Word 显示为一栏。在进行分栏时，既可以选择整篇文章，也可以对某段或几段文本进行分栏操作；同时，用户可以根据需要将文本分为两栏、三栏或更多栏。

分栏的方法：选定需要分栏的段落→"页面布局"选项卡→单击"页面设置"功能组中的"分栏"按钮→在弹出的下拉列表中选择"更多分栏"选项→在弹出的"分栏"对话框中设置分栏参数（栏数、宽度和间距、分割线等），如图 10.36 所示。

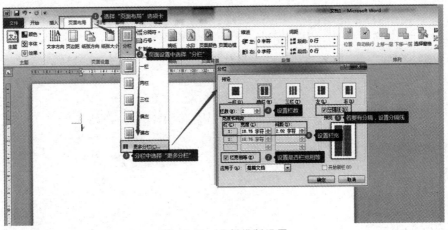

图 10.36　分栏排版设置

需要特别注意的是，在对 Word 文档的最后一段进行分栏时，不能选中最后一段的段落标识符，否则会导致分栏（如两栏）后，只有左边栏有内容，而右边栏则无内容的情况。如果不方便选择，可在段落后再插入一个段落标识符，然后直接选取最后一段

（含段末的段落标识符，但不能选择新插入的段落标识符），即可实现分栏效果。

10.6 边框和底纹

10.6.1 边框和底纹设置概述

边框和底纹设置是为文档中的文字、段落或页面添加边线或底纹，以突出文档重点内容或增强文档的表现力和观赏性。

方法一：选中需要设置边框或底纹的段落（页面边框和底纹无须选择）→"开始"选项卡→"段落"功能组→单击"边框和底纹"→在弹出的"边框和底纹"对话框中选择对应的选项卡，为被选择内容添加边框或底纹，如图 10.37 所示。

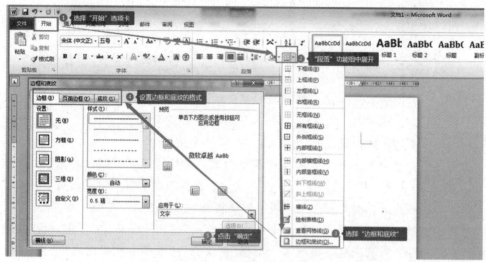

图 10.37 边框和底纹设置 1

方法二：选中需要设置边框或底纹的段落（页面边框和底纹无须选择）→"页面布局"选项卡→"页面背景"选项组→单击"页面边框"按钮→在弹出的"边框和底纹"对话框中选择对应的选项卡，为被选择内容添加边框或底纹，如图 10.38 所示。

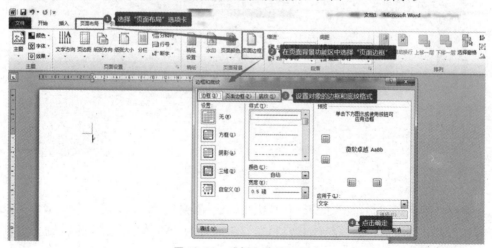

图 10.38 边框和底纹设置 2

10.6.2 给不同对象设置边框和底纹

1. 设置文字的边框和底纹

选择目标文本→"页面布局"选项卡→"页面背景"功能组→单击"页面边框"按钮，在弹出的"边框和底纹"对话框中为选中的文字设置边框和底纹，如图 10.39 所示。

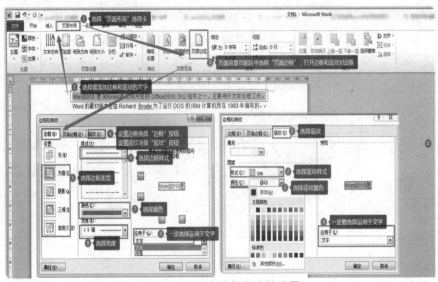

图 10.39 文字边框和底纹设置

需要特别注意的是，在为文字添加边框或底纹时，用户所选择的文本对设置的范围有很大的影响：如果用户在选择文本时不选文本后的段落标识符，则默认的应用范围是"文字"；如果用户选择的范围包含有段落标识符，则默认的应用范围是段落，此时需要用户手动将应用范围设置为"文字"。

2. 设置段落的边框和底纹

为段落设置边框和底纹的方法与文字相似，唯一的区别在于选择的应用范围为"段落"，如图 10.40 所示。

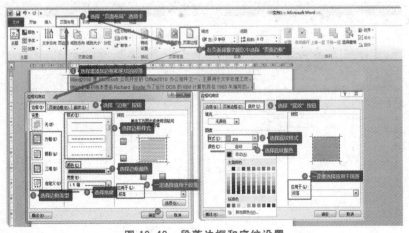

图 10.40 段落边框和底纹设置

3. 设置页面边框(包含艺术型边框)

为 Word 文档页面设置边框时不要选中文本，直接在"边框和底纹"对话框中选择"页面边框"选项卡，可分别设置边框样式、线型、颜色、宽度等参数，用户也可以为页面添加艺术型边框，最后选择应用范围为"整篇文档"即可，如图 10.41 所示。

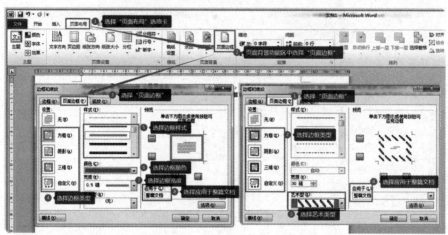

图 10.41　页面边框和底纹设置

10.7　表格

表格是一种简明扼要的表达方式。用户可以在文档中使用表格来组织文字和数字，并对表格数据进行计算、排序等简单的数据处理。

10.7.1　表格创建

在 Word 2010 中，用户可以使用如下几种方法快速创建表格。

方法一，使用虚拟表格功能："插入"选项卡→"表格"功能组→单击"表格"命令按钮中的下拉按钮→在弹出的下拉列表中，按住鼠标左键拖动框选指定行数和列数的虚拟表格，松开鼠标即可插入对应行数和列数的表格，如图 10.42 所示。

图 10.42　使用虚拟表格功能插入表格

方法二，使用"插入表格"对话框插入表格："插入"选项卡→"表格"功能组→单击"表格"命令按钮中的下拉按钮→在弹出的下拉列表中选择"插入表格"命令按钮→在弹出的"插入表格"对话框中输入需要的行数和列数，并设置其他参数，如图 10.43 所示。

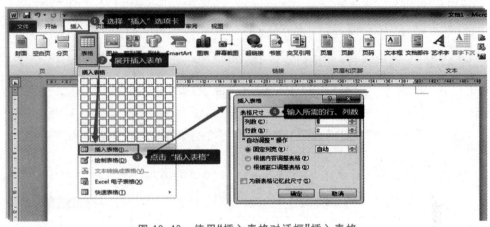

图 10.43　使用"插入表格对话框"插入表格

方法三，使用"快速表格"功能："插入"选项卡→"表格"功能组→单击"表格"命令按钮中的下拉按钮→在弹出的下拉列表中选择"快速表格"命令按钮→在弹出的子菜单中选择需要的表格即可。

10.7.2　表格编辑

1. 表格的选择

(1)单元格的选择：将鼠标指针指向单元格的左边，当鼠标指针变为一个指向右上方的黑色箭头时，单击可以选定该单元格。

(2)行的选择：将鼠标指针指向行的左边，当鼠标指针变为一个指向右上方的白色箭头时，单击可以选定该行；如拖动鼠标，则拖动过的行被选中。

(3)列的选择：将鼠标指针指向列的上方，当鼠标指针变为一个指向下方的黑色箭头时，单击可以选定该列；如水平拖动鼠标，则拖动过的列被选中。

(4)连续单元格区域的选择：在单元格上拖动鼠标，拖动的起始位置和终止位置间的单元格被选定；也可单击位于起始位置的单元格，然后按住 Shift 键单击位于终止位置的单元格，起始位置和终止位置间的单元格被选定。

(5)选择不连续单元格：按着 Ctrl 键，点击或拖动鼠标，可以在不连续的区域中选择单元格。

(6)选择整个表格：单击表格左上角的表格移动控点"⊞"可选择整个表格。

2. 插入单元格、行和列

(1)右击需要插入的单元格→在弹出的快捷菜单中选择"插入"命令→在弹出的子菜单中选择需要的插入位置，如图 10.44 所示。

(2)选择"布局"选项卡中的"行和列"功能组的扩展按钮，可打开"插入单元格"对话框，具体操作如图 10.45 所示。

图 10.44　插入单元格、行和列

图 10.45　"行和列"功能组

3. 移动/复制单元格

对单元格的移动和复制操作也可以通过鼠标拖动或剪贴板来完成。将鼠标指针指向选定的单元格区域，对选定的单元格按下左键并拖动鼠标即可移动单元格；如在拖动过程中按住 Ctrl 键则可以将选定单元格复制到新的位置。

4. 删除行、列

删除行后，被删除行下方的行自动上移；删除列后，被删除列右侧的列自动左移。

5. 合并和拆分单元格

（1）合并单元格：选中需要合并的两个或多个单元格→"布局"选项卡→"合并"功能组→单击"合并单元格"。

（2）拆分单元格：选中需要拆分的单元格→"布局"选项卡→"合并"功能组→单击"拆分单元格"→在弹出的"拆分单元格"对话框中设置需要拆分的行数和列数。用户也可以右击需要拆分的单元格，在弹出的快捷菜单中选择"拆分单元格"命令，也可弹出"拆分单元格"对话框，如图 10.46 所示。

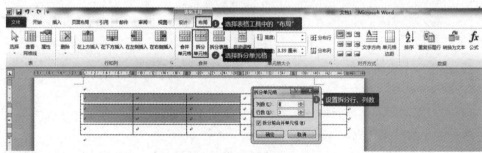

图 10.46　拆分单元格

6.重复标题行

①选中标题行或将光标定位于标题行某个单元格→"表格工具"→"布局"→"数据"组→单击"重复标题行",如图10.47所示。

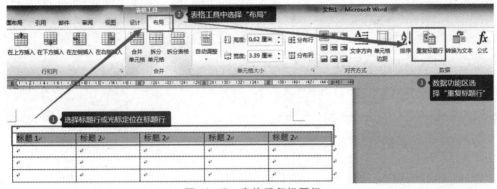

图 10.47 表格重复标题行

7.拆分表格

在 Word 2010 中,拆分表格是指将一个表格变成上下两个表格的一种操作。拆分表格的方法如下:将光标定位至拆分点→"表格工具"中的"布局"选项卡→在"合并"功能组中单击"拆分表格"命令按钮,如图 10.48 所示。用户也可以使用组合键 Ctrl+Shift+Enter 对表格进行拆分。

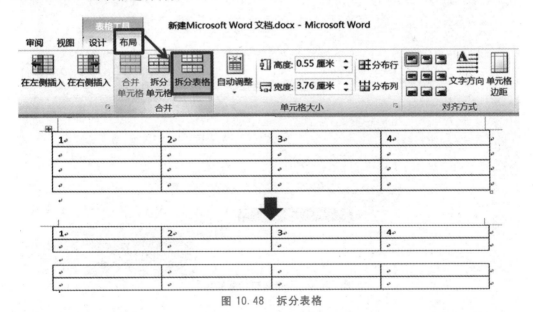

图 10.48 拆分表格

10.7.3 表格修饰

1.自动套用格式

Word 2010 内置了很多表格样式,用户可以将这些表格样式应用到自己绘制的表格中,从而实现快速格式化表格的目的。自动套用格式即是实现这一目的方法,如图

10.49 所示。

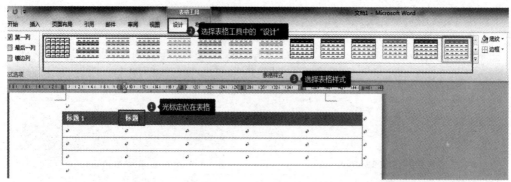

图 10.49　自动套用格式

2. 设置表格边框或底纹

方法一：选中需要设置边框或底纹的单元格或单元格区域，在"表格样式"功能组中分别设置表格边框和底纹即可。

方法二：右击需要设置边框或底纹的单元格或单元格区域，在弹出的快捷菜单中选择"边框和底纹"菜单命令，在弹出的"边框和底纹"对话框中对相关参数进行设置即可，如图 10.50 所示。

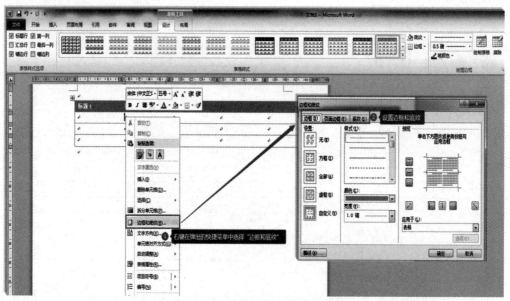

图 10.50　表格边框、底纹设置

3. 设置表格对齐方式

选中表格→"布局"选项卡→"表"功能组→单击"属性"按钮→在弹出的"表格属性"对话框中切换到"表格"选项卡→设置对齐方式，如图 10.51 所示。

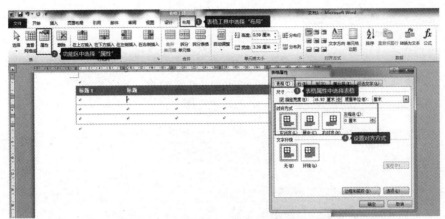

图 10.51 表格对齐方式设置

4. 设置表格文字对齐方式

选择需要设置对齐方式的单元格→"表格工具"→"布局"选项卡→在"对齐方式"组中单击需要的对齐方式按钮，如图 10.52 所示。

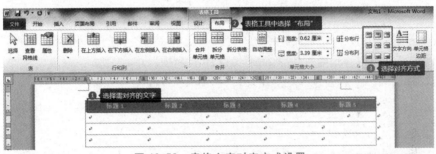

图 10.52 表格文字对齐方式设置

10.7.4 表格的高级应用

1. 表格文本的排序和计算

选中标题行或将光标定位于标题行某单元格→"表格工具"→"布局"→"数据组"→单击"排序"/"公式"→在"排序"/"公式"对话框中进行设置，如图 10.53 所示。

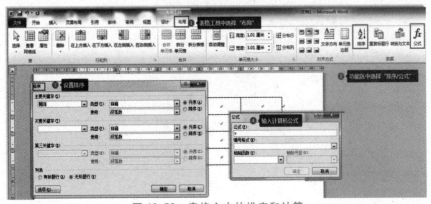

图 10.53 表格文本的排序和计算

2. 表格与文字相互转换

（1）表格转换为文字：Word 可以将文档中的表格内容转换为以逗号、制表符、段落标记或其他指定字符分隔的普通文本。操作方法：将光标定位在表格→"布局"选项卡→"数据"组→单击"转换为文本"→在弹出的"表格转换成文本"对话框中设置作为文本分隔符的符号，如图 10.54 所示。

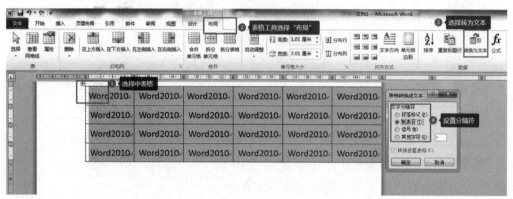

图 10.54　表格转换为文字

（2）文字转换为表格：如果要把文字转换成表格，文字之间必须用分隔符分开，分隔符可以是段落标记、逗号、制表符或其他特定字符。操作方法：选定要转换为表格的正文→"插入"选项卡→"表格"组→点击"表格"下拉按钮→选择"文本转换成表格"选项→在弹出的"将文本转换成表格"对话框中设置相应的选项。具体操作如图 10.55 所示。

图 10.55　文字转换为表格

10.8　综合练习

10.8.1　实训操作1

题目要求

1. 将正文一、二两段中的"红萝卜"全部改为"胡萝卜"。

2. 将"红衣裳"三个字(不包括引号)设置为粗体三号字。

3. 设置正文各段的左缩进、右缩进分别为 0.5 英寸和 0.6 英寸。

4. 将正文第三段(段落范围)设置成 25% 底纹。

注意：全文内容、位置不得随意变动，否则后果自负。

　　　红框之内的文字不得操作，否则后果自负。

　　红萝卜是一种秋天和冬天吃的蔬菜。在地面上，它像一棵很普通的小草，只能看见一丛柔软的绿叶，分裂成很多非常细小的裂片。但是在地底下，它却长着一根又粗又长的肉质根，这种根就是我们吃的红萝卜。它穿着一身漂亮的"红衣裳"。红萝卜很甜，既能像水果一样生吃，又能煮熟当菜吃，由于红萝卜含有许多人体需要的营养，所以，经常吃红萝卜能使人身体健康结实。

　　红萝卜浑身鲜红，好像被红颜色染过一样，在童话故事中说，它是森林矮老人爱吃的点心，是用魔法把它变成通红的。现代科学家告诉我们，它的身体中含有一种叫红萝卜素的东西，这种红萝卜素色彩鲜红，许多植物体中都有它的存在，只是在红萝卜里面含量特别多。

　　在萝卜的家族中，个子最大的叫白萝卜，它又粗又长，像根圆圆的柱子，一个白萝卜就能吃上好几顿。还有一种叫红萝卜，外表鲜红，常带有一点辣味。另外，北京的心里红萝卜，长得一身绿皮，里面的肉紫红色，吃起来又甜又脆，滋味一点不比苹果、生梨差。除此以外，萝卜家庭中还有皮青肉绿的天津青萝卜和专供生吃的脆萝卜等。

10.8.2　实训操作2

题目要求

1. 把从"胡萝卜很甜，……"开始的文字另起一段，成为第二段。

2. 把前三段中所有"胡萝卜"一词用红色显示。

3. 设置"在胡萝卜的家族中，……"一段(第四段)的段前、段后间距分别为 6 磅和 10 磅。

4. 对新的第二段正文加上线宽 1.5 磅的红色单实线方框。

注意：全文内容、位置不得随意变动，否则后果自负。

　　　红框之内的文字不得操作，否则后果自负。

　　胡萝卜是一种秋天和冬天吃的蔬菜。在地面上，它像一棵很普通的小草，只能看见一丛柔软的绿叶，分裂成很多非常细小的裂片。但是在地底下，它却长着一根又粗又长的肉质根，这种根就是我们吃的胡萝卜。它穿着一身漂亮的"红衣裳"。胡萝卜很甜，既能像水果一样生吃，又能煮熟当菜吃，由于胡萝卜含有许多人体需要的营养，所以，经常吃胡萝卜能使人身体健康结实。

胡萝卜浑身鲜红，好像被红颜色染过一样，在童话故事中说，它是森林矮老人爱吃的点心，是用魔法把它变成通红的。现代科学家告诉我们，它的身体中含有一种叫胡萝卜素的东西，这种胡萝卜素色彩鲜红，许多植物体中都有它的存在，只是在胡萝卜里面含量特别多。

在胡萝卜的家族中，个子最大的叫白胡萝卜，它又粗又长，像根圆圆的柱子，一个白胡萝卜就能吃上好几顿。还有一种叫红胡萝卜，外表鲜红，常带有一点辣味。另外，北京的心里红胡萝卜，长得一身绿皮，里面的肉紫红色，吃起来又甜又脆，滋味一点不比苹果、生梨差。除此以外，胡萝卜家庭中还有皮青肉绿的天津青胡萝卜和专供生吃的脆胡萝卜等。

10.8.3　实训操作3

> **题目要求**
> 1. 将第一段中的英文字体全部改为 Tahoma。
> 2. 为标题加上 2.25 磅的红色点划线三维方框。
> 3. 将文章中的"康柏"两个字全部改成红色"KANGBO"（不包括引号）。
> 4. 在第一段的段首插入文字"PDA"（不包括引号）。
> 5. 设置左右页边距各为 1.5 英寸。
> 注意：全文内容、位置不得随意变动，否则后果自负。
> 　　　　红框之内的文字不得操作，否则后果自负。

Pocket　PC

（PDA 是个人数字助理的英文缩写）上运行的操作系统有很多种，其中最为知名也是市场占有率最高的是使用 palm 公司的 palm OS 操作系统的 PDA。而微软公司也有同类型的产品 WinCE，早期推出的 WinCE 机器由于过多地沿袭了 Windows 的复杂特性，并不适应于掌上电脑的需求，软件体积较大，运行效率较低，人机界面也不是很友好，显得操作过于复杂，不适应用手持设备的使用方式。所以市场一直不太成功。不过，微软毕竟是微软，在雄厚的资金和对嵌入式设备软件巨大市场永不言弃的决心下，痛定思痛后对 WinCE 加以改进，从用户界面到内核效率都进行了改进，推出了 WinCE3.0 操作系统的 PDA 叫做 Pocket PC。而硬件厂商又将 Pocket PC 叫做"随身电脑"用来和国内使用概念混乱的掌上电脑相区别。其实，"随身电脑"就是使用微软 WinCE3.0 操作系统的掌上电脑。

使用微软 WinCE 作为掌上电脑操作系统的产品很多，主要的厂家有：康柏的 ipaq 系列、惠普的 jormada 系列、日本的卡西欧、不有我国的厂商联想以及我国台湾的大众、华硕等等。其实，像康柏的 ipaq 也是我国台湾的厂商生产的。

而目前的主流 Pocket PC 都具有一些共同特点，例如：一般都可以播放 MP♯，彩色的屏幕，使用内置的锂电池，具有扩充插槽或者是扩充马甲，用笔输入邮局可以外接键盘，可以播放电影等。但是他们都有一些自己个性的东西，比如屏幕的彩色位数，是否有直接支持 CF 卡插槽，使用的 CPU 类型和速度等。

10.8.4 实训操作4

题目要求

1. 将文章标题设置为 3 号、隶书、居中、绿色，将文章中的英文设置为 Arial Black。
2. 在页脚处插入页码，起始页码为 3，并居中。
3. 设置显示比例为文字宽度，百分比为 75%。
4. 将第一段与第二段交换位置。
5. 给文章加上页眉。页眉为"窗"、字体 5 号、右对齐。

注意：全文内容、位置不得随意变动，否则后果自负！

红框内的文字不得操作，否则后果自负！

窗

又是春天，窗子可以常开了。春天从窗外进来，人在屋子里坐不住，就从门里出去。不过屋子外的春天太贱了！到处是阳光，不像射破屋里阴深的那样明亮；到处是给太阳晒得懒洋洋的风，不像搅动屋里沉闷的那样有生气。就是鸟语，也似乎琐碎而单薄，需要屋里的寂静来做衬托。我们因此明白，春天是该镶嵌在窗子里看的，好比画配了框子。

同时，我们悟到，门和窗有不同的意义。当然，门是造了让人出进的。但是，窗子有时也可作为进出口用，譬如小偷或小说里私约的情人就喜欢爬窗子。所以窗子和门的根本分别，决不仅是有没有人进来出去。若据赏春一事来看，我们不妨这样说：有了门，我们可以出去；有了窗，我们可以不必出去。窗子打通了人和大自然的隔膜，把风和太阳逗引进来，使屋子里也关着一部分春天，让我们安坐了享受，无须再到外面去找。古代诗人像陶渊明对于窗子的这种精神，颇有会心。《归去来辞》有两句道："倚南窗以寄傲，审容膝之易安。"不等于说，只要有窗可以凭眺，就是小屋子也住得么？他又说："夏月虚闲，高卧北窗之下，清风飒至，自谓羲皇上人。"意思是只要窗子透风，小屋子可成极乐世界；他虽然是柴桑人，就近有庐山，也用不着上去避暑。所以，门许我们追求，表示欲望，窗子许我们占领，表示享受。这个分别，不但是住在屋里的人的看法，有时也适用于屋外的来人。一个外来者，打门请进，有所要求，有所询问，他至多是个客人，一切要等主人来决定。反过来说，一个钻窗子进来的人，不管是偷东西还是偷情，早已决心来替你做个暂时的主人，顾不到你的欢迎和拒绝了。缪塞(Musset)在《少女做的是什么梦》(A Quoi rêvent les jeunes filles)那首诗剧里，有句妙语，略谓父亲开了门，请进了物质上的丈夫(mat riel poux)，但是理想的爱人(id al)，总是从窗子出进的。换句话说，从前门进来的，只是形式上的女婿，虽然经丈人看中，还待博取小姐自己的欢心；要是从后窗进来的，总是女郎们把灵魂肉体完全交托的真正情人。你进前门，先要经门房通知，再要等主人出见，还得寒暄几句，方能说明来意，既费心思，又费时间，那像从后窗进来的直接痛快？好像学问的捷径，在乎书背后的引得，若从前面正文看起，反见得愈远了。这当然只是在社会常态下的分别，到了战争等变态时期，屋子本身就保不住，还讲什么门和窗！

世界上的屋子全有门，而不开窗的屋子我们还看得到。这指示出窗比门代表更高的人类进化阶段。门是住屋子者的需要，窗多少是一种奢侈。屋子的本意，只像鸟巢兽窟，准备人回来过夜的，把门关上，算是保护。但是墙上开了窗子，收入光明和空气，使我们白天不必到户外去，关了门也可生活。屋子在人生里因此增添了意义，不只是避风雨、过夜的地方，并且有了陈设，挂着书画，是我们从早到晚思想、工作、娱乐、演出人生悲喜剧的场子。门是人的进出口，窗可以说是天的进出口。屋子本是人造了为躲避自然的胁害，而向四垛墙、一个屋顶里，窗引诱了一角天进来，驯服了它，给人利用，好比我们笼络野马，变为家畜一样。从此我们在屋子里就能和自然接触，不必去找光明，换空气，光明和空气会来找到我们。所以，人对于自然的胜利，窗也是一个。不过，这种胜利，有如女人对于男子的胜利，表面上看来好像是让步——人开了窗让风和日光进来占领，谁知道来占领这个地方的就给这个地方占领去了！我们刚说门是需要，需要是不由人做得主的。譬如我，饿了就要吃，渴了就该喝。所以有人敲门，你总得去开，也许是易卜生所说比你下一代的青年想冲进来，也许像德昆希《论谋杀后闻打门声》(On the knocking at the Gate in the Macbeth)所说，光天化日的世界想攻进黑暗罪恶的世界，也许是浪子回家，也许是有人借债（更许是讨债），你愈不知道，怕去开，你愈想知道究竟，愈要去开。甚至邮差每天打门的声音，也使你起了带疑惧的希冀，因为你不知道而又愿知道他带来的是什么消息。门的开关是由不得你的。但是窗呢？你清早起来，只要把窗幕拉过一边，你就知道窗外有什么东西在招呼着你，是雪、是雾、是雨，还是好太阳，决定要不要开窗子。上面说过窗子算得奢侈品，奢侈品原是在人看情形斟酌增减的。

10.8.5　实训操作5

题目要求

1. 将正文第一段文字移到文章最后，仍单独成为一段。

2. 将文章标题"春城春色"设置为粗体三号并加上双波浪下划线。

3. 设置正文各段的左缩进、右缩进分别为 0.5 英寸和 0.6 英寸。

4. 将正文第二段设置成 25％绿色底纹。

5. 将整篇文档的左右页边距分别设置为 2 厘米。

注意：全文内容、位置不得随意变动，否则后果自负。

红框之内的文字不得操作，否则后果自负。

春城春色

今年二月，我从海外回来，一脚踏进昆明，心都醉了。我是北方人，论季节，北方也许正是搅天风雪，水瘦山寒，云南的春天却脚步儿勤，来得快，到处早像催生婆似的正在催动花事。

花事最盛的去处数着西山华庭寺。不到寺门，远远就闻见一股细细的清香，直渗进人的心肺。这是梅花，有红梅、白梅、绿梅，还有朱砂梅，一树一树的，每一树花都是一树诗。白玉兰花略微有点儿残，娇黄的迎春却正当时，那一片春色啊，比起滇池的水来不知还要深多少倍。

究其实这还不是最深的春色。且请看那一树，齐着华庭寺的廊檐一般高，油光碧绿的树叶中间托出千百朵重瓣的大花，那样红艳，每朵花都像一团烧得正旺的火焰。这就是有名的茶花。不见茶花，你是不容易懂得"春深似海"这句诗的妙处的。

10.8.6 实训操作6

题目要求

1. 设置文章标题为三号、隶书、下划线、分散对齐的文字宽度为8厘米。
2. 设置第一段的大纲级别为正文6级。
3. 给文章的最后三段分别加上项目编号X.、Y.、Z.。
4. 将第二段文字的样式改为标题5。
5. 设置整篇文档的装订线1厘米，装订线位置为顶端。

注意：全文内容、位置不得随意变动，否则后果自负！

红框内的文字不得操作，否则后果自负！

独一无二的艺术家莫扎特

在整部艺术史上，不仅仅在音乐史上，莫扎特是独一无二的人物。

他的早慧是独一无二的。

四岁学钢琴，不久就开始作曲；就是说他写音乐比写字还早。五岁那年，一天下午，父亲雷沃博带了一个小提琴家和一个吹小号的朋友回来，预备练习六支三重奏。孩子挟着他儿童用的小提琴也要加入。父亲呵斥道："学都没学过，怎么来胡闹！"孩子哭了。吹小号的朋友过意不去，替他求情，说让他在自己身边拉吧，好在他音响不大，听不见的。父亲还咕噜着说："要是听见你的琴声，就得赶出去。"孩子坐下来拉了，吹小号的乐师慢慢地停止了吹奏，流着惊讶和赞叹的眼泪；孩子把六支三重奏从头至尾都很完整地拉完了。

八岁，他写了第一支交响乐；十岁写了第一出歌剧。十四至十六岁之间，在歌剧的发源地意大利（别忘了他是奥地利人），写了三出意大利歌剧在米兰上演，按照当时的习惯，由他指挥乐队。十岁以前，他在日耳曼十几个小邦的首府和维也纳、巴黎、伦敦各大都市作巡回演出，轰动全欧。有些听众还以为他神妙的演奏有魔术帮忙，要他脱下手上的戒指。

正如他没有学过小提琴而就能参加三重奏一样,他写意大利歌剧也差不多是无师自通的。童年时代常在中欧西欧各地旅行,孩子的观摩与听的机会多于正规学习的机会;所以莫扎特的领悟与感受的能力,吸收与消化的迅速,是近乎不可思议的。我们古人有句话,说:"小时了了,大未必佳";欧洲人也认为早慧的儿童长大了很少有真正伟大的成就。的确,古今中外,有的是神童;但神童而卓然成家的并不多,而像莫扎特这样出类拔萃、这样早熟的天才而终于成为不朽的大师,为艺术界放出万丈光芒的,至此为止还没有第二个例子。

他的创作数量的巨大,品种的繁多,质地的卓越,是独一无二的。

巴哈、韩德尔、海顿,都是多产的作家;但韩德尔与海顿都活到七十以上的高年,巴哈也有六十五岁的寿命;莫扎特却在三十五年的生涯中完成了大小 622 件作品,还有 132 件未完成的遗作,总数是 754,举其大者而言,歌剧有 22 出,单独的歌曲、咏叹调与合唱曲 67 支,交响乐 49 支,钢琴协奏曲 29 支,小提琴协奏曲 13 支,其他乐器的协奏曲 12 支,钢琴奏鸣曲及幻想曲 22 支,小提琴奏鸣曲及变体曲 45 支,大风琴曲 17 支,三重奏四重奏五重奏 47 支。没有一种体裁没有他登峰造极的作品,没有一种乐器没有他的经典文献:在一百七十年后的今天,还像灿烂的明星一般照耀着乐坛。在音乐方面这样全能,乐剧与其他器乐的制作都有这样高的成就,毫无疑问是绝无仅有的。莫扎特的音乐灵感简直是一个取之不竭、用之不尽的水源,随时随地都有甘泉飞涌,飞涌的方式又那么自然,安详,轻快,妩媚。没有一个作曲家的音乐比莫扎特的更近于"天籁"了。

融和拉丁精神与日耳曼精神,吸收最优秀的外国传统而加以丰富与提高,为民族艺术形式开创新路而树立几座光辉的纪念碑:在这些方面,莫扎特又是独一无二的。

10.8.7　实训操作 7

题目要求

1. 设置文章标题为三号、隶书、底纹、分散对齐的文字宽度为 5 厘米。

2. 设置第一段段前、段后间距分别为 10 磅和 6 磅。

3. 给第二段到最后一段每段开头分别加上项目编号 1)、2)、3)。

4. 将第一段的字间距设置为加宽 2 磅。

5. 设置整篇文档的装订线为 1 英寸,位置为左侧。

注意:全文内容、位置不得随意变动,否则后果自负!

　　　红框内的文字不得操作,否则后果自负!

繁星

我爱月夜,但我也爱星天。从前在家乡七、八月的夜晚在庭院里纳凉的时候,我最爱看天上密密麻麻的繁星。望着星天,我就会忘记一切,仿佛回到了母亲的怀里似的。

三年前在南京我住的地方有一道后门,每晚我打开后门,便看见一个静寂的夜。下面是一片菜园,上面是星群密布的蓝天。星光在我们的肉眼里虽然微小,然而它使我们觉得光明无处不在。那时候我正在读一些关于天文学的书，也认得一些星星，好像它们就是我的朋友，它们常常在和我谈话一样。

如今在海上，每晚和繁星相对，我把它们认得很熟了。我躺在舱面上，仰望天空。深蓝色的天空里悬着无数半明半昧的星。船在动，星也在动，它们是这样低，真是摇摇欲坠呢！渐渐地我的眼睛模糊了，我好像看见无数萤火虫在我的周围飞舞。海上的夜是柔和的，是静寂的，是梦幻的。我望着那许多认识的星，我仿佛看见它们在对我霎眼，我仿佛听见它们在小声说话。这时我忘记了一切。在星的怀抱中我微笑着，我沉睡着。我觉得自己是一个小孩子，现在睡在母亲的怀里了。

有一夜，那个在哥伦波上船的英国人指给我看天上的巨人。他用手指着：那四颗明亮的星是头，下面的几颗是身子，这几颗是手，那几颗是腿和脚，还有三颗星算是腰带。经他这一番指点，我果然看清楚了那个天上的巨人。看，那个巨人还在跑呢！

10.8.8　实训操作 8

题目要求

1. 删除第三段，不留空格。

2. 将最后一段设置左缩进 0.5 英寸、右缩进 0.6 英寸。

3. 设置装订线为左侧 50 磅。

4. 为标题文字加上 20% 的红色底纹，并居中。

5. 把第二段中的"竞争"两个字的字符位置降低 10 磅，字号设置为 6 号。

注意：全文内容、位置不得随意变动，否则后果自负。

红框之内的文字不得操作，否则后果自负。

竞争的概念

市场经济与市场竞争是残酷的，企业经营者对此基本上都有着清醒的认识。但是，竞争的概念与范围则不见得很清楚，范围弄不明白，无异于盲人骑瞎马，如此又怎能不摔跟头，不跌跤呢？

竞争是广义的，企业的竞争，就是市场竞争，它的竞争范围是广泛的，包括：产品的竞争、技术的竞争、人才的竞争、管理的竞争、资金的竞争、职工素质的竞争、质量的竞争、品牌的竞争、广告的竞争、发展战略的竞争、企业文化的竞争等等。其中企业的文化竞争最重要。文化，代表一种思想、一种精神。企业文化包含着智慧，包含着道德观、价值观。它的综合体现，最终又都展现在企业的"形象与信誉"上。因此企业经营者一定要拿出相当大的精力来培育和设计企业的文化理念。一个充满丰富文化内涵的企业，它不可能没有未来。

企业最好弄清了这个概念，再去参与竞争。

有文化支撑的企业，是有"根"的企业，仔细观察，你会发现每一个成功的企业都有自己独特的文化，也正是企业独特的文化，才确保了它们在激烈的竞争中的一枝独秀。

有文化支撑的企业，是一个有理论指导的企业。企业行为，"路"虽不同，但"理"

是相通的。没有理论，没有文化，行动就没有指南，做事就没有原则。无规矩不成方圆。

所以，做有"根"的企业，是一个有理论指导的企业，人们方向才会明确得多，心里也就踏实得多，面对激烈的竞争，人们心中的目标也就更加透彻、更加透亮，自然攻无不克，战无不胜。

参与任何残酷的竞争，有文化的企业都会成竹在胸。

第 11 章　Excel 2010 电子表格处理

11.1　电子表格处理概述

11.1.1　Excel 的窗口

Excel 2010 电子表格处理软件的操作界面主要包括标题栏、快速访问工具栏、功能区、工作区、工作表标签、状态栏及比例缩放区等，如图 11.1 所示。

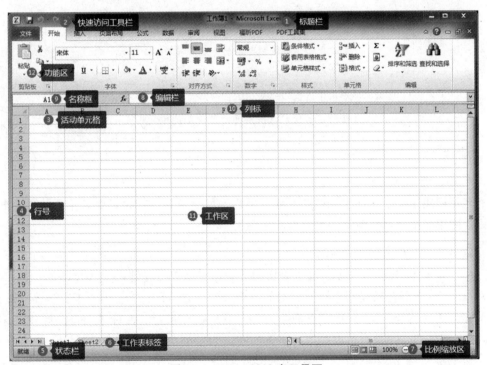

图 11.1　Excel 2010 窗口界面

1. 工作表

工作表是单元格的集合，是 Excel 进行一次完整作业的基本单位。打开一个 Excel 工作簿默认打开的是 Sheet1 工作表，该工作表处于激活状态，称为当前工作表。只有当前工作表才能进行操作，单击工作表标签可以切换当前工作表。

2. 单元格

单元格是组成工作表的基本单位。工作表工作区中横线和竖线交叉形成的矩形方格即为单元格，所有数据就保存在一个个的单元格中。工作区中有很多行和列，每列顶端显示的字母(A、B、C、…)称为列标，Excel 2010 每张工作表有 16384 列；每行最左边的阿拉伯数字(1、2、3、…)称为行号，Excel 2010 每张工作表有 1048576 行。

在 Excel 2010 中，每个单元格都由一个唯一的地址来标识。单元格的地址由列标和行号组成，如 A1，F12 等都是有效的单元格地址。当某个单元格被选中后，会在"名称框"中显示该单元格的地址(也即该单元格的名称)，被选中的单元格称为活动单元格，如图 11.1 中的单元格"A1"。用户只能在活动单元格中录入、修改、删除数据或者对当前单元格进行格式化等操作。在 Excel 电子表格中，用户可以选择一个单元格，也可选择多个单元格甚至所有单元格，如表 11-1 所示。

表 11-1　单元格的选择

选择类型			选择方法	说　明
单个单元格			单击目标单元格即可	如 A1、B23 等
多个单元格	连续	部分区域	1. 按着鼠标左键，拖动鼠标即可选择一片连续的单元格区域； 2. 选中目标区域的第一个单元格，按着 Shift 键，单击目标区域的最后一个单元格	如 A3：H10
		整行/整列	单击行号或列标即可	特殊的连续区域选择
		全选	单击全选按钮或使用组合键 Ctrl＋A	
	不连续		按着 Ctrl 键，依次选择需要选中的单元格或单元格区域	如 A3，C10，D8：F12

3. 名称框和编辑栏

名称框用于显示活动单元格的地址，用户也可以在名称框中自定义单元格的名称；编辑栏则用于显示和编辑活动单元格中的内容。

11.1.2　工作簿的基本操作

在计算机存储器中，Excel 电子表格的数据信息是以工作簿的形式存储的，其扩展名为"xlsx"。工作簿就是用于存储数据的一个文件，它可以含有至少 1 张、至多 255 张工作表。默认情况下，一个工作簿有 3 张工作表，其工作表标签分别为：Sheet1、Sheet2、Sheet3，用户也可以根据需要添加或删除工作表。

1. 新建工作簿文件

新建工作簿文件的方法有如下几种。

方法 1："开始"按钮→"所有程序"→"Microsoft Office"→单击"Microsoft Office Excel 2010"，即可打开 Excel 软件并创建一个工作簿文件。

方法 2：右击桌面空白处→在弹出的快捷菜单中选择"新建"命令→在弹出的子菜单中选择"Microsoft Excel 工作表"。

方法 3：打开一个已建工作簿文件→"文件"→单击"新建"→选择"空白工作簿"。

2. 保存工作簿文件

Excel 2010 保存文件的方法有如下几种。

方法1："文件"→单击"保存"→在打开的"另存为"对话框中输入文件名、选择保存位置→单击"保存"按钮。

方法2：单击快速访问工具栏中的"保存"按钮。

方法3：使用组合键 Ctrl＋S。

3. 打开工作簿

打开 Excel 工作簿的方法有以下几种。

方法1："文件"→单击"打开"→在弹出的"打开"对话框中定位到要打开的文件位置→选择要打开的文档→单击"打开"按钮。

方法2：单击快速访问中工具栏中的"打开"命令。

方法3：使用组合键 Ctrl＋O。

4. 关闭工作簿

如果用户对电子表格的数据进行了操作，在关闭 Excel 之前，应养成先保存再关闭文档的习惯。如果用户在关闭 Excel 之前未保存文档，Excel 会弹出提示对话框提示用户是否保存修改。关闭工作簿文件的方法有以下几种。

方法1：单击 Excel 窗口右上角的"关闭"按钮。

方法2：双击窗口控制菜单图标。

方法3："文件"选项卡→单击"退出"。

方法4：使用组合键 Alt＋F4。

11.1.3　工作表基本操作

工作表的基本操作包括工作表的插入、删除、移动、复制、重命名等。

1. 插入工作表

在 Excel 中，插入新工作表的方法有以下几种。

方法1："开始"选项卡→"单元格"功能组→单击"插入"按钮右边的箭头→在下拉菜单中执行"插入工作表"命令（该操作可在当前工作表之前插入一张新工作表），如图11.2 所示。

方法2：单击工作表标签最后面的"插入工作表"按钮，可在当前工作表后插入一张新工作表，如图11.3 所示。

图 11.2　插入工作表 1

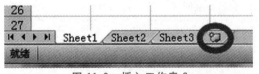
图 11.3　插入工作表 2

方法3：右击当前工作表标签→在弹出的快捷菜单中选择"插入"命令（该操作可在当前工作表之前插入一张新工作表）。

2. 删除工作表

删除工作表方法有以下几种。

方法1：选中要删除的工作表→"开始"→"单元格"组→单击"删除"按钮右边的三角形按钮→在弹出的下拉菜单中执行"删除工作表"命令。

方法2：右击需要删除的工作表标签→在弹出的快捷菜单中执行"删除"命令。

3.重命名工作表

重命名工作表的方法有以下几种。

方法1：右击工作表标签→在弹出的快捷菜单中选择"重命名"命令，即可让工作表标签进入编辑状态，输入标签名称后按Enter键或单击工作表其他地方即可确认重命名操作，如图11.4所示。

方法2：双击工作表标签也可进入编辑状态。

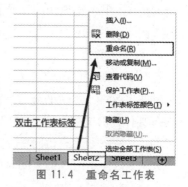

图11.4　重命名工作表

11.2　数据录入与编辑

11.2.1　数据概述

数据是Excel处理的对象，包括四种类型，即文本型数据、数值型数据、日期型数据和逻辑型数据，其中逻辑型数据（TRUE或FALSE）只能通过逻辑运算产生，用户无法直接输入。默认情况下，用户输入的不同类型的数据在单元格中的对齐方式不同（如表11-2所示），文本型数据的默认对齐方式为左对齐，数值型数据和日期型数据默认的对齐方式为右对齐，逻辑型数据默认的对齐方式为居中对齐。

表11-2　Excel的数据类型

数据类型		示　例	对齐方式
文本型数据		hello，这是Excel。	左对齐
数值型数据		123	右对齐
日期型数据	日期	2021年12月22日	右对齐
	时间	0：09	
逻辑型数据		FALSE	居中对齐

11.2.2　输入文本

文本是Excel中常见的数据类型，主要包括汉字、字母（大小写）、标点符号，甚至是格式转换后的数字等。默认情况下，文本型数据在单元格中的对齐方式为左对齐。

默认情况下，当用户输入的文本超过单元格宽度时，如果右侧相邻单元格中没有数据，则超出的文本会延伸到右侧单元格中；如果右侧相邻的单元格中已有数据，则超出的文本会自动隐藏起来，增大列宽或自动换行后即可查看全部内容。用户也可以使用组合键"Alt＋Enter"使单元格中的内容强行换行。

需要特别注意的是，由于 Excel 能支持的数字最大精度为 15 位，如果用户输入数字长度超过 15 位，则该数字在单元格中将会以科学计数法的形式表示，15 位数以后的所有数字将会变为"0"，因此如果用户输入由纯数字组成的字符串，如工号、学号、联系电话、身份证等时，需要在输入数字前先输入前导字符——单引号('），然后再输入数字。Excel 会自动将用户输入的纯数字转换成文本型数据，因为这种文本型数据是通过格式转换的形式产生的，故会在其所在单元格左上角显示一个绿色三角形符号和一个黄色警示图标，单击黄色图标会弹出一个快捷菜单，以供用户进行相应操作，如图 11.6 所示。

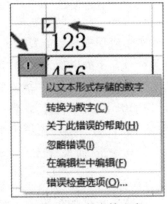

图 11.6 数字转文本

11.2.3 输入数字

Excel 是处理各种数据最有力的工具，因此在日常操作中会经常输入大量的数字内容。单击准备输入数字的单元格，输入数字后按"Enter"键即可。

若是以下情况，不能直接输入数字。

(1)输入负数：数字前先输入负号"－"或在数字上加上一对小括号()。

(2)输入分数：先输入"0"和一个空格，再输入分数；否则，Excel 会把输入数据当成日期格式处理；若要输入 $2\frac{2}{3}$，则应先输入"2"，再输入一个空格，最后输入 2/3。

(3)输入百分比数据：直接输入数字后再输入百分号"％"；或换算成小数后，单击"开始"选项卡，在"数字"选项组中单击"百分比"样式按钮。

(4)输入小数：直接在指定位置输入小数点。

(5)当输入一个较长的数字时，在单元格中显示为科学计数法(例如 2.43E＋09)，表示该单元格的列宽太小不能显示整个数字。

(6)当单元格中的数字以科学计数法表示或者填满了"＃＃＃"符号时，表示该单元格列宽不足以显示数据内容，用户只需调整列宽即可。

11.2.4 输入日期和时间

输入日期：按年月日顺序输入数字，其间用"/"或"－"进行分隔，若输入时省略年份，则以当前年份作为默认值。此外，用户可以使用组合键(Ctrl＋;)快速输入系统当前日期。

输入时间：小时、分钟、秒之间用"："(英文半角状态下的冒号)分隔，用户可以使用 12 小时制或者 24 小时制来显示时间。如果使用 24 小时制格式，则不必使用 AM 或 PM；如果使用 12 小时制格式，则在时间后加上一个空格，然后输入 AM 或者 A(表示上午)、PM 或者 P(表示下午)。此外，用户可以使用组合键(Ctrl＋Shift＋;)输入系统当前时间。

11.2.5 输入特殊符号

实际应用中可能需要输入符号，如℃、▲、√等，在 Excel 2010 中可以轻松插入这类符号。下面以插入符号"√"为例，介绍在单元格中插入特殊符号的方法。

选择目标单元格→"插入"选项卡→在"符号"选项组中单击"符号"按钮→在"符号"对话框（图 11.7）的"符号"选项卡下面找到特殊符号"√"→单击"插入"按钮。

图 11.7　输入特殊符号

11.2.6 填充柄

在输入数据的过程中，经常遇到要在相邻单元格中输入一组有规律的数据，例如，填入 1、2、3 等，或者填入一个日期序列（星期一、星期二、星期三）等，可以利用 Excel 提供的"自动填充"功能填充有规律的数据。

在活动单元格或选定单元格区域右下角的黑色小方块即为填充柄。将鼠标移到填充柄上时，鼠标指针会由一个空心十字形状变成实心十字形状。对于表格中相同的数据，或有规律变化的数据，即可用拖动填充柄的方法快速输入。

11.2.7 数据的编辑

1. 修改数据

当对当前单元格中的数据进行修改，遇到原数据与新数据完全不一样时，可以重新输入；当原数据中只有个别字符与新数据不同时，可以使用两种方法来编辑单元格中的数据：一种是直接在单元格中进行编辑；另一种是在编辑栏中进行编辑。

在单元格中修改：双击目标单元格，将光标定位到该单元格中，通过 Backspace 键或 Delete 键可将光标左侧或光标右侧的字符删除，然后输入正确的内容后按 Enter 键或单击其他单元格即可确认输入的内容。

在编辑栏中修改：单击目标单元格（该单元格内容会显示在编辑栏中），然后单击编辑栏，即可对选中的单元格的内容进行修改。当单元格中的数据较多时，利用编辑栏修改较为方便。

2. 移动数据

用户可以将单元格区域的数据移动到其他的地方，移动表格数据的方法有如下三种。

方法 1：选中需要移动的单元格→"开始"选项卡→在"剪贴板"选项组中单击"剪切"按钮→选中目标单元格→单击"剪贴板"选项组中的"粘贴"按钮即可。

方法 2：右击需要移动的单元格→在弹出的快捷菜单中选择"剪切"命令→右击目标单元格→在弹出的快捷菜单中选择"粘贴"命令。

方法 3：选中需要移动的单元格→将光标指向单元格的外边框→当光标形状变为 时，按住鼠标左键将被选择单元格拖动到目标位置，松开鼠标即可实现移动操作。

3.复制数据

相同的数据可以通过复制的方式输入，从而节省时间，提高效率。复制表格数据的方法如下。

方法1：选中需要复制的单元格→"开始"选项卡→在"剪贴板"选项组中单击"复制"按钮→选中目标单元格→单击"剪贴板"选项组中的"粘贴"按钮。

方法2：右击需要复制的单元格→在弹出的快捷菜单中选择"复制"命令→右击目标单元格→在弹出的快捷菜单中选择"粘贴"命令。

方法3：选中需要复制的单元格→将光标指向单元格的外边框→当光标形状变为时，按住"Ctrl"键的同时按着鼠标左键将被选中单元格拖动到目标位置→松开鼠标和Ctrl键。

4.删除与清除

"删除"和"清除"从字面意义理解具有相似性，但在 Excel 表格的操作中，两者却有着较大的区别："删除"的主要对象是单元格、列、行，甚至是工作表；"清除"的主要对象是单元格中的数据、格式、批注、超链接等内容，而不对单元格本身做任何操作。因此平常我们所讲"删除数据"实际上是"清除数据"。用户可根据需要选择相应的命令对单元格本身或是对单元格中的内容或格式等进行相应的操作。

清除表格中的数据有如下三种方法。

方法1：选择目标单元格→单击"开始"选项卡→在"编辑"选项组中单击"清除"按钮右边的箭头→在弹出的菜单中执行"清除内容"命令。

方法2：右击目标单元格→在弹出的快捷菜单中执行"清除内容"命令。（需要注意的是，在快捷菜单中还有一个"删除"命令，用户如果要清除单元格内容、格式、超链接等，应选择"清除"命令，如果选择了"删除"命令，则会在清除单元格数据的同时也将单元格删除掉。）

方法3：选择目标单元格→按键盘上的 Delete 键。

11.3　单元格格式化

单元格格式化即是对单元格的边框、底纹、对齐方式、字体、字号、字形等格式进行设置的一种操作。

11.3.1　字体格式设置

设置字体格式包括对文字的字体、字号、颜色等进行设置，操作方法如下：

选择目标单元格→"开始"选项卡→单击"字体"选项组右下角的对话框启动按钮→在"设置单元格格式"对话框中选择"字体"选项卡，即可对所选单元格相关字体格式进行设置，如图 11.8 所示。

图 11.8　字体格式设置

11.3.2　对齐方式

在单元格中，文本型数据默认对齐方式为左对齐，数值型数据和日期型数据默认对齐方式为右对齐。为了使表格看起来更加美观，可以改变单元格中数据的对齐方式。单元格中的对齐方式分为水平和垂直两个方向，人们常说的对齐方式实为水平对齐方式，如常规、靠左(左对齐)、靠右(右对齐)、居中、两端对齐、跨列居中和分散对齐等，设置单元格水平对齐方式的方法如下(垂直对齐方式设置与水平对齐方式设置类似)。

选择单元格或单元格区域，单击"开始"选项卡的"对齐方式"选项组右下角的"对话框启动器"按钮，打开"设置单元格格式"对话框并选择"对齐方式"选项卡，选择需要的对齐方式。

注意：设置对齐方式也可以使用"开始"选项卡的"对齐方式"选项组中提供的按钮来完成，如图 11.9 所示。

图 11.9　"对齐方式"选项组

11.3.3　数据类型

在工作表中的单元格中输入的数字，通常按常规格式显示，但是这种格式可能无法满足用户的要求，例如，财务报表中的数据经常会用到货币格式。Excel 2010 提供了多种数字格式，并且进行了分类，如常规、数字、货币、日期、时间等。通过应用不同的数字格式，可以更改数字的外观，数字格式不会影响单元格中的数值大小。

选择单元格区域，右击选定的区域，在弹出的快捷菜单中执行"设置单元格格式"命令(或者使用组合键 Ctrl＋1)，系统会自动弹出"设置单元格格式"对话框，如图 11.10 所示。

需要说明的是，Excel 2010 能支持的数字最大精度为 15 位，如果用户输入数字长度超过 15 位，则该数字在单元格中将会以科学计数法的形式表

图 11.10　数据类型设置

示，15 位数以后的所有数字将会变为"0"，因此如果用户输入由纯数字组成的字符串，如工号、学号、联系电话、身份证等时，需要将该数值型数值转换为文本型数据。

11.4　数据管理

数据管理是利用 Excel 对数据进行收集、存储、处理和应用的过程。Excel 工作表对数据的管理与数据库对数据的管理类似，数据清单中的列相当于数据库中的字段，而表格中的列标题就相当于数据库中的字段名，一个列表必须包含字段名和数据两个部分。常用的数据管理有排序、筛选、分类汇总等。

11.4.1 排序

排序是将数据表中的数据按照规则(升序或降序)进行排列的一种操作,排序不会改变数据所在行的内容。在 Excel 中,对数据进行排序的操作分为常规排序和自定义排序。

1. 常规排序(升序或降序)

常规排序是以选中区域的第一列为关键字进行排序的,其操作方法如图 11.11 所示。

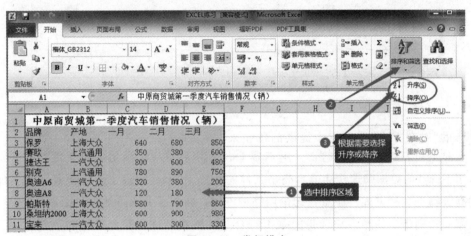

图 11.11 常规排序

2. 自定义排序

常规排序无法满足需求时,可以采用自定义排序,比如在排序过程中,存在第一关键字相同的情况,就需要对第二关键字进行再次排序,如图 11.12 所示。

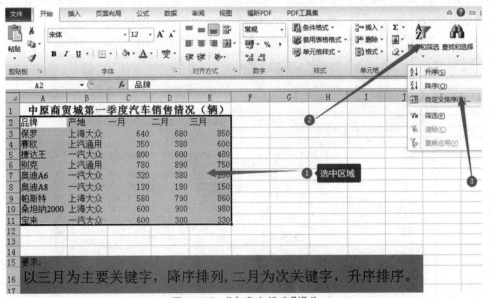

图 11.12 "自定义排序"操作

在"排序"对话框中,根据需要设置主要关键字和次要关键词等,如图 11.13 所示。

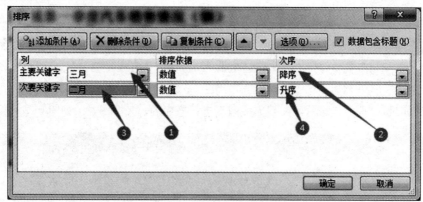

图 11.13 "自定义排序"选项

11.4.2 筛选

在对工作表数据进行处理时，有时需要从工作表中找出满足一定条件的数据，这时可用 Excel 的数据筛选功能显示满足条件的数据。Excel 提供了自动筛选、按条件筛选和高级筛选 3 种方式。注意：无论用哪种方式，数据表中都必须有列标签。

需要特别指出的是，筛选是隐藏不符合条件数据，显示符合条件的数据，被隐藏的数据依然存于工作表中，这与删除数据是完全不同的。删除数据是指将数据从工作表中删除，数据不再存在于工作表中。

1. 自动筛选

自动筛选一般用于简单的条件筛选，分为单条件或多条件筛选，用户可根据需要灵活选择。自动筛选的操作如下：选中需筛选区域→"数据"选项卡→"排序和筛选"功能→单击"筛选"命令按钮，即可在所有列标题中添加筛选下拉按钮，如图 11.14 所示。

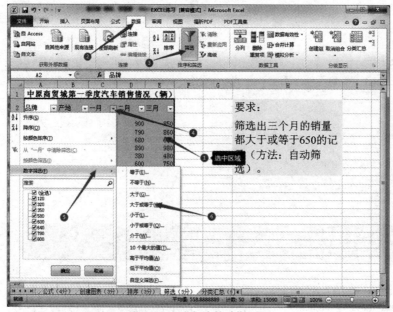

图 11.14 "自动筛选"操作

单击筛选下拉按钮→在弹出的下拉列表中选择"数字筛选"命令→在子菜单中选择对应的筛选条件→在"自定义自动筛选方式"对话框中设置筛选条件及数值，如图11.15所示。

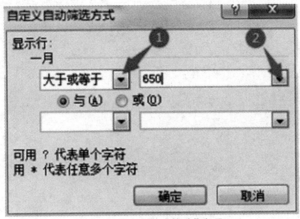

图11.15 "自动筛选"选项

2. 高级筛选

自动筛选可以实现同一字段之间的"与"运算和"或"运算，通过多次进行自动筛选也可以进行不同字段之间的"与"运算。如果要实现多字段的"与""或"运算，则需要用到高级筛选。

若要进行高级筛选，首先须设置筛选条件区域，设置条件区域是实现高级筛选的关键。首先列出"条件逻辑关系"，用来对高级筛选条件区域的逻辑关系进行定义，如图11.16所示。

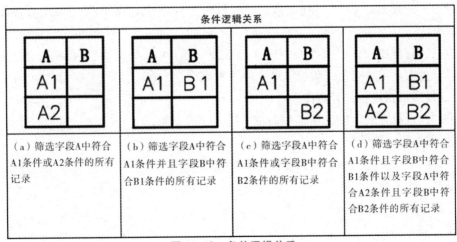

图11.16 条件逻辑关系

此外，高级筛选的结果既可以显示在原数据区域中，也可以单独显示在工作表的其他位置，用户可根据需要灵活选择。

可按以下操作方法实现高级筛选：选择"数据"选项卡→"排序和筛选"组→单击"高

级"按钮→Excel 会自动选中数据区域并弹出"高级筛选"对话框→选择好筛选结果显示方式→设置"列表区域"和"条件区域"→单击"确定"按钮,如图 11.17 所示。

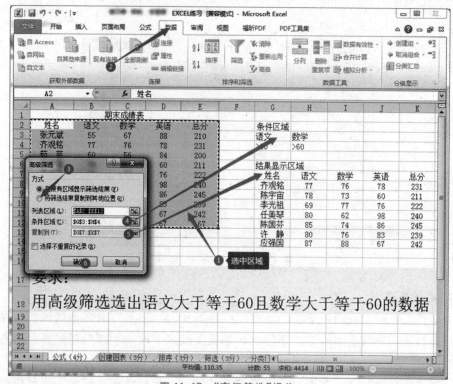

图 11.17 "高级筛选"操作

11.4.3 分类汇总

分类汇总是 Excel 对数据进行统计、分析的一种常用方法。分类汇总需具备以下三个基本要素:

第一,分类字段,即在数据中选定一个列标题(也称为关键字)作为分类的依据。在进行分类汇总前,必须以数据清单中的分类字段(关键字)进行排序(排序规则用户自定),也是对数据进行分类操作。

第二,汇总方式,即利用求平均值、最大值及计数等汇总函数,按照分类字段对数据进行汇总计算。

第三,汇总项,Excel 支持同时对多个字段进行汇总计算。

以上三要素归结起来就是:分类汇总一次只能对一个字段进行分类,一次也只能选择一种汇总方式,但是可以选择多项汇总项。

1. 分类汇总的操作方法

首先,对分类字段(关键字)数据进行排序,如图 11.18 所示。

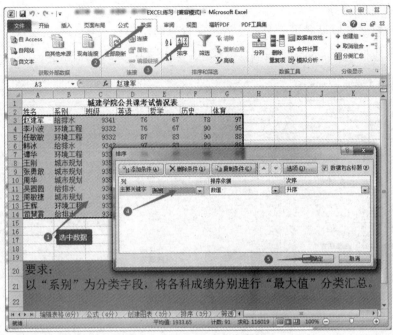

图 11.18 对分类字段排序

其次，单击"数据"选项卡，在"分级显示"组单击"分类汇总"按钮，打开"分类汇总"对话框，在"分类字段"下拉列表中选择分类字段"系别"，在"汇总方式"下拉列表中选择汇总方式"求和"，在"选定汇总项"列表中选择需要进行汇总的列标题"英语""哲学""历史""体育"，最后点击"确定"按钮，如图 11.19 所示。

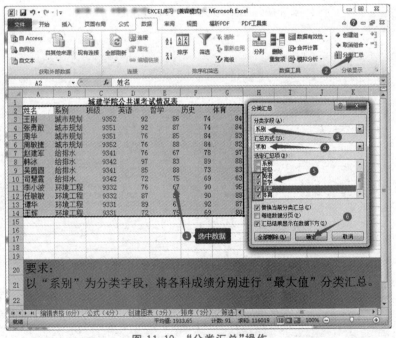

图 11.19 "分类汇总"操作

2. 分级显示数据

用户对数据区域设置了分类汇总后，在行号的左边会出现一些按层次分布的按钮，单击这些按钮可以在 Excel 中实现分级显示，如图 11.20 所示。

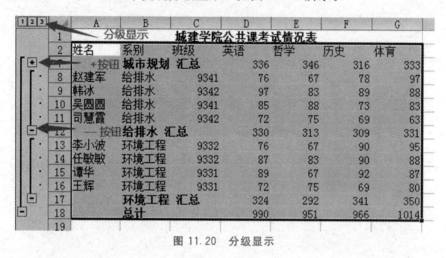

图 11.20　分级显示

分类汇总后，除了按钮组"1、2、3"外，在工作区的左边还有一些"＋"和"－"按钮，用于显示和隐藏明细数据行。

3. 删除分类汇总

在 Excel 2010 中，对于已经设置了分类汇总的数据区域，再次打开"分类汇总"对话框，单击"全部删除"按钮，即可删除当前的所有分类汇总。Excel 2010 在删除分类汇总的同时，也会删除与分类汇总一起插入列表中的分级显示，如图 11.21 所示。

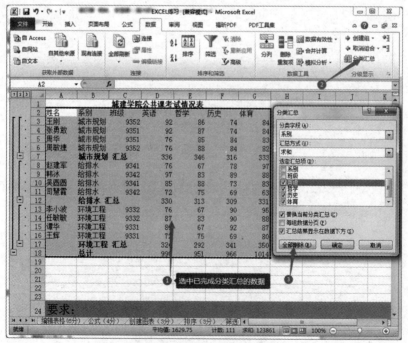

图 11.21　删除分类汇总操作

11.5　公式与函数

11.5.1　概述

1. 公式与函数的定义及关系

公式是用数学符号表示的单元格数据之间数量关系的等式；函数是 Excel 中具有固定格式和参数要求，能实现特定运算功能的预设公式。换言之，函数就是格式化的公式。在处理数据的方式上，函数与公式具有相似性。

2. 在单元格中如何输入公式与函数

Excel 2010 中的公式须遵守特定的语法规则，在输入公式或函数前，必须先输入等号（＝）作为公式或函数的前导字符。（函数在自动插入时，默认会将等号输入，如该函数是由自己输入，则仍需要在该单元格先输入等号作为公式或函数的前导字符。）

3. 单元格地址的引用

单元格地址表示所选单元格在工作表中所处位置的坐标值（单元格名），如 A 列和第 3 行交叉所形成的单元格，其引用形式即为"A3"。通过引用，公式可以使用工作表不同位置的数据或在多个公式中使用同一个单元格的数值。

Excel 中提供的单元格引用方式有相对地址引用、绝对地址引用和混合地址引用三种，默认情况下 Excel 2010 中使用的是相对地址引用。

（1）相对地址引用。相对地址引用是直接使用单元格地址或单元格区域的名称作为参与运算的对象，如单元格地址"A3"即是相对地址引用方式。所谓"相对"是指当一个公式的位置发生变化时，公式中单元格地址引用会随之变化，以保障当前公式所在单元格地址与被引用的单元格地址或单元格区域地址在位置上的相对固定。

（2）绝对地址引用。与相对地址引用相反，绝对地址的引用是指所引用的单元格或单元格区域地址固定不变，不会随着复制或者填充的目标单元格的变化而变化。绝对地址引用的表达是在行号和列标之前加上美元符号"＄"，如单元格地址"＄A＄3"即是绝对地址引用。当用户在使用填充柄对其他单元格填充公式时，绝对地址引用的单元格地址保持不变。

（3）混合地址引用。混合地址引用是相对地址引用和绝对地址引用的结合，即组成单元格地址的列标和行号中有一个是绝对引用，而另一个是相对引用，从形式上来看则是列标或行号只有一个前面有"＄"符号，如单元格地址"＄A3"和"A＄3"均为混合引用。混合地址在使用填充柄填充时，绝对引用的部分不会变化，相对引用的部分会变化，如将"A3"中的公式"＝C3＋＄D5"复制到同一工作表的"D7"单元格中，则该单元格中的公式会变为"＝E7＋＄D9"，因为"D5"单元格地址引用前有绝对引用符号，因此复制公式时，列标"D"固定不变。

11.5.2　公式

公式运算是用数学符号表示的单元格数据之间数量关系的等式，如常见的加、减、乘、除等算术运算，也可以对数据进行与、或、非等逻辑运算，如图 11.22 所示。

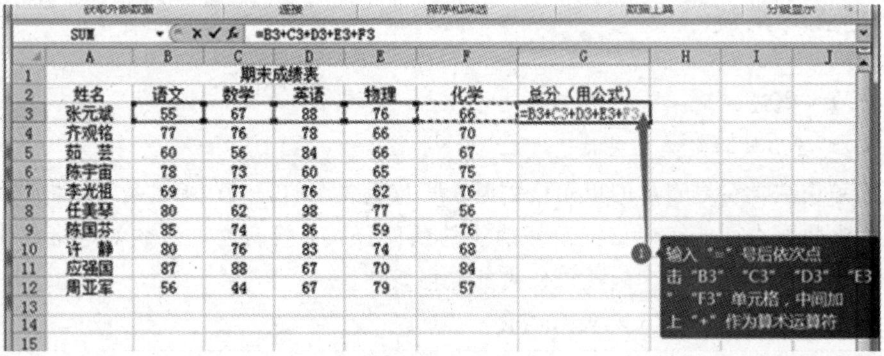

图 11.22 公式操作

11.5.3 函数

函数是为了简化使用公式进行运算的操作过程而设计的，并能实现许多普通运算符难以完成的复杂运算，但不能完成 Excel 中所有运算。因此，用户在对 Excel 表格中的数据进行运算时，无论是选择公式还是函数，只要参与运算的对象相同，其运算结果必然也一致。如，用户要计算单元格区域 A1：A3 的平均值，可以采用多种运算方法：

方法①，使用平均值函数：AVERAGE(A1，A2，A3)或 AVERAGE(A1：A3)。

方法②，使用公式：(A1＋A2＋A3)/3。

方法③，函数和公式综合运用：SUM(A1：A3)/3 或 SUM(A1，A2，A3)/3。

以上方法从数据运算的原理和结果来看是一致的，只是在表达形式上有所不同，因此不存在孰优孰劣的差别，用户可以根据数据运算的实际需要灵活选择或综合运用不同的运算方式。

在 Excel 中使用函数需要注意几个事项：

第一，函数名。函数各代表了函数所实现的功能。如 SUM 函数实现的是求和，AVERAGE 函数实现的是求平均值，PRODUCT 函数实现的是求乘积等。

第二，参数。参数是参与运算的对象或条件，不同类型的函数对参数的类型的要求不同。参数可以是数字、文本、逻辑值(TRUE 或 FALSE)、数组、错误值(♯N/A、♯DIV/0! 等)或是单元格引用，甚至可以是公式或函数。

用户在使用函数对数据进行运算时，可以手动输入函数，也可以使用插入函数的方式插入内置函数。需要特别注意的是，如果用户只选择了参与运算的所有单元格，而未选择存放运算结果的单元格，则 Excel 会自动选择被选区域后一个单元格来存放运算结果，如有 3 个数据需要求和，但用户只选中 3 个有数据的单元格，没有预留空白单元格存放结果，则 Excel 会将运算结果保存在第 3 个数据单元格后面的第一个空白单元格中。

插入函数有以下两种常用的方法。

方法 1："公式"选项卡→单击"插入函数"→选择函数类别→选择函数→单击"确定"按钮，如图 11.23 所示。

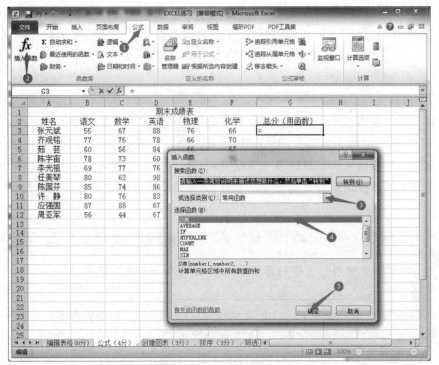

图 11.23　"插入函数"方法 1

方法 2：单击编辑栏中的 f_x 按钮→选择类别→选择函数→单击"确定"按钮，如图
11.24 所示。

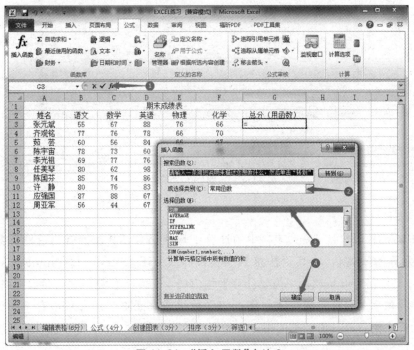

图 11.24　"插入函数"方法 2

注意，在选择类别时，一般常用的函数都在"常用函数"组中，如在"常用函数"组中无法找到所需的函数，且不知道该函数是什么类别的，则可在类别选项中选择"全部"。"全部"类别内的函数按首字母的拼写顺序依次向下排列。

1. SUM 函数

SUM 函数指的是返回某一单元格区域中数字、逻辑值及数字的文本表达式之和。如果参数中有错误值或为不能转换成数字的文本，将会导致函数报错。

SUM 函数的语法格式为：SUM（Number1，[Number2]，……）。其中 Number1 为必需参数，即参与求和运算的第一个数字，其后的所有参数为可选参数。在 SUM 函数中，参与运算的参数既可以是数字，也可以是单元格引用或地址范围，使用方法如图 11.25 所示。

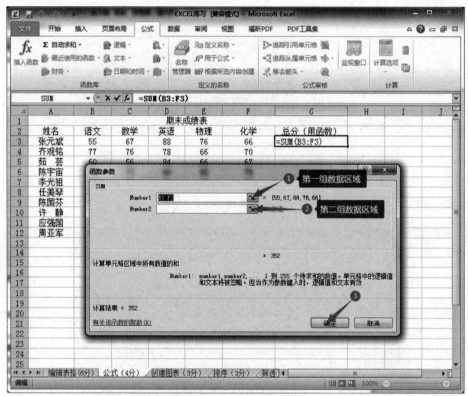

图 11.25 "SUM 函数"设置

2. AVERAGE 函数

AVERAGE 函数是 Excel 表格中的计算平均值函数，其功能就是返回参数的平均值（也称为算术平均值）。其语法格式为：AVERAGE（Number1，Number2，……）。其中 Number1，Number2，…为要计算平均值的 1～30 个参数。这些参数可以是数字，或者是涉及数字的名称、数组或引用。如果数组或单元格引用参数中有文字、逻辑值或空单元格，则忽略其值，其使用方法如图 11.26 所示。

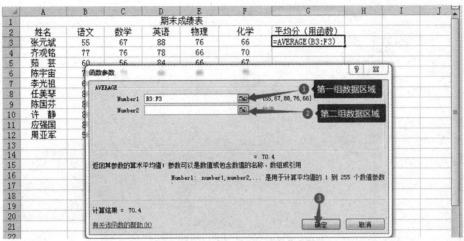

图 12.26 "AVERAGE 函数"设置

3. PRODUCT 函数

PRODUCT 函数用于计算数字的乘积，也就是将所有以参数形式给出的数字相乘，并返回乘积值。其语法格式为：PRODUCT（Number1，Number2，……）。其中 Number1，Number2，…为 1 到 255 个需要相乘的数字参数，如图 11.27 所示。

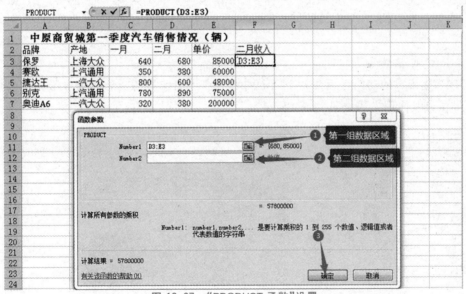

图 12.27 "PRODUCT 函数"设置

4. IF 函数

IF 函数是条件判断函数：如果指定条件的计算结果为 TRUE，IF 函数将返回某个值；如果该条件的计算结果为 FALSE，则返回另一个值，如图 11.28 所示。

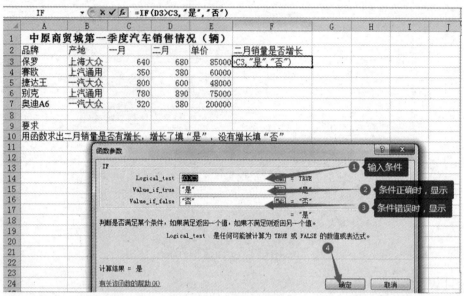

图 12.28 "IF 函数"设置

IF 函数的语法格式为：IF（Logical_test，Value_if_true，Value_if_false）。其中 Logical_test 表示计算结果为 TRUE 或 FALSE 的任意值或表达式；Value_if_true 表示 Logical_test 为 TRUE 时返回的值；Value_if_false 表示 Logical_test 为 FALSE 时返回的值。

5. RANK 函数

RANK 函数的功能是返回某个指定的数值在指定区域的数值中相对于其他数值的大小排位，其使用方法如图 11.29 所示。

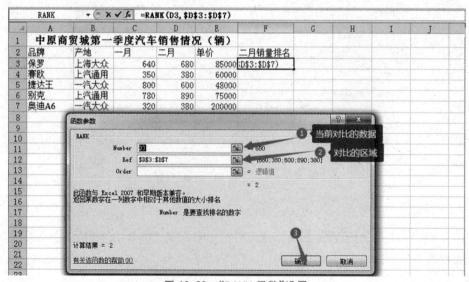

图 12.29 "RANK 函数"设置

RANK 函数的语法格式为：RANK(Number，Ref，[Order])。Number 为必需参数，即需要找到排位的数字；Ref 也为必需参数，表示数字列表数组或对数字列表的引用(Ref 中的非数值型值将被忽略)；Order 为可选参数，用数字表示，指明数字排位的方式(如果 Order 为零或省略，则 Excel 对数字的排位是基于 Ref 为按照降序排列的列表；如果 Order 不为零，则 Excel 对数字的排位是基于 Ref 为按照升序排列的列表)。

此外还需要注意的是，RANK 函数的对比区域一般情况下需要用绝对引用，否则在使用填充柄时填充时会对对比区域进行改动。

6. COUNT 函数

COUNT 函数用于 Excel 中对给定数据集合或者单元格区域中数据的个数进行计数，其语法结构为 COUNT(Value1，Value2，……)。COUNT 函数只能对数字数据进行统计，空单元格、逻辑值或者文本数据将被忽略，如图 11.30 所示，因此可以利用该函数来判断给定的单元格区域中是否包含空单元格。

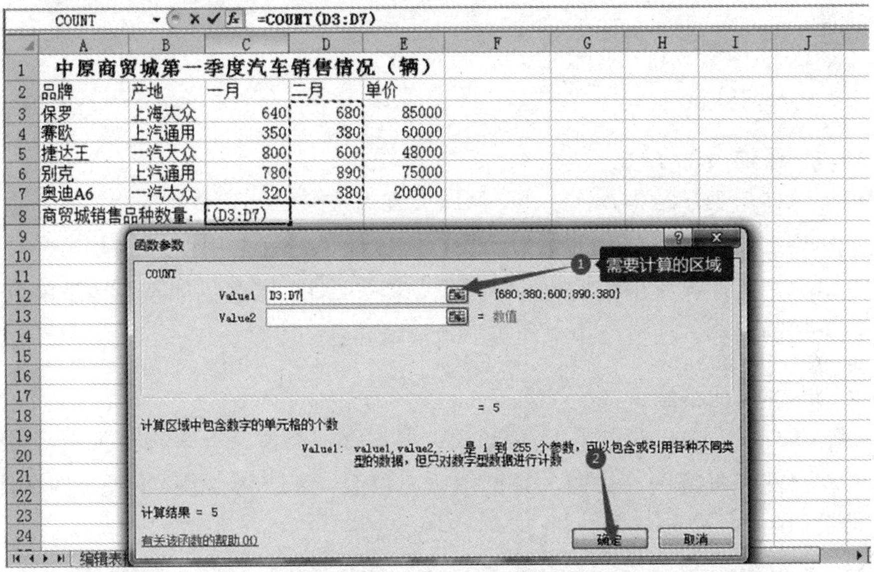

图 11.30　"COUNT 函数"设置

注意，COUNT 函数只能计算有数字的单元格，在所选定时需选择有数字的单元格。如选中区域内单元格含有文本，则含有文本的单元格不进入计算。

7. ROUND 函数

ROUND 函数的功能是返回按照指定的小数位数进行四舍五入运算后的数值。除数值外，也可对日期进行舍入运算，如图 11.31 所示。

ROUND 函数的语法格式为：ROUND(Number，Num_digits)，即 ROUND(数值，保留的小数位数)。其中 Number 为需要进行四舍五入的数字；Num_digits 为指定的保留的小数位数，函数按此位数进行四舍五入。在运算中，若 Num_digits 大于 0，则四舍五入到指定的小数位；若 Num_digits 等于 0，则四舍五入到最接近的整数；若 Num_digits 小于 0，则在小数点左侧进行四舍五入。

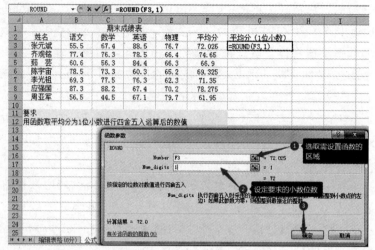

图 11.31 "ROUND 函数"设置

11.6　图表

11.6.1　概述

图表即数据图表，是指在 Excel 中用图形方式将图示与表格数据相结合，生动直观地表现工作表中数据之间关系的图形结构，简单地说，就是用图形的方式将对应表格的数据表示出来。比起使用数据和文字描述，Excel 图表能够更加直观地反映数据的关系或数据发展的趋势，在显示中也能更加地清晰和易于了解。

11.6.2　图表的类型

Excel 2010 中为用户提供了 11 种图表类型，每种类型又有多种子类型，常用的图表类型有柱形图、折线图、饼图、条形图、面积图、XY（散点图）、股价图、曲面图、雷达图等，如图 11.32 所示。

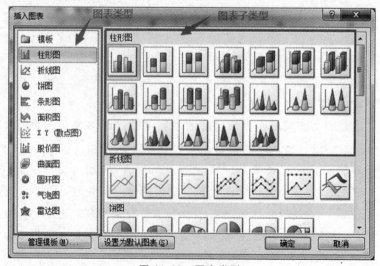

图 11.32　图表类型

(1)柱形图。柱形图又被叫做柱状图、条状图、长条图等,是一种以长方形的长度为变量来表现数据量的统计图表,其主要功能是用来对比两个或两个以上的数值。常见的二维柱形图子类型有簇状柱形图、堆积柱形图和百分比堆积柱形图;常见的三维柱形图子类型有三维柱形图、三维簇状柱形图、三维堆积柱形图和三维百分比堆积柱形图等。

(2)折线图。折线图是用连续的线段表示在工作表的列或行中的数据变化情况的图形,适用于显示在相同间隔区间内数据的变化趋势。常见的子类型有折线图(平面折线图)、堆积折线图、百分比堆积折线图、带数据标记的折线图等。

(3)饼图。饼图用于显示在一个数据系列中,各项子项的值在数据系列总和中所占比例。常见的饼图子类型有饼图(二维饼图)、三维饼图、复合饼图和分离型饼图等。

(4)条形图。条形图和柱形图相似,但条形图主要是显示数据系列中各项目之间的比较,在显示方式上,条形图为横向排列。常见的条形图子类型有簇状条形图、堆积条形图、百分比条形图、三维簇状条形图和三维堆积条形图等。

11.6.3 图表的组成

如图11.33所示,图表包括图表标题,水平轴及标题、垂直轴及标题,以及图例项等。

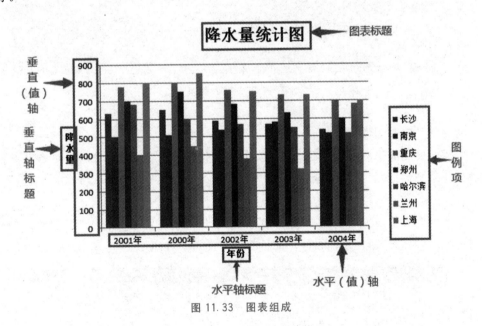

图 11.33 图表组成

11.6.4 插入图表的方式

选中数据区域→"插入"选项卡→"图表"组→单击选择图表类型→编辑图表,如图11.34所示。

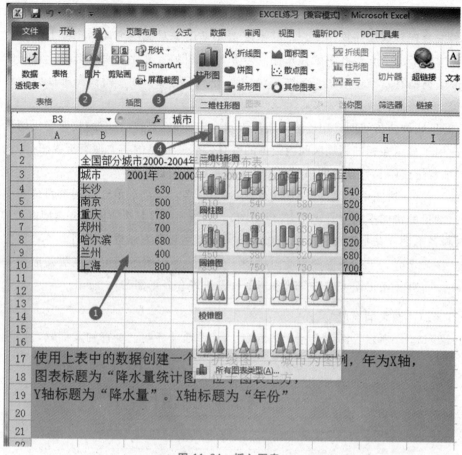

图 11.34　插入图表

11.6.5　图表的编辑

常用的图表编辑有添加标题(图表标题、坐标轴标题)、编辑图例、交换坐标轴上的数据、添加数据标签、修改数据标签等。

1. 添加标题

标题一般有图表标题、坐标轴标题等。添加标题的操作步骤为："图表工具"→"布局"选项卡→"标签"组→选择需添加的标签，如图 11.35 所示。

图 11.35　添加标题

注意，在坐标轴标题中，X 轴标题叫横坐标轴标题，Y 轴标题叫纵坐标轴标题。

2. 图例

在插入图表时选中两列或两列以上数据，会自动显示图例，如自动显示的图例不符合要求位置，也可以在"标签"组的"图例"项中更改位置。

3. 切换数据产生方式

插入图表后，如果 X 轴数据与图例数据位置相反时，可以使用切换数据产生的行或列更改数据的显示，操作步骤为：选中图表→"设计"选项卡→"数据组"→单击"切换行/列"，如图 11.36 所示。

图 11.36　交换坐标轴上的数据

4. 添加及修改数据标签

(1)添加数据标签。在自动插入图表时，系统不会在图表显示区域显示数据标签，这时需要我们手动进行添加数据标签，如图 11.37 所示。

操作步骤："布局"选项卡→"标签"组→选择需添加的数据标签类型。

(2)修改数据标签。在使用数据标签时，默认添加的是数字型标签，如果要使用除了数字型以外其他类型的标签，比如百分比型，可以对数据标签进行修改，如图 11.38 所示。

操作步骤："布局"选项卡→"标签"组→选择其他数据标签选项→标签选项→百分比。

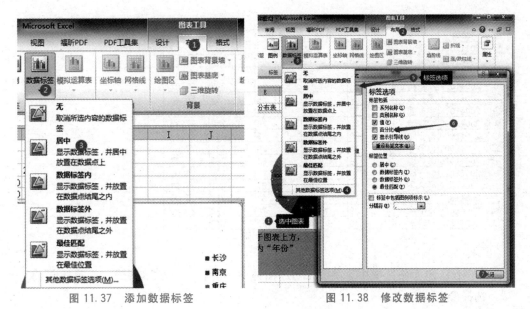

图 11.37　添加数据标签　　　　图 11.38　修改数据标签

11.7 综合练习

11.7.1 实训操作1

	A	B	C	D	E	F	G	H	I	J
1										
2		宏图公司2003年图书销售情况统计表								
3		书店名称	教育类（	小说类（	水利类（	法律类（	电子类（本）			
4		大石桥书	300	900	1200	1650	1800			
5		金水区书	400	750	800	1500	1000			
6										
7		陇海路书	500	800	900	1450	1500			
8		伏牛路书	700	600	650	1300	1700			
9		大前门书	400	400	1000	800	2100			
10		避沙港书	600	410	1100	900	2000			
11										
12										

要求：

1. 将"水利类"一列移至表格的最后一列。

2. 调整"书店名称"列的宽度为12.00。

3. 将"金水区书苑"行下方的一行空行删除。

4. 将单元格B2:G2合并居中，设置字体为华文彩云，字号为18号，字体颜色为绿色，设置底纹为黄色。

5. 将B、D、F列文本所在单元格设为水平居中，设置黄色底纹。

6. 将C、E、G列文本所在的单元格的对齐方式设置为水平居中，设置浅蓝色底纹。

11.7.2 实训操作2

	A	B	C	D	E	F	G	H	I	J
1	学号	姓名	语文	数学	英语	总分	平均			
2	20041001	毛莉	75	85	80	240	80.00			
3	20041002	杨青	68	75	64	207	69.00			
4	20041003	陈小鹰	58	69	75	202	67.33			
5	20041004	陆东兵	94	90	91	275	91.67			
6	20041005	闻亚东	84	87	88	259	86.33			
7	20041006	曹吉武	72	68	85	225	75.00			
8	20041007	高晓玲	85	71	76	232	77.33			
9	20041008	傅珊珊	88	80	75	243	81.00			
10	20041009	钟争秀	78	80	76	234	78.00			
11	20041010	周昊璐	94	87	82	263	87.67			
12	20041011	柴安琪	60	67	71	198	66.00			
13	20041012	吕秀杰	81	83	87	251	83.67			
14	20041013	陈华	71	84	67	222	74.00			
15	20041014	姚小玮	68	54	70	192	64.00			
16	20041015	刘晓瑞	75	85	80	240	80.00			

要求：

1. A1:G1单元格区域中字体设置为"黑体"，选择字形为"加粗"，选择字号为"24号"，选择颜色为红色；

2. 用同样的方法将A2:I2单元格区域中字体设置为：隶书，16号，加粗；

3. 给"学生成绩表"工作表添加蓝色双实线外边框和绿色单实线内框。

11.7.3　实训操作 3

	A	B	C	D	E	F	G	H	I
1						学生成绩表			
2	学号	姓名	语文	数学	英语	总分	平均	排名	数学成绩是否超过平均分
3	20041001	毛莉	75	85	80				
4	20041002	杨青	68	75	64				
5	20041003	陈小鹰	58	69	75				
6	20041004	陆东兵	94	90	91				
7	20041005	闻亚东	84	87	88				
8	20041006	曹吉武	72	68	85				
9	20041007	彭晓玲	85	71	76				
10	20041008	傅珊珊	88	80	75				
11	20041009	钟争秀	78	80	76				
12	20041010	周旻璐	94	87	82				
13	20041011	柴安琪	60	67	71				
14	20041012	吕秀杰	81	83	87				
15	20041013	陈华	71	84	67				
16	20041014	姚小玮	68	54	70				
17	20041015	刘晓瑞	75	85	80				

要求：

1. 利用函数求出每个学生的总分、平均分及排名；

2. 求出数学是否超过平均分，如果超过显示是，否则显示否。

11.7.4　实训操作 4

	A	B	C	D	E	F	G	H	I	J
1	中原商贸城第一季度汽车销售情况（辆）									
2	品牌	产地	一月	二月	三月					
3	保罗	上海大众	640	680	850					
4	赛欧	上汽通用	350	380	600					
5	捷达王	一汽大众	800	600	480					
6	别克	上汽通用	780	890	750					
7	奥迪A6	一汽大众	320	380	200					
8	奥迪A8	一汽大众	120	180	150					
9	帕斯特	上海大众	580	790	860					
10	桑坦纳2000	上海大众	600	900	980					
11	宝来	一汽大众	600	300	330					
12										
13										
14										

要求：

以三月为主要关键字，降序排列，二月为次关键字，升序排序。

11.7.5 实训操作5

	A	B	C	D	E	F	G	H
1	学号	姓名	语文	数学	英语	总分	平均	
2	20041001	毛莉	75	85	80	240	80.00	
3	20041002	杨青	68	75	64	207	69.00	
4	20041003	陈小鹰	58	69	75	202	67.33	
5	20041004	陆东兵	94	90	91	275	91.67	
6	20041005	闻亚东	84	87	88	259	86.33	
7	20041006	曹吉武	72	68	85	225	75.00	
8	20041007	彭晓玲	85	71	76	232	77.33	
9	20041008	傅珊珊	88	80	75	243	81.00	
10	20041009	钟争秀	78	80	76	234	78.00	
11	20041010	周昊璐	94	87	82	263	87.67	
12	20041011	柴安琪	60	67	71	198	66.00	
13	20041012	吕秀杰	81	83	87	251	83.67	
14	20041013	陈华	71	84	67	222	74.00	
15	20041014	姚小玮	68	54	70	192	64.00	
16	20041015	刘晓瑞	75	85	80	240	80.00	

要求：

将以上数据工作表按主要关键字"总分"降序排序，次要关键字"平均分"降序排序。

11.7.6 实训操作6

	A	B	C	D	E	F	G	H	I	J
1	中原商贸城第一季度汽车销售情况（辆）									
2	品牌	产地	一月	二月	三月					
3	桑坦纳2000	上海大众	600	900	850					
4	帕斯特	上海大众	580	790	860					
5	保罗	上海大众	640	680	600					
6	别克	上汽通用	780	890	980					
7	赛欧	上汽通用	350	380	480					
8	捷达王	一汽大众	800	600	750					
9	宝来	一汽大众	600	300	200					
10	奥迪A6	一汽大众	320	380	330					
11	奥迪A8	一汽大众	120	180	150					
12										
13										

要求：

筛选出三个月的销量都大于或等于650的记录（方法：自动筛选）。

11.7.7 实训操作 7

	A	B	C	D	E	F	G	H
1	学号	姓名	语文	数学	英语	总分	平均	
2	20041001	毛莉	75	85	80	240	80.00	
3	20041002	杨青	68	75	64	207	69.00	
4	20041003	陈小鹰	58	69	75	202	67.33	
5	20041004	陆东兵	94	90	91	275	91.67	
6	20041005	闻亚东	84	87	88	259	86.33	
7	20041006	曹吉武	72	68	85	225	75.00	
8	20041007	彭晓玲	85	71	76	232	77.33	
9	20041008	傅珊珊	88	80	75	243	81.00	
10	20041009	钟争秀	78	80	76	234	78.00	
11	20041010	周旻璐	94	87	82	263	87.67	
12	20041011	柴安琪	60	67	71	198	66.00	
13	20041012	吕秀杰	81	83	87	251	83.67	
14	20041013	陈华	71	84	67	222	74.00	
15	20041014	姚小玮	68	54	70	192	64.00	
16	20041015	刘晓瑞	75	85	80	240	80.00	

要求：

在"学生成绩表"中"筛选"工作表，自动筛选出三科成绩均≥80的数据记录。

11.7.8 实训操作 8

	姓名	系别	班级	英语	哲学	历史	体育
1	城建学院公共课考试情况表						
2	姓名	系别	班级	英语	哲学	历史	体育
3	赵建军	给排水	9341	76	67	78	97
4	李小波	环境工程	9332	76	67	90	95
5	任敏敏	环境工程	9332	87	83	90	88
6	韩冰	给排水	9342	97	83	89	88
7	谭华	环境工程	9331	89	67	92	87
8	王刚	城市规划	9352	92	86	74	84
9	张勇敢	城市规划	9351	92	87	74	84
10	周华	城市规划	9351	76	85	84	83
11	吴圆圆	给排水	9341	85	88	73	83
12	周敏捷	城市规划	9352	76	88	84	82
13	王辉	环境工程	9331	72	75	69	80
14	司慧霞	给排水	9342	72	75	69	63

要求：

以"系别"为分类字段，将各科成绩分别进行"最大值"分类汇总。

计算机应用基础

11.7.9 实训操作 9

	A	B	C	D	E	F
1			学生成绩表			
2	班级	姓名	语文	数学	英语	
3	1	毛莉	75	85	80	
4	2	杨青	68	75	64	
5	1	陈小鹰	58	69	75	
6	2	陆东兵	94	90	91	
7	1	闻亚东	84	87	88	
8	1	曹吉武	72	68	85	
9	1	彭晓玲	85	71	76	
10	2	傅珊珊	88	80	75	
11	2	钟争秀	78	80	76	
12	1	周旻璐	94	87	82	
13	2	柴安琪	60	67	71	
14	1	吕秀杰	81	83	87	
15	2	陈华	71	84	67	
16	2	姚小玮	68	54	70	
17	1	刘晓瑞	75	85	80	

要求：

以班级为分类字段，将各科成绩分别进行"最大值"分类汇总。

11.7.10 实训操作 10

	A	B	C	D	E	F	G	H	I
1									
2		全国部分城市2000-2004年降水量分布表							
3		城市	2001年	2000年	2002年	2003年	2004年		
4		长沙	630	650	590	570	540		
5		南京	500	510	540	580	520		
6		重庆	780	800	760	730	700		
7		郑州	700	750	680	630	600		
8		哈尔滨	680	600	570	550	520		
9		兰州	400	450	380	320	680		
10		上海	800	850	750	730	700		
11									
12									
13									
14									
15									

要求：

1. 使用上表中的数据创建一个"折线图"，城市为图例，年为 X 轴；

2. 图表标题为"降水量统计图"，位于图表上方；

3. Y 轴标题为"降水量"，X 轴标题为"年份"。

11.7.11 实训操作 11

	A	B	C	D	E	F	G	H	I	J
1				学生成绩表						
2	学号	姓名	语文	数学	英语	总分	平均			
3	20041001	毛莉	75	85	80	240	80.00			
4	20041002	杨青	68	75	64	207	69.00			
5	20041003	陈小鹰	58	69	75	202	67.33			
6	20041004	陆东兵	94	90	91	275	91.67			
7	20041005	闻亚东	84	87	88	259	86.33			
8	20041006	曹吉武	72	68	85	225	75.00			
9	20041007	彭晓玲	85	71	76	232	77.33			
10	20041008	傅珊珊	88	80	75	243	81.00			
11	20041009	钟争秀	78	80	76	234	78.00			
12	20041010	周昊璐	94	87	82	263	87.67			
13	20041011	柴安琪	60	67	71	198	66.00			
14	20041012	吕秀杰	81	83	87	251	83.67			
15	20041013	陈华	71	84	67	222	74.00			
16	20041014	姚小玮	68	54	70	192	64.00			
17	20041015	刘晓瑞	75	85	80	240	80.00			

要求：

选择"姓名""总分""平均分"三列数据绘制一个三维簇状柱形图图表。

图例为姓名，图表标题为学生成绩表，嵌入在 A24:G33 区域内。